El libro de la encuadernación

Libro práctico y aficiones

Francisco Gómez Raggio

El libro de la encuadernación

Fotografías de Francisco Gómez Temboury

Primera edición en «El libro de bolsillo»: 1995
Primera reimpresión: 1996
Primera edición en «Área de conocimiento: Libro práctico y aficiones»: 2001
Primera reimpresión: 2005

Diseño de cubierta: Alianza Editorial
Ilustración: Ángel Uriarte

Calle Juan Ignacio Luca de Tena, 15;
28027 Madrid; teléfono 91 393 88 88
www.alianzaeditorial.es
ISBN: 84-206-3895-1
Depósito legal: M. 11.608-2005
Compuesto e impreso en Fernández Ciudad, S. L.
Catalina Suárez, 19. 28007 Madrid
Printed in Spain

Dedicatoria

Este rollo de libro ha sido posible gracias a mi mujer, María Pilar Temboury de La Muela, y a mi madre, Soledad Raggio Alarcón. Ésta, porque a sus ochenta y cuatro años se matriculó en la Escuela de Artes Aplicadas y Oficios Artísticos de Málaga, por el plan 1911 (hoy ya eliminado de la enseñanza) en la especialidad de Encuadernación, e hizo unos libros tan admirablemente encuadernados que a todos nos han servido como estímulo y modelo.

Por verla y estar con ella, yo me matriculé también, y allí me aficioné.

Mi maestro, el profesor D. Juan Gómez Segovia, me enseñó los primeros pasos de esta absorbente dedicación y casi todo lo que de ella sé. A él y a mis compañeros de clase les debo mucho, porque entre todos intercambiábamos nuestras experiencias de aciertos y fracasos y sólo así conseguimos adelantar.

También numerosos libros que he consultado me han servido para recoger las ideas que exponen y que he practicado, alguna de las cuales he trasladado a este libro. Son ideas y procesos de trabajo en los que la mayoría de ellos están de acuerdo: al fin y al cabo son ideas de construcción que, en el transcurso de los años, se han venido practicando y perfeccionando.

No importa ya quién fue el que me pidió que le escribiese unas notas para un proceso de trabajo en una fase determinada de la encuadernación, ni qué amigo me consultó para encuadernar unas hojas sueltas de apuntes de clase. De mis respuestas de entonces surgieron unas pocas hojas que luego se han convertido en este mamotreto plagado seguramente de defectos.

A cuantos conozco y a cuantos no he tenido la suerte de conocer personalmente (pues sólo he leído sus obras) les doy las gracias por los buenos ratos que he pasado con ellos, encuadernando y hablando de nuestro «hobby». Especialmente a mi hermana Solita, a la que le gustan los libros tanto como a mí, y a mi amigo Rafael León, con el que tanto he aprendido de papeles y de significado de viejas palabras.

Y termino por donde empecé: agradeciendo a María Pilar, mi mujer, su ayuda, su sano juicio y su santa paciencia para con los trozos y recortes de papel, con el pegamento por toda la casa y las manchas de los tintes. Pero es que ella me AMA y eso lo perdona todo; yo también la AMO, y lo demás no importa.

Presentación

El Diccionario de la Lengua Española, al cuidado de la Real Academia, dice textualmente a propósito del libro: «reunión de muchas hojas de papel, vitela, etc., ordinariamente impresas, que se han cosido o encuadernado juntas con cubierta de papel, cartón, pergamino u otra piel, etc., y que forman un volumen». Todo libro, a la vista de esta definición, salvo los que nos llegan «en capilla» o pliego, que suelen ser una excelsa minoría fuera del comercio y del alcance de los más, nace a la vida encuadernado. Y así, efectivamente, suele suceder hasta que el hombre de natural inquieto y eterno caminante de un más difícil y más allá busca lo que Marañón llama en un prólogo que escribió para Juan de Zaragüeta, «el orgullo de su obra», tenga en cuenta o no que «detrás de su genio creador está Dios». En todo caso lo importante es que «el hombre es el divino instrumento de tan inmensa grandeza, más aún inmensa por su gigantesca realidad, porque la imaginación no alcanza a adivinar hasta qué límites puede seguir creciendo».

Tengo para mí que quien encuaderna, dora, asaca variopintos papeles de la cuba para ornato de cubiertas y guardas manoseando tintes y grasas, chifla con pulso y paciencia de cirujano pieles multicolores para formar un mosaico o con perseverancia para la que no cuenta el tiempo aplica una y otra vez hierros y hierros para reproducir obras que inventaron los mudéjares mil años atrás, no hace otra cosa que trasladar a un objeto la obra de misericordia que pide vestir al desnudo.

Y a quien con paciencia inusitada dedica buena parte de su vida a escribir y describir sus experiencias bien contrastadas en el arte de la encuadernación, para que quienes nos han de seguir lo hagan recibiendo en mano lo que los olímpicos llaman testigo, que a buen seguro aún mas enriquecido, seguirá por generaciones siendo acicate y guía, como es el caso de Francisco Gómez Raggio, lo menos que se le puede atribuir es la grandeza de su ánimo.

Gómez Raggio es digno representante de un grupo de familias que desde comienzos del pasado siglo juntando su sangre andaluza a la de gentes emprendedoras venidas de Italia, Alemania, Austria y Holanda dieron a Málaga una personalidad señera en el orden del comercio y de la industria e iniciaron un despertar que sacó a la ciudad y su entorno del mundo cutre de George Borrow y sus colegas foráneos viajeros decimonónicos. Es una historia curiosa que está por hacer y en la que personalidades como la de Francisco Gómez Raggio y quienes le precedieron tienen voz y voto importantes.

Hombre de extraordinaria bondad a quien jamás, ni hijos, ni vecinos, ni amigos oyeron una crítica y sí toda clase de disculpas sobre las debilidades que empiedran la vida, consumió horas y días, sin desatender los negocios familiares, en su villa familiar de La Caleta, pasando al ordenador las experiencias y enseñanzas que le brindaban su afición de encuadernador, tocando todos los palillos de este arte complicado y minucioso. Fruto de ello es el volumen que sigue a estas líneas bien concebido desde el punto de vista de una didáctica progresiva y capaz de satisfacer las exigencias más estrictas.

Amante del libro y de su ornato, que es tanto como unir al deleite de la lectura el del tacto y el de la vista, Gómez Raggio nos deja el empeño de toda su vida, que a buen seguro va a tener muchos disciplinados seguidores pues con ella contamos como seguro amparo y guía no solamente los que amamos la encuadernación, entre los que se cuentan dos de los hijos del autor, sino todos aquellos que se inician en el vestido de libros, hoy afortunadamente muy en boga.

Gómez Raggio, encerrado en su taller, convirtiendo los asuetos en batallar con papeles, hierros, pan de oro, película americana, guillotina, prensa y música sorda de martillo que saca cajos y hallando tiempo para reflejar el fruto de esta guerra diaria en páginas de ordenador, hasta completar el tratado que ahora ve la luz, nos da la clave de lo que fue su vida sencilla y honesta, de hombre limpio, buen padre de familia, que brega para poder dar cumplida cuenta, cuenta cabal, de los caudales que al nacer da el Creador a todo hombre para que los administre en su paso por la Tierra. La dedicatoria de «La Encuadernación» nos dice bien a las claras lo que Gómez Raggio fue hasta que un corazón tan grande se paró.

JOSÉ-VICENTE TORRENTE SECORUN
Embajador de España

Prólogo

A ti, amigo lector que te has parado y abierto el libro, van estas letras.

Si te interesa este libro es porque crees que con él puedes aprender a encuadernar, si es que aún desconoces esta bella artesanía, o porque quieres aprender algo más, o quieres contrastar si lo que se dice aquí está de acuerdo con lo que haces, o –en fin– porque eres de los que saben a fondo y de verdad este quehacer y te interesa conocer el saber de los demás. Si eres de estos últimos, ayúdame con tus consejos para que corrija los errores cometidos, a fin de que, entre el saber de todos, no se pierda una artesanía tan apasionante en la ocupación y tan bella en la obra, tan entretenida en el hacer y tan agradable a la vista.

Lo que quiero, ante todo, es exponer la forma de hacer una encuadernación sencilla, en casa y con materiales fáciles de adquirir o de fabricar por uno mismo, aunque también expondré los principales estilos de encuadernación y sus diferentes procesos.

Toda persona que desee aprender este u otro arte u oficio tiene que tener **afición, constancia y estudio.**

Afición, porque es el motor que nos mueve para conseguir algo que nos place.

Constancia, porque únicamente haciendo las cosas y repitiéndolas se puede llegar a una práctica y, con la práctica, a una mayor perfección.

Estudio, porque en nada se llega a un cien por cien de perfección, y se han de leer, estudiar y aprender de otros las distintas formas, los nuevos métodos para acomodarse a un progreso continuo, siempre claro está que ese nuevo proceder sea para mejorar y embellecer la obra que se realiza.

Introducción

Los libros en su mayoría están constituidos por cuadernillos cosidos, aunque también hay hoy muchos libros que se componen de hojas sueltas y encoladas entre sí.

Esto exige seguir el procedimiento antiguo de costura a «diente de perro» o cualquier otra forma nueva de unir las páginas.

En el transcurso de los años ha habido muchas maneras de resolver las distintas etapas de la encuadernación y todas pueden ser buenas y válidas, según el fin que se desee. Porque no es lo mismo encuadernar un libro para cuentas corrientes, que encuadernar una obra de un solo cuadernillo. Pero en ambos empeños hay una serie de pasos, previos y coincidentes, que tienen que ser dados, y dados lo mejor posible, pues todos los demás pasos se basan en ellos.

En el proceso de la encuadernación el primer paso es desarmar y deshojar el libro, si es que –como suele ocurrir– no lo está, para enseguida hacer o rehacer con esas hojas un todo unido, **por cosido** o **por encolado.** Esto es lo **fundamental.**

Luego querrás o no cortar los cantos, darle lomo curvado o recto, y después ponerle los cartones, querrás cubrirlo con cuero o con tela o con plástico, dorarlo quizás. Pero si este nuevo volumen no está bien sujeto, cosido o encolado, al poco tiempo será una cubierta más o menos elegante, rica y decorada, más o menos rígida, que tendrá dentro un montón de hojas sueltas. Pero no será un libro.

Voy a intentar ayudarte, pero eres tú quien tiene que hacerse su manera de encuadernar, aunque lo más equiparada posible a las formas base, y ése será tu estilo. Lo que no sería lógico es aferrarnos a una sola y tal vez mala manera de encuadernar, sin querer saber nada de otros estilos y formas que pueden ser más propios de nuestro tiempo. Sería como querer seguir multiplicando con lápiz y papel, cuando incluso son ya viejas las máquinas electrónicas que nos dan el resultado al segundo.

Ahora bien, si te gusta construir el libro de una manera determinada, conociendo y habiendo practicado los modos clásicos, hazlo, puesto que tú eres quien va a disfrutar del quehacer y de la obra acabada.

1. Equipo que necesitamos

Quien se disponga a encuadernar, a hacer un libro (puesto que en hojas sueltas no lo era), necesita un equipo, unas herramientas y unos materiales que van a emplearse en cambiar unas páginas, quizás viejas y muchas veces sueltas, en algo bello y unido.

Para eso, y aparte de un espacio libre en la mesa sobre la que se va a trabajar, son necesarias una serie de herramientas, grandes y chicas, además de unos materiales que se emplean para el libro y que seguidamente se expondrán.

Voy a describirte esas herramientas y no te desanimes por su número. Ya indicaré cuáles son imprescindibles (marcándolas en **negrilla**) y cuáles no, al exponer las máquinas y las herramientas ligeras o utensilios.

Las máquinas

La guillotina es una hoja afilada de acero que desciende verticalmente y en diagonal sobre un plano.

Dispone de un pisón o tablero que baja a plomo por medio de un tornillo, y que permite sujetar y fijar el libro o las hojas que se van a cortar sobre el plano o mesa de la guillotina. La cuchilla desciende en diagonal, como se ha dicho, para que el corte sea más fácil, pero perpendicular al plano.

Tiene un tope de fondo, paralelo a la línea de corte, y que adelanta o retrocede merced a un tornillo dispuesto debajo de la mesa, y que se mueve con una manivela. También hay un tope lateral fijo a la máquina, que es perpendicular a la línea de corte.

La guillotina, tan importante en un taller, es una máquina imprescindible para un profesional, pero en el taller de un aficionado se sustituye por el llamado «ingenio» de encuadernación.

Y a quienes no dispongan ni de guillotina ni de ingenio, les queda la solución de llevar el libro, ya cosido y ligeramente encolado (con cola blanca, para que los cuadernillos no se muevan y para que esa cola, al ser flexible, no dañe la cuchilla), a una imprenta o a otro encuadernador mejor dotado que realice el corte.

Pero también puede tomarse el libro y, con una escuadra puesta en la línea del lomo, señalar en la parte alta lo que será el corte de cabeza que se señalará por los dos lados, por delante y por detrás. Colocar (uno o dos milímetros por debajo de cada una de esas líneas) un cartón que tenga el borde recto, y situar 2 ó 3 mm más abajo unas chillas de madera. El conjunto (el libro, el cartón y las chillas) se pone en la prensa horizontal y se aprieta. Luego, con una lima plana, se da sobre el canto del libro para afinarlo, y con un papel de lija fino se alisa el corte hasta dejarlo recto y liso.

Los otros dos cortes, el de delante y el de pie, se colocan sucesivamente con los cartones al borde y las chillas un poco más abajo. Se ponen en la prensa horizontal y se les pasa la lima para igualarlos. Luego con los dientes de un serrucho, se golpea el corte de las hojas para que queden irregulares, imitando así las barbas del papel hecho a mano.

Es una solución, si no perfecta, sí bastante aceptable.

La **cizalla** sirve para cortar los cartones y preparar los planos del libro.

Es una cuchilla en arco embisagrada en la esquina de la mesa. En un extremo tiene la empuñadura y en el otro, pasado el punto donde está embisagrada, un contrapeso. Esta cuchilla cae sobre el borde metálico de un gran tablero, en el cual hay un resalte perpendicular a ese borde, lo que permite cortar los cartones perpendicular a él. Hay una regla paralela al borde que se puede avanzar o retroceder para darle al cartón el tamaño deseado.

Se trata de una máquina grande, para profesional, aunque fácil de sustituir en el taller de un aficionado por una **tijera de hojalatero** que, manejada con cuidado sobre la línea trazada sobre el cartón con la punta de un lápiz, da buenos resultados. Y puede también sustituirse por una regla metálica puesta sobre la línea señalada, para que pase sobre esa línea una cuchilla que, repitiendo su maniobra, acabe por cortar el cartón, consiguiendo así una línea perfecta.

La **prensa vertical** es fácil conseguirla, de segunda mano, en un chamarilero o anticuario; o nueva, en establecimientos del gremio de imprenta. No suelen ser caras.

La **prensa horizontal** es un marco de bloques de madera (FIG. 1). C es uno de los lados, atravesado por un tornillo, que se hace firme en el bloque central, B. Al girar el mando del tornillo, el bloque central se adelanta y puede apretar los libros puestos entre el bloque A y el movible B. Estos bloques se llaman teleras. Esta prensa horizontal descansa sobre unas paralelas que colocan la prensa a unos 90 cm de altura del suelo (FIG. 2).

Colocando un libro, por su lomo, entre chillas especiales (con su canto superior metálico), se le puede hacer el cajo.

La prensa horizontal es la máquina más usada en el taller del encuadernador y para el aficionado difícil de sustituir.

Sirve de base para usar el **ingenio** al que antes nos hemos referido. Por eso una de las teleras, la de afuera, tiene a todo

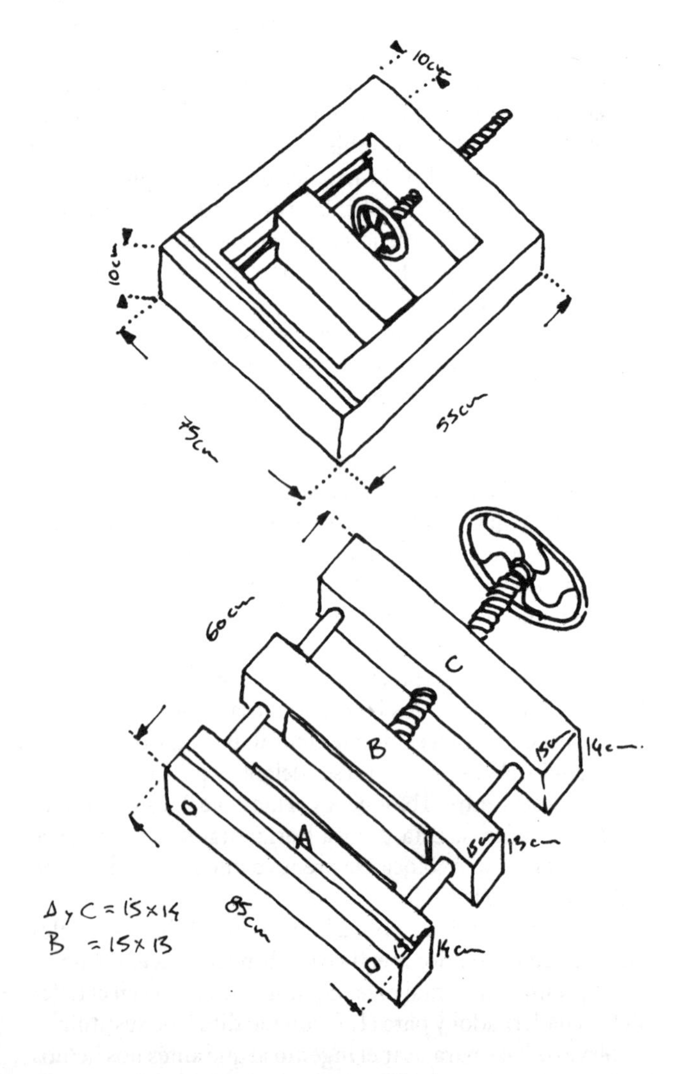

FIGURA 1. Dos tipos de prensas horizontales.

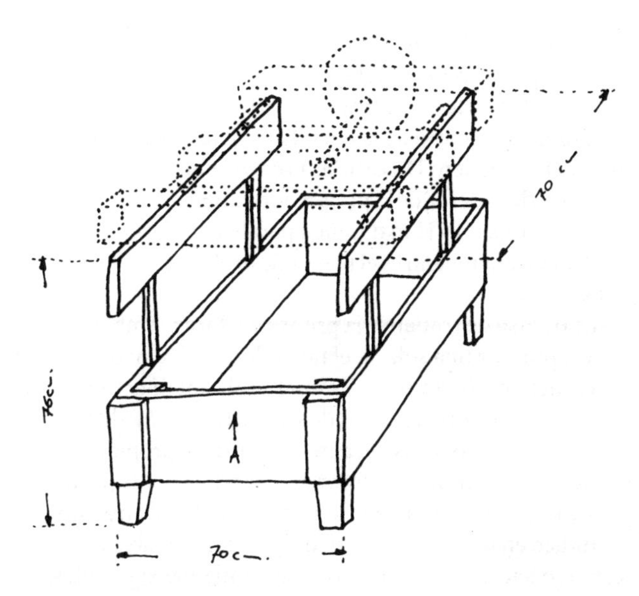

FIGURA 2. Pie para prensa horizontal.

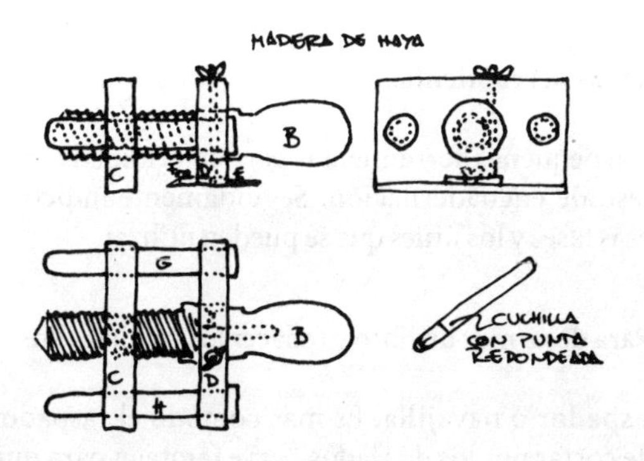

FIGURA 3. Ingenio.

lo largo un resalte o una hendidura (FIG. 1) en la que entrará uno de los lados del ingenio: el de afuera, que por eso será más alto, lo que le permitirá correr a lo largo de esa telera, facilitando así el corte de la cuchilla, sujeta por el tornillo F y firme en el madero D, corte las hojas de papel que se sujetan entre las dos teleras de la prensa horizontal.

Los listones G y H mantienen paralelos a D y C.

Para un aficionado es el mayor desembolso que le va a exigir su afición.

La **prensa de trabajo** y la **prensa de dorar.** Ambas se pueden suplir por una sola en el taller de un aficionado, pues la diferencia entre ambas sólo está en la inclinación que la prensa de dorar tiene en los dos lados (lo que facilita el movimiento de las paletas durante la operación propia) (FIG. 4).

Con sólo la prensa de dorar, utilizándola por la parte baja sobre la que descansa, tendremos una prensa de trabajo.

Indico en un croquis las medidas recomendables para encargar o hacerse uno mismo las herramientas siguientes:

Prensa horizontal (FIG. 1), y soporte (FIG. 2).

Ingenio (FIG. 3).

Prensa de dorar (FIG. 4).

Chillas de hacer cajo (FIG. 5).

Pequeñas herramientas

Se usan pequeñas herramientas para determinadas fases del proceso de encuadernación. Seguidamente indico cuáles son esas fases y los útiles que se pueden utilizar.

1.° Para desarmar un libro y rehacer los cuadernillos

Raspador o navajilla. Es más cómodo el raspador que puede cortar por los dos lados. Sirve también para quitar el exceso de cola de una anterior encuadernación.

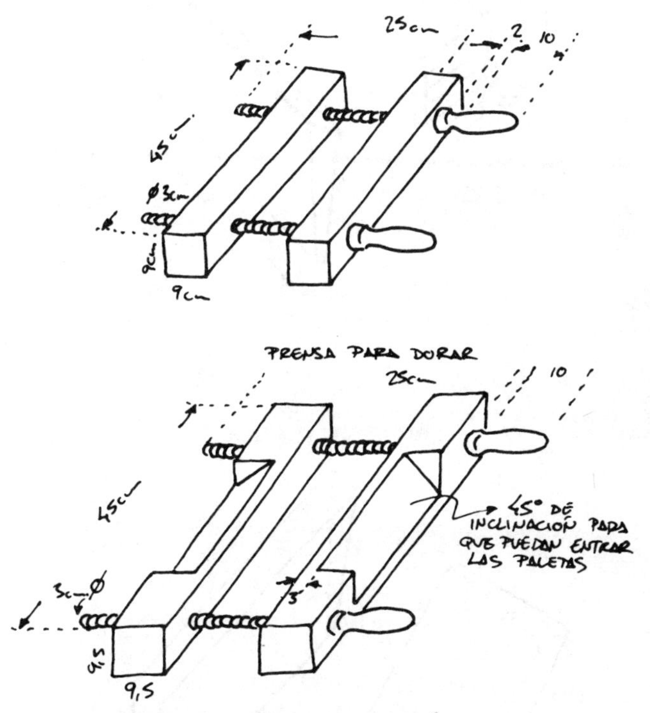

FIGURA 4. Prensa de trabajo y prensa para dorar.

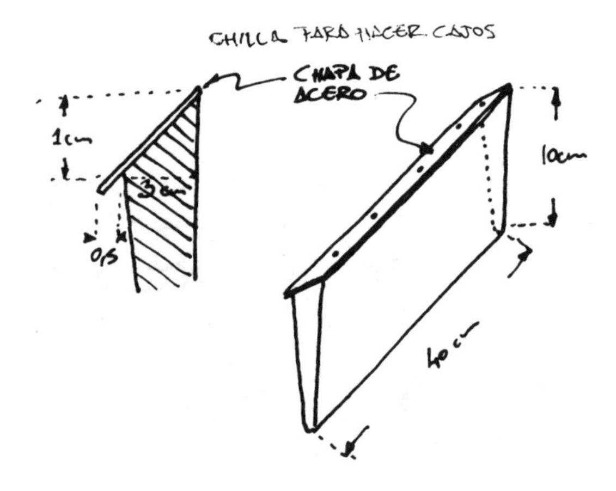

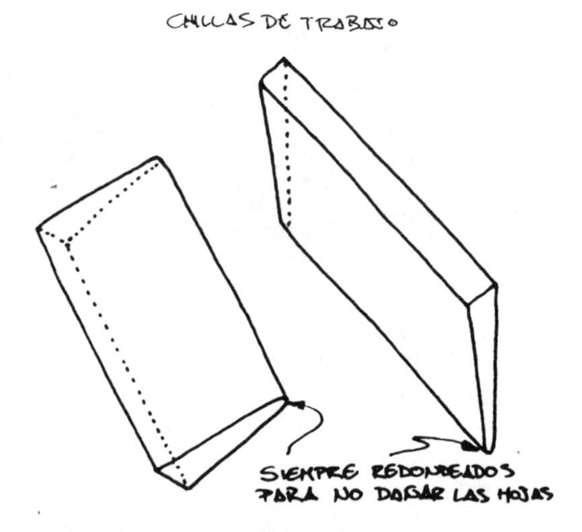

FIGURA 5. Chilla para hacer cajos y chillas de trabajo.

Chapa de cinc. De 40 × 30 cm sobre la que se puede cortar con la punta sin que ésta se embote.

Punta de escalpelo. De cualquier tipo de las que hay en el mercado.

Regla metálica. Que tenga al menos 30 cm; y si lleva indicación en milímetros y pulgadas, mejor.

Tijeras. De hoja ancha.

Pinceles. Dos al menos, uno fino y otro plano más ancho.

2.º Para coser un libro

Lápices. Que sean blandos.

Chillas. Un par de 33 cm de largo, y otro de 25 cm. Las chillas tienen la forma que indica el dibujo, son 2 ó 3 mm más anchas por la parte de arriba, que es la inclinada. Sirven para colocarlas a ambos lados de los cuadernillos que así se sujetan más fuertemente en la prensa horizontal. Pueden sustituirse por dos tablas.

Serrucho. Para cortar el lomo, en el sitio donde van las cuerdas o las cintas y para los cortes de cabeza y pie.

Compás de tornillo. Sirve para tomar y fijar medidas.

Compás de mecánico. Su finalidad es igual a la del anterior.

Plantilla. Para señalar dónde van las cuerdas, las cintas o los nervios. (Véase el cap. 5. «Cómo hacer una plantilla para cuerdas».)

Agujas. Para coser los libros. Una larga y sin punta; otra, más corta y con punta, para los cosidos a «diente de perro».

Punzón. Muy fino, porque en los casos en que los cuadernillos no han sido suficientemente cortados con el serrucho, se termina de perforar con el punzón.

Plegaderas. De hueso, marfil, madera o plástico duro, para plegar los cuadernillos. Otra de madera o bambú, de más de 35 cm de largo, sirve para marcar el centro del cuadernillo en el cosido doble.

Clavos largos. Para sujetar las cuerdas en el telar.

Clavos de aguja o muy finos. Para sujetar las cintas en el telar.

Cera de abeja. Por la que se pasa el hilo para que corra suavemente por los cuadernillos y cuerdas o cintas.

Telar. Es la pieza más importante de esta etapa. Puede hacerse o encargarse según los croquis que constituyen las FIGURAS 6 y 7.

3.º Para pintar cortes

Caja para los **tarros de anilina soluble en agua.** Los colores usuales son, además del rojo, que es el más usado, el verde, el azul y el amarillo.

Raqueta con tela metálica. Para salpicar los cantos.

Cepillos de dientes. Viejos.

Lijas. Para los cortes.

Trapos. Para frotar esos cantos.

Parafina. Para abrillantarlos.

Como se observará, no enumero en esta ocasión el material necesario para dorar los cantos, ya que un aficionado tendrá pocas ocasiones de practicar ese trabajo. Pero como curiosidad me referiré más adelante al mismo, cuando exponga el cap. 11, los «Cortes dorados».

4.º Para poner los cantos o tapas

Chillas para hacer cajos. Mayores que las indicadas anteriormente. Tienen en la parte alta una chapa de hierro o acero, y la parte baja redondeada para que al apretar en la prensa horizontal no se marque en los cuadernillos el canto de la madera.

Martillo. Para enlomar y hacer los cajos.

Chapa. Para desfibrar y sacar las mechas de las cuerdas.

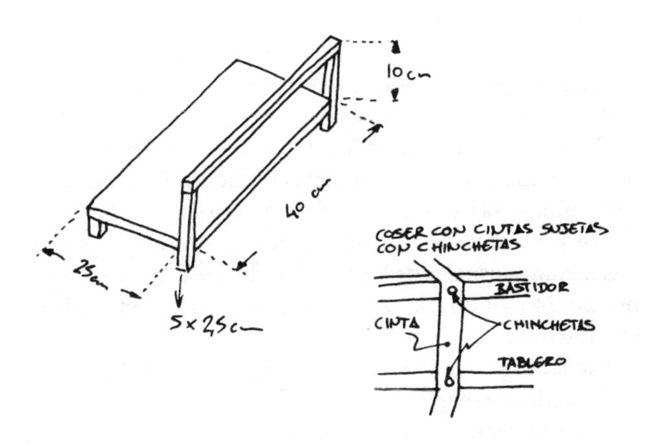

FIGURA 6. Telar casero.

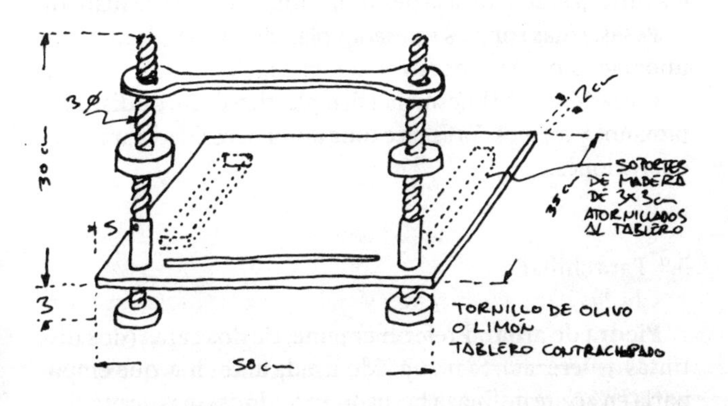

FIGURA 7. Telar buen artesano.

Cepillo de púas. Que se pasa sobre la cuerda puesta en la chapa, a fin de desenredarla.

Punzón. Para hacer los boquetes en el cartón.

Chapa de plomo. Sobre ella se coloca el cartón y se clava el punzón o el formón para perforarlo.

Tableros. Para prensar los libros. Se usan desde que se deshacen los libros y se rehacen los cuadernillos, hasta que se terminan. Ya iré indicando el momento en que usar los tableros y el grado de presión que hay que darle a la prensa. Las medidas usuales de los tableros de que debemos disponer son 34 × 24, 30 × 21, 26 × 18, y 22 × 15, expresado todo en centímetros.

Escuadra plana. De plástico, de las usadas para dibujo.

Escuadra de carpintero.

Cuchillo viejo. De los de cocina, con el filo matado, que sirve para cortar los papeles por el doblez que previamente se les haga.

Peine. Viejo, para pasar por el papel una vez encolado sobre el lomo.

Lija. Fina, de madera, para lijar los lomos o los cantos de los cartones. Se aconseja pegarlas a unas tablillas de madera.

Pesas. Unas simples y pesadas planchas viejas de hierro, o unos ladrillos macizos envueltos en papel.

Plegaderas. De hueso, marfil o plástico duro, de distintos tamaños y formas. Ya se ha expuesto su necesidad para otras operaciones.

5.° Para chiflar

Piedra de afilar. Preferiblemente, de dos caras (dos distintas asperezas). Si no ha sido usada antes hay que emparparla en aceite de linaza hasta que no admita más aceite.

Chifla francesa. Del mejor acero posible, para evitarnos el tener que afilarla continuamente.

Piedra de litografía. Si no se encuentra puede utilizarse un trozo rectangular de mármol, con los cantos matados. Sobre esta piedra se coloca la piel que se va a chiflar.

6.º Para cubrir un libro con piel

Plegaderas. De las cuales se tendrá una de ellas en forma de puñal para hacer el lomo, cabeza y pie.

Pinza. Para los nervios. No es fundamental, pero sí la recomiendo.

Chapas finas metálicas. Para que la humedad no pase al libro. Se pueden usar de plástico.

Cristal o plástico (grueso). De 10 × 10 cm, que ayudará a conformar la cabeza y el pie del lomo ya cubierto con la piel, y hacerle lo que se llama «la gracia».

Tazón. Con agua destilada.

Hierro de bola. De los usados para repujar el cuero.

Tablero grande. Sobre el que se coloca un paño para trabajar en el libro cuando tiene la piel puesta, y más cuando está húmeda, pues en este estado puede acusar hasta muy pequeños golpes o arañazos producidos incluso por el roce de las uñas, todo lo cual debe evitarse. Lo mejor es fijar el paño en ese tablero y reservarlo exclusivamente para ese uso.

7.º Para dorar

Guantes o dediles. Para protegerse los dedos del calor y poder dirigir así los hierros calientes.

Esponja natural. Para rebajar el calor de los hierros.

Plato. Con agua, donde poner la esponja.

Oro, pan de oro o película de oro.

Muñequilla. Para pasarla sobre la piel.

Sebo o aceite. Para impregnar la muñequilla.

Mechero de gas. Para calentar los hierros.
Trébedes. Para poner los hierros mientras se calientan.
Sisa. De albúmina o «Fixor» (que es una sisa química).
Pinceles. Finos.
Tarro con alcohol.
Goma blanda de borrar.
Palitos finos. Palillos de diente.
Bayeta.
Pólizas. Dos o tres de ellas; si son de una misma familia o tipo de letra, mejor.
Paleta filete.
Florones o tronquillos. Dos o tres de ellos, distintos.
Crema «Alex» (amarilla o transparente) o «Johnson Wax». Con cera de abeja original. Es lo mejor para eliminar y limpiar el exceso de oro pegado fuera del dibujo, ya sea letra, tronquillo o paleta, quedando éstos perfectamente nítidos.

8.° Para acabar el libro

Tazón. Con agua limpia para lavar toda la suciedad de los restos de cola o engrudo que puedan haber quedado secos sobre la piel, y también para quitar las marcas que esa piel pudiera traer de operaciones anteriores, como manchas o cambios de color, halos de la misma agua, etc.
Hierro plancha. Para abrillantar la piel.
Paños de gamuza.
Pasta transparente. Que hemos indicado antes, para darle brillo al libro.

2. Materiales

Describiré en este capítulo los distintos materiales que se utilizan en las diferentes etapas de la encuadernación de un libro.

Papel

Los tipos de papel que se utilizan en encuadernación son muy diversos. Pero antes de exponer esas diversas calidades, me vas a permitir una pequeña referencia a los principios del arte de hacer papel, que España conoció desde el siglo X, y que desde aquí se extendió a todo Occidente, pues una parte de su actual terminología nos viene de aquella práctica artesana.

Antiguamente el papel se hacía a mano en unos molinos originalmente llamados «traperos» por referencia a los trapos viejos que eran su principal materia prima, y sólo a comienzos del siglo XIX las máquinas comenzaron a suplir ese trabajo manual.

En aquellos molinos, cada hoja se hacía –una a una– en cierto molde o «forma» al que esas hojas debían su «formato» o dimensión, su peso y sus «barbas» o bordes irregulares.

Con ese molde o forma, la pasta de trapos se sacaba de una cuba o tina, por lo que aquel papel se conoce también como «papel de tina». A lo largo del proceso de fabricación, estas hojas se doblaban o «plegaban» repetidas veces; para tenderlas a secar, recién hechas; para secarlas de nuevo, después de encoladas; y otra vez para servirlas al mercado. Este plegado insistente vino a imponer el término «pliego» incluso para la lámina de papel sin plegar, y el término «hoja» se reservó para cada una de las dos mitades en que el pliego se doblaba.

Del propio molino, estos pliegos salían ya escogidos y recontados de cuatro en cuatro, plegados como ya se ha dicho y encartados unos en otros, formando un «cuaderno» o «cuadernillo», término que procede del latín *quaternus* («de cuatro en cuatro») y éste, a su vez, de *quattuor* («cuatro»). De manera que «encuadernar» no era otra cosa que formar estos cuadernos o cuadernillos de ocho hojas sin cosido ni protección alguna. Más tarde se agregó otro pliego más, formándose así un cuadernillo de cinco pliegos y, pese a la contradicción que tal nombre implica, ese término prevalece aún entre impresores y otros profesionales del papel. Cinco cuadernillos constituyen una «mano», y veinte manos forman una «resma», es decir, quinientos pliegos.

Actualmente, muy contados artesanos están capacitados para poder servir papel hecho a mano con las técnicas antiguas y el saber del siglo XX. Entre ellos podemos contar a Segundo Santos, en Cuenca; el taller «Meirat» en Madrid; el Museo-Molino Papelero, en Capellades (Barcelona). Pero cada vez es mayor el número de quienes por su dedicación al grabado, la imprenta, etc., hacen a mano su propio papel. Citaré, de Málaga, a Rafael León, que une a su condición de ocasional impresor la de investigador de la historia del papel.

Este papel hecho a mano tiene la enorme ventaja, para la encuadernación, de que al humedecerse por la cola casi no estira en ningún sentido, mientras que los papeles de cualquier clase que sea entre los que normalmente se encuentran en el mercado, son papeles hechos a máquina provista de una cinta transportadora «sin fin». Esto supone (y es conveniente saberlo) que todo papel tiene una dirección «buena», y otra, perpendicular a ella, que es la «mala», debido a que las fibras de celulosa que componen ese papel quedan alineadas casi exclusivamente en el sentido de la marcha de la cinta en la que ese papel se fabricó.

Se descubre porque paralelamente a la «buena», o sentido de fabricación, se dobla el papel fácilmente, y en la «mala» o sentido de ensanche se dobla mal. En la «buena» se raja fácilmente, mientras que en la «mala» debido a las fibras se resiste a ello. En la «buena», si se moja, se alarga poco, y en la «mala» se alarga más (FIG. 8).

En cartulina o papel grueso, al enrollarlos se nota que en la «buena» hay menos resistencia que en la «mala». Además, en la «mala» la cartulina se quiebra.

Es conveniente saber también que, siendo numerosos los fabricantes de papel, cada uno de ellos le ha dado nombre y

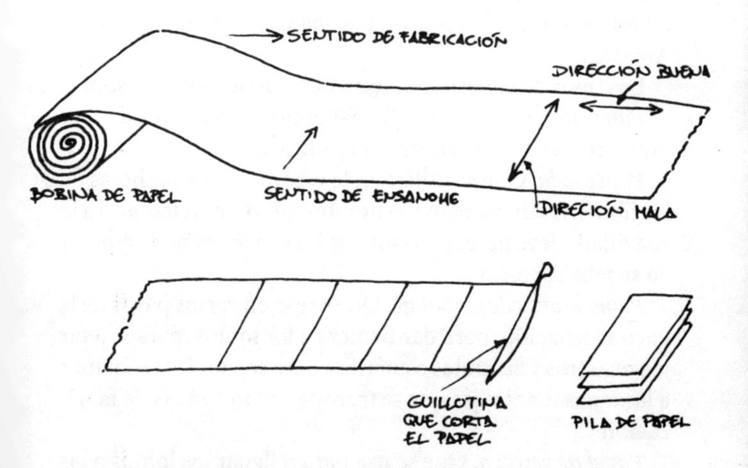

FIGURA 8. La «buena dirección» del papel.

el tamaño que ha creído conveniente para su venta, de ahí la diversidad que existe en el mercado y el desconcierto del comprador al comparar nombres, calidades, cuerpos, pesos, dimensiones, etc.

La ISO (International Standars Organization) ha propuesto unas dimensiones uniformes con base en la medida y peso del papel de un pliego de 1.189 × 841 cm que es igual a un metro cuadrado de superficie. Este pliego de papel, al doblarse sucesivamente, dará las medidas que se indican a continuación:

Hoja base:	1.189 × 841
Mitad de la anterior:	594 × 841
Mitad de la anterior:	594 × 420
Mitad de la anterior:	297 × 420
Mitad de la anterior:	297 × 210
Mitad de la anterior:	148 × 210

Estas medidas, en la diversidad de calidades, están siendo adoptadas por los países de Europa Occidental y varios de América.

Los tipos de papel que se usan más corrientemente son:

Papel Japón o japonés. Es papel hecho a mano, de una gran calidad. Es algo traslúcido y satinado.

Papel seda. Que se utiliza en la reparación de las hojas de los libros. (Naturalmente, el nombre sólo hace referencia a la suavidad y leve peso, pero sin que la seda tenga nada que ver en su fabricación.)

Papel kraft o de embalaje. Que se usa en varios pasos de la encuadernación: para dar firmeza a los lomos, para sujetar los registros y las cintas o cuerdas, para sujetar las tarlatanas a las tapas. Las líneas que se transparentan son las de fabricación.

Papel de estraza. Que se usa para rellenar los lomos o las tapas cuando la piel es muy gruesa.

Papel blanco de diversos gruesos. Que se usa para hacer los cuadernillos de guardas o para salvaguardas, para cartivanas, etc.

Papel pintado o jaspeado. Se usa para decorar las guardas o los planos, y puede ser de distintos dibujos, hechos a mano o a máquina.

Papel tela. Que se utiliza para cubrir las tapas de los libros.

Papel plástico. Como su nombre dice es un papel recubierto de plástico de diversos colores y algunos tipos con algo de gofrado, se usan para cubrir libros, tapas y estuches.

Papel de periódico o papel prensa. Se usa como base sobre la que se encola. Debe procurarse que sean periódicos viejos, para que la tinta de su impresión no manche al humedecerse con la cola.

Papel de esmeril o de lija. Debe ser del número más fino posible: el 0, para la limpieza de herramientas; el n.º 1 será bueno para lijar los cantos de los cartones. Se usan pegados a unas tablitas de madera de 3 cm de ancho por 20 cm de largo y un grueso de 8 ó 10 mm. Por comodidad se deja una parte de la madera sin recubrir de lija, para que sirva de mango.

Cartones

Los cartones han de ser de buena calidad; es decir, compactos y bien prensados. Los de más uso son los números 12, 14, 16 y 18. Se emplean según el tamaño de los libros: a mayor tamaño del libro, mayor grueso del cartón.

Los números 8 y 10, o más finos, son las cartulinas que se usan para las lomeras.

Telas

Telas. En los comercios de artículos para encuadernación las hay de varias clases: de seda, de hilo, y con tejido grueso o con tejido estampado, y todas ellas con **preparación**, es decir, con el revés cubierto de un papel pegado a la tela, para así poderlas encolar sin que se muevan y sin que la cola traspase.

Telilla. Tarlatana. Gasa engomada. Se usa para dar firmeza a los lomos y también, en ciertos tipos de encuadernación, para que sujete los cartones o planos.

Cuerdas y cintas

Cuerdas. Pueden ser de lino o de cáñamo y de un grosor proporcionado al de los cuadernillos. Deben estar algo enceradas, con parafina mejor. (Si no vienen así, es conveniente pasarlas por un trozo de vela, antes de su uso.)

Cintas. Serán de algodón o de lino, blanco o crudo, de 10 ó 16 mm de ancho y de buena calidad, flexibles y no muy gruesas. Sustituyen a las cuerdas.

Registros. Son cintas de seda, generalmente de color y a veces decoradas, que se pegan al lomo por la cabeza y sirven para señalar o registrar determinadas páginas.

Cabezadas. Son unas cintas especiales con uno de los bordes en forma de cordoncillo de seda de colores, el cual queda fuera del lomo por la cabeza del libro y por el pie.

Estas cabezadas pueden hacerse a mano, directamente sobre el libro. Pueden también hacerse con un trozo de piel fina o de arpillera doblada sobre una cuerda a la que se cose y luego se pega al lomo. (En el cap. 14 «La cabezada» se explicará.)

Pieles

Por su elasticidad y flexibilidad, por la facilidad de amoldarse, de ser marcada o impresa, con gofrado o con oro, por su duración y, sobre todo por su belleza, la piel es la reina indiscutible de una encuadernación, y el mayor tanto por ciento de la belleza de un libro encuadernado le corresponde a la piel. De ahí el cuidado especial en la elección de la misma, para que esté de acuerdo con la categoría del libro que va a cubrir.

Indicaré las distintas pieles que más se usan y en qué tipo de libro se suelen aplicar.

Pero antes es conveniente saber que, en cualquier piel, se llama «flor» a la cara de la misma sobre la que creció el pelo del animal. Después del curtido será brillante y compacta, con una lisura llamada «espejo», o granulada, con arrugas o con rombos, según el deseo del curtidor. Y se llama «carnaza» o «carne» a la cara de la piel que estuvo en contacto con la carne del animal y que, curtida, será mate, más o menos compacta y, desde luego, menos vistosa que su contraria.

Borrego. Son las pieles más defectuosas, deficientes y blandas que se usan en encuadernación, pero las más utilizadas por baratas, y además por los diversos colores y las distintas formas en que pueden ser teñidas, aparte del estado natural, o badana. En las tiendas del ramo se venden de primera, de segunda y de tercera clase, según sus diversas calidades.

Se usan para libros corrientes, de estudio, de cuentas, etc.

Badana. Es la piel de borrego en su color natural, siena claro y con un tono poco uniforme. Suele teñirse con rameados o jaspeados, a los que los encuadernadores llaman «pasta española», o bien mediante un procedimiento llamado «jaspeado a la valenciana». De este jaspeado suelen usarse los colores fundamentales, rojo, verde, azul, marrón, etc.

Zumaque o blanquillo. Es la piel de borrego a la que se ha dado un tratamiento especial de mordiente para que se pueda hacer sobre ella, y con mejor resultado, el teñido que caracteriza la pasta española o el jaspeado a la valenciana, que acabamos de citar.

Pasta española. Es la piel de borrego ya preparada por el curtidor con esos rameados que se ha dicho al hablar de la badana y el zumaque. Y así se adquiere en las casas del gremio de la encuadernación.

Cabra. Es una piel con la flor granulosa y la carne compacta. Sólo se vende teñida, pero en una gran variedad de colores. Se usa para encuadernaciones de lujo o ediciones especiales.

Marroquín. Es la piel de cabra de Marruecos (de ahí su nombre), trabajada conforme a técnicas tradicionales allí, con el grano un poco grueso y más dura y densa que las pieles de cabra europeas. Los marroquines son unas de las pieles más apreciadas en encuadernación.

Potro. Caballo. Asno salvaje. Con estas pieles es con lo que en las regiones de Turquía, Persia y en toda el Asia Menor se ha ido haciendo la preparación que da como resultado esa piel tan bonita que se llama chagrén.

Chagrén. Su fabricación es curiosa: la piel, muy mojada, casi como una babaza, se pone en una tina con su fondo plano cubierto de determinada simiente, y se coloca la parte de la carnaza sobre ella, se pisotea de forma que estos granillos se incrusten y hagan que por la parte de la flor, sobresalga ese granulado fino característico de esta piel, junto con el satinado y brillo de la piel de potro. En España esa piel se llamó «zapa» derivado de «zapo» o «sapo» por su granulado característico. Hoy se admite el término «chagrén» derivado del francés.

Estas pieles se usan para encuadernaciones de lujo, igual que las de marroquín.

Hoy día y dado la dificultad de conseguir piel de potro o de asno para hacer un chagrén, se utiliza la piel de cabra.

Vaca. Becerro o ternero. Estas pieles han de ser tratadas especialmente. Si se dedican a la encuadernación, han de ser finas y más flexibles que las dedicadas a la zapatería o a la artesanía del cuero o a la tapicería. Aunque, si estas últimas son finas, se pueden aprovechar, y de hecho se usan los recortes de los tapiceros, cuidando de chiflarlas bien.

Estas pieles se usan siempre teñidas y las hay de todos los colores. Tienen la flor lisa, casi siempre sin grano, y la mayor parte de las pieles «espejo» (se llama así a las muy brillantes) que se venden en el mercado procede de becerros.

Se usan para toda clase de libros.

Pergamino. Vitela. La mayoría de los pergaminos proviene de las pieles de vaca, de oveja o de cabra. Si procede de terneras o abortones de vaca, principalmente, entonces se llaman «vitela». Éstas son pieles muy compactas. El nombre de «pergamino» viene de la ciudad de Pérgamo (hoy Bergama) en Asia Menor, donde se confeccionó su curtido para utilizar dicha piel como soporte de la escritura. Con el tiempo, cuando se popularizó el empleo del papel, se utilizó el pergamino para resguardar los códices que sustituyeron a los antiguos rollos por su gran resistencia, encartonado o sin encartonar.

Últimamente se ha generalizado para cubrir a media pasta los protocolos de los notarios, y a veces para encuadernaciones que imiten las antiguas.

Es una piel difícil de trabajar y dorar, pero, si se hace bien, las encuadernaciones que resultan son de una gran belleza.

Tejuelo. Es piel de borrego laminada y serrada en dos placas que salen de una piel entera. Se usa en varios colores para, en pequeños trozos, colocarse en los entrenervios o en el lomo liso y recibir en dorado el título del libro, el nombre del autor y cualquier otra especificación, generalmente muy simplificada.

También se usa para hacer trabajos de mosaico o taracea en piel.

Las mejores pieles para tejuelo son las de la primera capa, la de la flor, que una vez planchada y barnizada queda muy bonita y brillante.

Ante. En ediciones de lujo se usa algunas veces como guardas un ante muy fino, pero no es usual para cubrir libros.

Otros tipos de pieles. Pieles como las de serpiente, lagarto, tiburón, foca, avestruz, cerdo, etc., no son corrientes en encuadernación, pero se pueden ver algunos libros.

Los tipos de pieles en que me he detenido son los que podríamos llamar clásicos, pues con la técnica actual del curtido puede hacerse una piel marroquín que nada tenga que ver con Marruecos, un chagrén que no sea de potro, una piel de Rusia que no tenga el tratamiento especial y característico de las originales en cuanto a olor, impermeabilidad y rechazo de insectos (polillas, etc.), pero que ofrezca los clásicos rombos que, para un profano, caracterizan esa piel.

Colas y pegamentos

Cola de carpintero. Es una gelatina animal, cuya fabricación se hace con deshechos de carnaza, nervios, ligamentos y huesos tiernos de animales, y por eso huele tan mal cuando se calienta para pegar. Tiene un color marrón claro, como la miel, si se calienta y quema se pone marrón oscuro. Se compra en placas o granulada. Para usarla se rompe la placa en trozos y se cubre de agua durante doce horas en el recipiente en que vaya a usarse. Luego se pone al baño María hasta que se hace un líquido de color de la miel. Se usa muy fluida para encolar lomos recién cosidos, o algo más espesa para encolar el papel de planos. Cada vez que se calienta pierde un poco de agua por evaporación, por lo que se vuelve más espesa y hay que agregarle agua, que puede ser la del mismo baño María. Una vez seca, se cristaliza y pega muy fuerte.

Para un libro nuevo es la mejor; pero su uso se va dejando ante la serie de comodidades que tiene la cola blanca.

Cola blanca. Se llama así, por su color, a una cola generalmente de acetato de polivinilo. Se caracteriza por estar dispuesta en todo momento para su empleo, porque seca con rapidez, porque una vez seca es transparente, y porque, cuando aún no se ha secado del todo, se puede limpiar con agua, si conviene o si se ha cometido cualquier error.

Para quitar una gran cantidad de esta cola seca y vieja del lomo de un libro, o de cola pegada por fundido en el lomo, como se encuentra actualmente en muchas ediciones, se puede calentar una espátula y pasarla sobre la cola, que se irá fundiendo y así eliminando (FIGS. 9 y 10).

Esta cola se usa para todo, menos para pegar la piel y el papel de guardas porque, en algunas ocasiones, se necesita rectificar lo hecho y para ello se precisa de una cola que no seque tan rápidamente.

Engrudo. Lo hace el propio encuadernador con los ingredientes y proporciones que siguen;

100	gramos de harina (es mejor en basto, con afrecho).
500	gramos de agua.
5	gramos de almidón.
2,5	gramos de sulfato de alúmina (alumbre).
8 ó 10	gotas de esencia de trementina (aguarrás).

En una cacerola se pone la harina, el almidón y el alumbre. Se deslíe con el agua, se pone a fuego lento y se va removiendo con una plegadera o cuchara de madera, siempre en el mismo sentido; se espera a la formación de un mucílago y

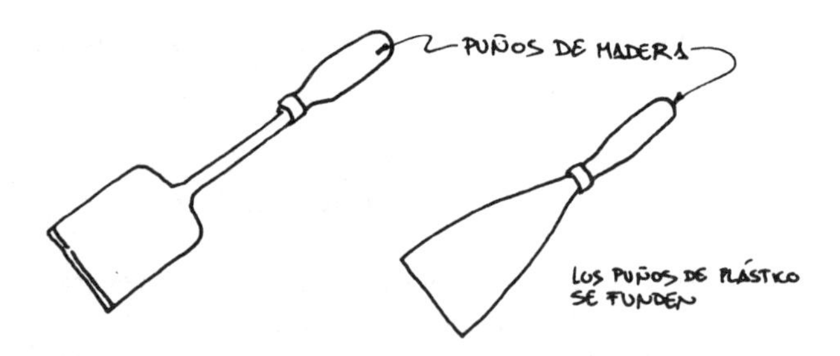

FIGURA 9. Espátulas.

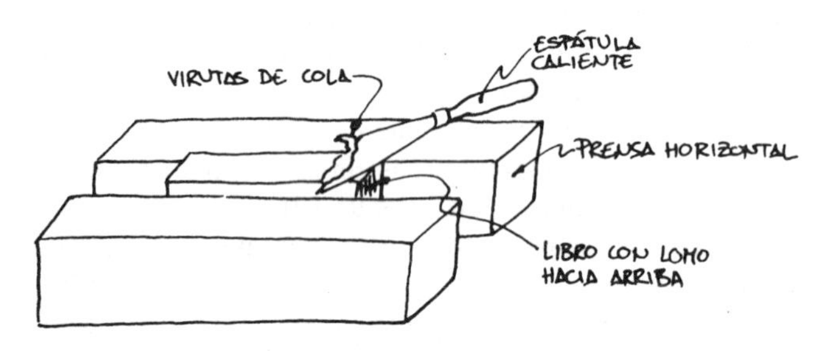

FIGURA 10. Cómo quitar la cola del lomo.

cuando empieza a hervir se deja durante unos 5 minutos; se retira del fuego y se deja enfriar. Hay que esperar de 4 a 5 horas para poder usar ese engrudo, pues antes de ese tiempo no pega bien y se corre el riesgo de que lo pegado se desprenda.

El engrudo caliente es un líquido cremoso, pero al enfriarse se espesa tanto que queda como una gelatina y es necesario batirlo para que se vuelva cremoso. Por eso es conveniente pasarlo de la cacerola al recipiente que vamos a utilizar cuando aún está caliente.

Con los días tiende a hacer grumos, por lo que hay que tener cuidado cuando se da engrudo de que la brocha no arrastre ninguna dureza, que luego nos dejaría un montículo debajo de la piel o del papel.

Es el mejor pegamento para la piel y el papel, pero tiene el inconveniente de que acaba por pudrirse (y más pronto en verano) a pesar del sulfato que se le ha puesto precisamente para impedirlo.

Hoy día existe en el mercado un engrudo químico muy bueno, que suple con creces al hecho con las fórmulas que veníamos utilizando los encuadernadores. Sobre todo por el tiempo que tarda en descomponerse.

Cualquier comerciante de colas te lo puede proporcionar.

Almidón. Es engrudo hecho sólo con almidón, y necesita una mitad más de agua que el hecho con harina. Este engrudo es casi transparente, y se emplea para no manchar las pieles claras o los pergaminos y también para pegar telas claras.

Tanto el engrudo como el almidón se pueden conservar más tiempo en tarros vacíos de mermelada o similares, guardándolos en el refrigerador siempre con la etiqueta «VENENO» y fuera del alcance de los niños; si esto no es posible, no lo ponga en refrigerador.

Cola látex. Es cola líquida de caucho que se comercializa con distintos nombres, como por ej.: «Supergen». Se usa casi exclusivamente en el mosaico de los planos hechos con piel.

3. Vocabulario

Afinar. Hacer el encuadernador que la cubierta del libro sobresalga igualmente sobre los cortes.// Rectificar la colocación de la cubierta.

Alemana, a la. Encuadernación en la que el lomo y las puntas son de badana o blanquillo, y el resto de las tapas de papel o tela, con dos tejuelos para titular.

Alzar. Colocar los cuadernillos, unos sobre otros, por su orden correlativo.

Badana. Piel curtida de oveja o carnero.

Becerro. Piel de ternera curtida.// Libro en el que antiguamente se copiaban los privilegios y pertenencias de las iglesias, monasterios, concejos, etc.// Libro en que están sentadas las iglesias y piezas del real patronato.

Bigote. Línea horizontal, generalmente gruesa por el centro y delgada por los extremos, que separa en los tejuelos el nombre del autor del título de la obra.

Bisagra. Línea sobre la que gira la tapa en el lomo.// Palo de boj con que se alisan y lustran ciertas pieles.

Bol de Armenia. Arcilla ferruginosa, de color rojizo, que se emplea, entre otros fines, como aparejo para dorar cantos. Se vende en forma de tetillas con un sello en la parte baja.

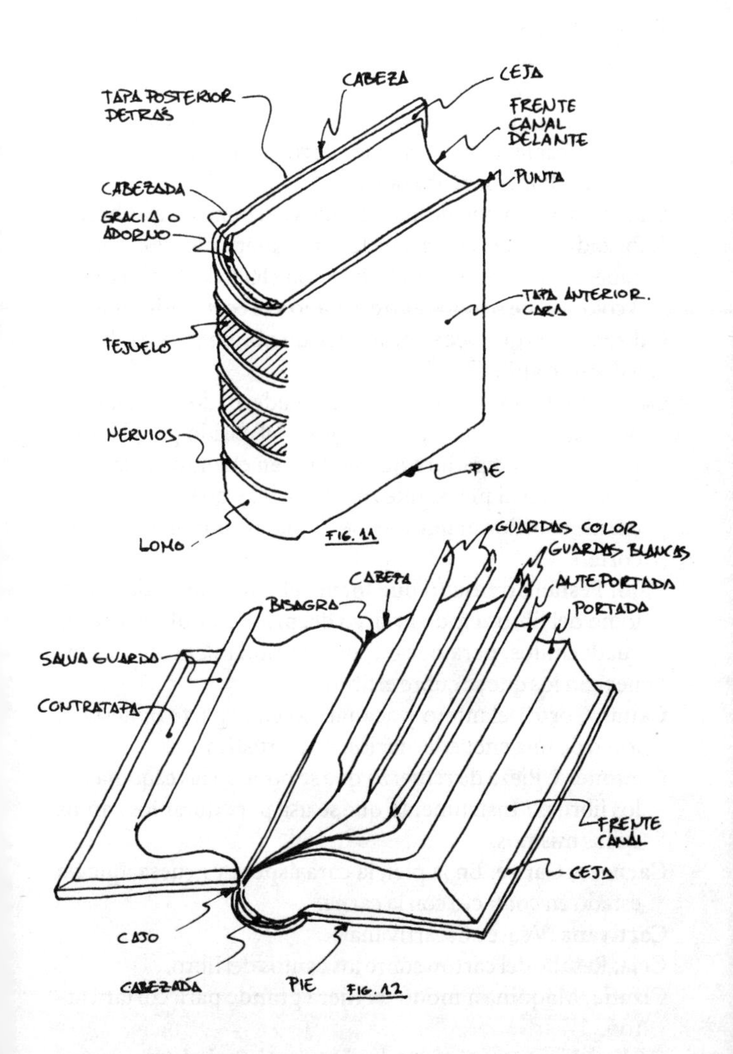

FIGURAS 11 y 12. Partes del libro.

Botalomo. Instrumento de hierro con que se forma la pestaña en el lomo de los libros.

Bruñidor. Pieza de ágata, vidrio, nácar, etc., para bruñir.

Bullón. Pieza de metal en figura de cabeza de clavo, para guarnecer las cubiertas de los libros grandes.

Cabecear. Poner las cabezadas.

Cabecera. Cada uno de los extremos del lomo de un libro.

Cabezada. Cordel con el que los encuadernadores cosen las cabeceras de los libros.// Cinta con el borde de hilo de 2 ó 3 colores que se pone entre el lomo y el corte de los libros.

Cabreo. Igual que becerro, aunque un nombre y otro aluden a distinto animal.

Cadeneta. Labor hecha por los encuadernadores en las cabeceras de los libros para firmeza del cosido por el lomo. Es como una ligadura que se hace en el lomo cerca de la cabeza y en el pie, siguiendo el corte, y que une los cuadernillos. (Por extensión, se llama así también a dicho corte.)

Cajo. Pestaña o resalto que forma el encuadernador en el lomo del libro, a todo lo largo del primero y último de los cuadernillos, para que encajen cómodamente los cartones con los que se cubre el libro.

Canal. Corte delantero y acanalado en la parte opuesta al lomo de una encuadernación no en rústica.

Cantonera. Pieza de refuerzo que se pone en las esquinas de los libros.// Instrumento que se usa para dorar los cantos de los mismos.

Carnaza, Carne. En la piel, la cara áspera y gruesa, que ha estado en contacto con la carne.

Cartivana. Véase «Escartivana».

Ceja. Resalte del cartón sobre los cantos del libro.

Cizalla. Máquina a modo de tijera grande para cortar cartón.

Códice. Libro manuscrito de cierta antigüedad y de importancia histórica o literaria.

Componedor. Dispositivo que consta de dos regletas paralelas de metal, para entre ellas insertar, una a una, las letras que componen cada renglón del texto que se va a dorar.

Contratapa. La parte del revés de cada tapa.

Cortes. Superficie que forman los cantos de los libros.

Corte de cabeza. El corte alto.

Corte de canal. El corte delantero, parte opuesta al lomo.

Corte de pie. El corte bajo.

Cuadernillo, Cuaderno. Conjunto generalmente de cuatro pliegos de papel, doblados por el centro y encañonados los unos en los otros, que constituyen una parte del libro.

Cubierta. Forro de papel del libro en rústica.

Cubrir. Recubrir completamente el libro en su etapa final.

Cuerpo. Véase «Volumen».// Texto principal de la obra escrita o impresa, con excepción de las notas, índices y preliminares.// Tamaño de las letras de imprenta.

Chifla. Cuchilla ancha con la que se rebaja la piel.

Chillas. Planchas lisas o bruñidas algo mayores que el tamaño del libro, hechas de madera, hoja de lata o cartón, entre las cuales se pone el libro en la prensa.

Chillas para cajo. Las que tienen el superior inclinado y cubierto con una chapa de acero para hacer sobre él el cajo.

Desencuadernar, Descuadernar. Deshacer la encuadernación de un libro.

Desvirar. Recortar el libro.

Diente de perro, A. Modo de costura en el que dos o más hojas o pliegos se atraviesan con la aguja por el borde del lomo, quedando así sujetos por el hilo.

Duerno. Duerna. Conjunto de dos pliegos, metidos el uno dentro del otro.

Edición diamante. La hecha en pequeños caracteres y formato.

Edición príncipe. La primera que se hace de una obra, cualquiera que sea el mérito de tal edición.

Empastar. Cubrir o encuadernar en pasta los libros.
Encañonar. Encajar un pliego dentro de otro.
Encartonar. Encuadernar sólo con cartones cubiertos de papel.
Encuadernar. Juntar, unir y coser varios pliegos o cuadernos y ponerles cubiertas.
Engrudo. Pegamento hecho con harina o con almidón.
Enlomar. Hacer el lomo, redondearlo.
Entrenervio. Espacio del lomo, entre los nervios.
Escartivana, Cartivana. Tira de papel o de tela de 10 a 12 mm de ancho, con la que se unen dos hojas sueltas para así facilitar su encuadernación.
Exfoliador. Especie de cuaderno cuyas hojas se desprenden fácilmente.
Flor. En la piel, parte lisa y brillante en la que creció el pelo.
Folio. Véase «Hoja».
Gacheta. Pegamento hecho con engrudo.
Gracia. Ornamentación de la piel en la cabeza y en el pie por la parte del lomo para que cubra las cabezadas y sus enlaces con las tapas.
Guáflex. Papel plastificado por una cara, muy usado para encuadernar.
Guarda blanca. Pliegos que se colocan como primer y último cuadernillo del libro.
Guarda de color. Las que van pintadas o dibujadas, y se colocan en las contratapas.
Hoja. Cada una de las partes iguales que resulta al doblar el papel para formar el pliego.
Holandesa, a la; A media pasta. Se dice de la encuadernación económica, en la que el cartón de la cubierta va forrado de papel o de tela, y de piel el lomo.
Incunable. Se llaman así las ediciones impresas entre el año 1447, presunta fecha de la invención de la imprenta, y el final del año 1500. El término incunable fue empleado por primera vez en relación con la imprenta por Bernard von

Mallinckorodt en su folleto «De ortu et progressu artis typographicae» (Colonia, 1639).

Infolio. Libro en folio.

Ingenio. Aparato con una cuchilla para cortar los cantos de los libros.

Inglesa, a la. Se dice de la encuadernación con tapas flexibles y puntas redondeadas.

Interfoliar. Encuadernar, entre las hojas impresas o escritas de un libro, otras en blanco.

Interpaginar. Véase «Interfoliar».

Intonso. Se dice del libro que se encuaderna sin cortarle las barbas o sin abrir los pliegos de que se compone.

Jaspear. Pintar imitando las vetas y salpicaduras del jaspe o mármol.

Legajo. Atado de papeles.

Lengüeta. Cuchilla de acero que se usa para cortar papel y forma parte del ingenio.// Escalpelo o punta.

Lomera. Trozo de piel o de tela que se coloca en el lomo del libro encuadernado a media pasta.// Por extensión, trozo de cartón o cartulina que cubre el lomo y puede llevar nervios.

Maculatura. Pliego que se desecha por mal impreso. Puede usarse para encolar sobre él.

Mamotreto. Libro o legajo muy abultado.// Libro o cuaderno de apuntaciones.

Manuscrito. Texto escrito a mano.// Libro enteramente escrito así.

Nervio. Cada una de las cuerdas que se colocan al través en el lomo de un libro para coser en ellas los pliegos que se encuadernan.// Por similitud se llama también así a las tiras de cartón o de otro material que se encola en la lomera.

Nervura. Conjunto de las partes salientes que en el lomo del libro forman los nervios de la encuadernación.

Página. Cada una de las dos planas o caras de una hoja.

Paleta. Tira de metal grabada en el canto y que, en caliente, sirve para dorar la piel.

Palimpsesto. Papiro o pergamino antiguos, cuyo texto ha sido raspado o cubierto de blanco para poderse aprovechar como soporte de una nueva escritura.

Pasaperro, Coser a. Encuadernar en pergamino libros de poco grueso, haciéndoles dos taladros por el borde del lomo y pasando por ellos una correhuela que sujeta hojas y tapas.

Pasta, En. Encuadernación cuyas tapas y lomo van cubiertos por entero de piel.

Pasta, Media. Encuadernación a la holandesa.

Pasta española. Encuadernación en piel de cordero teñida en color leonado o castaño y decorada generalmente en jaspe salpicado.

Pasta italiana. Encuadernación de cartones muy finos cubiertos de pergamino.

Pasta valenciana. Encuadernación en piel de cordero en la que esta piel se arruga para ser teñida y ofrece el color de distinta tonalidad y jaspeados más caprichosos que la pasta española.

Piojos. Pequeños puntos o rayas donde al dorar, no ha quedado el oro sobre la piel.

Plegadera. Instrumento a modo de cuchillo, de madera o de hueso o marfil, a propósito para plegar o desgarrar el papel.

Plegar. Doblar con la debida proporción los pliegos de papel.

Póliza. Proporción en que, para grabar o imprimir, se hallan los distintos tipos o letras de un mismo cuerpo.// También, el conjunto de esas letras o tipos.

Portada. Primera plana de un libro.

Posteta. Porción de hojas que baten de una vez los encuadernadores.

Prensa. Aparato usado para apretar y comprimir los libros.

Punta. Véase «Lengüeta».

Quinterno. Cuaderno de cinco pliegos.
Raspador. Instrumento con una cuchilla que corte en los dos lados, en la punta y en los bordes, y provisto de un mango de madera. Sirve para raspar y desencuadernar.
Recto, Folio. Primera plana o cara de la hoja numerada y cuyo revés va sin numerar.
Reencuadernar. Volver a encuadernar el libro deshecho.
Registrar. Revisar todas las signaturas puestas en el libro para que sigan su orden.// Poner una señal o registro entre las hojas de un libro.
Registro. Nota que se ponía al final del libro, con las signaturas de todo él, para que el encuadernador reconociese el orden de sus cuadernillos.// Cordón o cinta, suelto o pegado al lomo del libro, y que sirve para señalar la página que se lee o alguna otra de especial interés.
Rueda. Disco giratorio metálico con el que, en caliente, grabar y dorar los planos del libro.
Rústica, A la, o En. Encuadernación del libro con cubiertas de papel.
Salvaguarda. Hoja que protege de la suciedad, y que es la primera del primer cuadernillo y la última del último.
Separadores. En las pólizas, pequeños rectángulos de metal, que son del mismo cuerpo que las letras y sirven para espaciar las letras o las palabras de los títulos.
Signatura. Señal que, con las letras del alfabeto o con números, se ponía al pie de las primeras planas de cada pliego para gobierno del encuadernador. Hoy sólo se pone en la primera plana de cada cuadernillo.
Sisa. Mordiente para fijar los panes de oro.
Tapa. Cada una de las dos cubiertas de un libro encuadernado.
Tapas, Meter en. Colocar dentro de ellas el libro ya cosido o unidas sus hojas.
Tejuelo. Pequeño rectángulo de piel o papel que se pone en el lomo y sobre el que se graban ciertas indicaciones relativas al libro.// También ese texto mismo.

Telar. Bastidor para coser los libros.

Telera. Cada uno de los dos maderos paralelos que forman las prensas horizontales. Antiguamente se llamaban también «Vírgenes».

Tomo. Cada una de las partes, con paginación propia, en que suelen dividirse las obras impresas o manuscritas de cierta extensión.

Tronquillo. Barra de latón grabada en la punta, y que sirve para, una vez caliente, grabar por impresión en oro.

Tumbo. Libro grande con hojas de pergamino en el que se copiaban antiguamente las pertenencias y los privilegios de comunidades religiosas, municipios, etc. Véanse «Cabreo» y «Becerro».

Vírgenes, Véase «Teleras».

Volumen. Cuerpo material de un libro encuadernado. (Históricamente, el «volumen» era el rollo en que estaba contenida una obra, antes de su posterior presentación como libro en láminas rectangulares.)

Vuelto, Folio. Revés o segunda plana de la hoja que no está numerada sino en la primera.

En el uso, y por economía de lenguaje, decimos «papel guarda», «papel prensa», «tejuelo», etc., en lugar de «papel de guarda», «papel de prensa» (o de «periódico»), «piel de tejuelo», etc.

4. Formas de encuadernar

Si se toma un libro y se mira por su exterior, se verá que puede estar encuadernado de algunas de las varias maneras o formas que voy a detallar:

1. Encuadernación «en pasta» o «a toda piel».

Esto supone que todo el libro está encuadernado con el mismo material (piel, tela, guáflex, pergamino, etc.) sin interrupción en tapas y lomo.

2. Encuadernación «a media pasta» o «a media piel» o «a la holandesa».

Esta forma de encuadernar tiene algunas variantes que voy a ir exponiendo y, si se miran las ilustraciones, será fácil hacerse cargo de en qué consisten esas variaciones.

Cuando se dice «encuadernación a media pasta» siempre se refiere uno a la clásica, que es como sigue:

Un tercio del plano delantero, el lomo y un tercio del plano posterior, cubierto de piel, tela, guáflex, o lo que sea. Las puntas del plano van cubiertas también de triángulos isósceles de piel. ¿Y qué tamaño tendrá el triángulo? El que resulte de poner ese tercio del plano como altura del triángulo isósceles (FIG. 13).

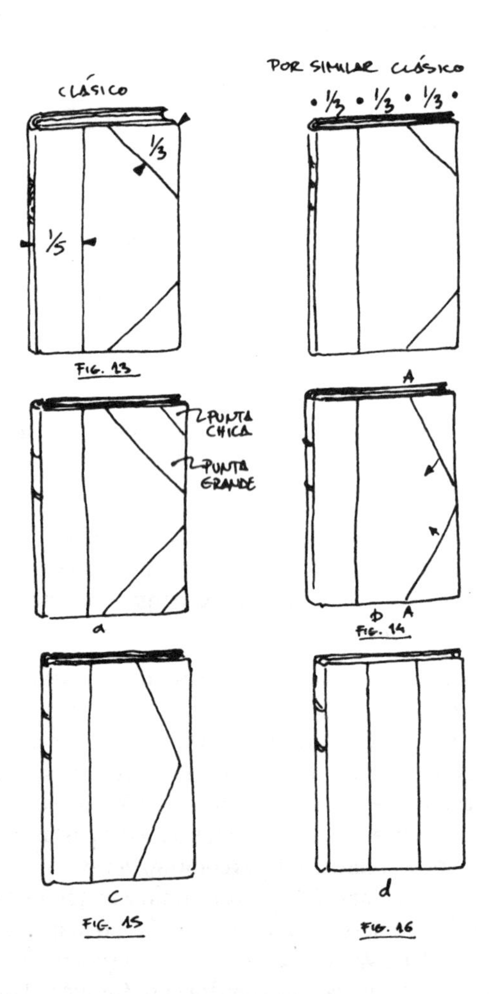

FIGURAS 13, 14, 15 y 16. Distintas formas de cubrir las tapas.

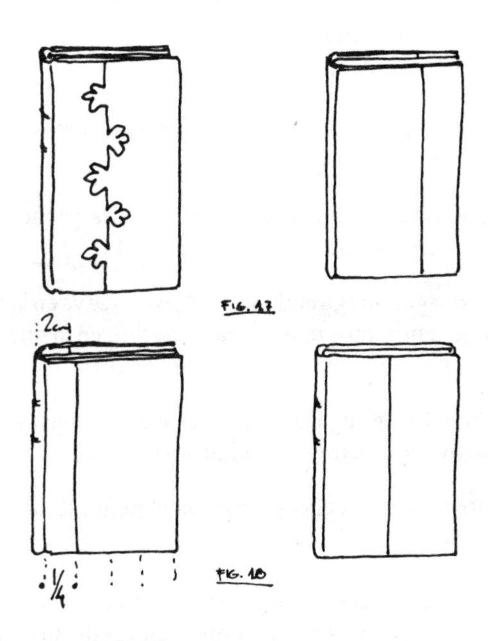

FIGURAS 17 y 18. Otras variantes para cubrir las tapas.

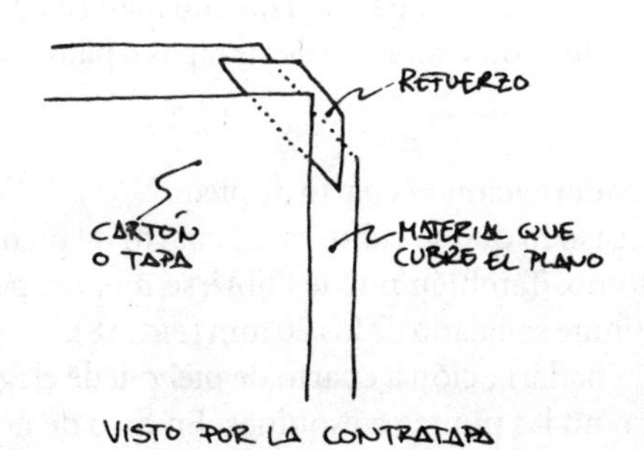

FIGURA 19. Forma de reforzar las esquinas.

Además de esta forma, también pueden ponerse el lomo y los tercios de los planos como se ha dicho, pero con las puntas desiguales. Es decir:

a) Que los triángulos sean mayores o menores de lo que se ha dicho para el clásico.

b) Que dichos triángulos no sean isósceles, y tendríamos así una encuadernación como la de la FIG. 14.

c) O, si seguimos girando sobre A, como se ve en la flecha del dibujo tendremos una encuadernación en la que ya no son triángulos sino una pieza angular (FIG.15).

d) Cuando ese ángulo llegase a desaparecer, tendríamos el plano dividido en tres partes iguales (FIG. 16).

e) Otro caso, con el ángulo hacia el lomo, sería el c) en sentido contrario.

Saliendo de estas variaciones de la forma clásica, pueden hacerse también dibujos en el borde (en vez de una recta) o poner más o menos de ese tercio junto al lomo; pero siguiendo siempre la norma de que hay que dejar al menos 20 mm junto al lomo, el cual debe ser del mismo material que cubre éste para protección y sujeción de las tapas o planos del libro (FIG. 17).

3. Encuadernación «a cuarto de piel».

En este caso lo que se cubre es un cuarto de plano por el lado del lomo. También puede cubrirse menos, pero sólo hasta ese límite señalado de los 20 mm (FIG. 18).

En la encuadernación a cuarto de piel puede elegirse entre poner o no las puntas o esquinas. En caso de no querer que se vean, pueden ponerse y recubrirlas con un refuerzo que luego se cubre con el material del plano (FIG. 19).

Como se verá, en todos estos casos el lomo y las puntas son de un mismo material y los planos de otro. Los materiales pueden ser cualesquiera de los señalados. La única salvedad está en el buen gusto de su combinación junto con el colorido, porque lo que hemos expuesto hasta ahora **no son estilos sino formas** o maneras de cubrir un libro.

Pero vamos a ver cómo se hace esto de encuadernar, y lo vamos a ver paso a paso, y estudiar en cada paso el procedimiento o proceso de trabajo y las variaciones que puede tener cada uno de ellos.

Es conveniente, antes de que entremos a estudiar todo ello, conocer el siguiente capítulo, que trata de cómo usar ciertas herramientas.

5. Cómo encolar

Hoy día, la cola blanca –cola química: acetato de polivinilo– ha sustituido en casi todos los talleres la cola fuerte de carpintero o cola marrón.

Pensemos que la cola fuerte exige:

1. Una preparación, pues se compra en placas o granulado.
2. Ponerla 12 horas en remojo, en agua fría.
3. Calentarla al baño María para que se ponga líquida y así poderla usar.
4. Cuidar de que no espese, añadiéndole agua si es preciso.
5. Que esté siempre caliente, para que permanezca fluida y pueda pegar.
6. Cuidar de que no espese, pues entonces se quema y se pone negra.

Todos estos puntos los comparamos con las cualidades de la cola blanca y comprendemos que se use menos la cola marrón o fuerte.

Pues la cola blanca:

1. Desde que se adquiere ya está a punto para ser usada.
2. Seca rápidamente, pero no tanto que impida ocasionales correcciones.
3. Se disuelve en agua, cuando está líquida, por lo que podemos tener botes de cola con distinta fluidez.
4. Cuando seca, queda transparente y con fuerte adherencia, que puede disolverse con alcohol. O, cuando es el caso de una gran cantidad, se la puede quitar con una espátula caliente que la funda.

Entonces comprendemos el gran incremento en el uso de la cola blanca.

¿Cómo se da cola?

Las brochas que se usan en encuadernación se cogen como si fueran puñales y así quedan inmovilizadas en la mano. La cola se da a los papeles o pieles con el movimiento de todo el brazo: la muñeca no se dobla.

Al coger cola del recipiente es conveniente apretar la brocha contra el costado de éste para quitar así el exceso de ella y luego trabajar desde el centro a los lados, con largas pasadas que rebasen los límites de lo que se encola (FIG. 20).

El papel, la piel o lo que se vaya a encolar, debe estar sobre un papel de periódico de mayor tamaño, para que así la brocha pueda salir de lo que se encola.

Puede ocurrir, por descuido, que las pasadas no sean lo suficientemente largas y que alcemos la brocha cuando aún no ha salido de la superficie que se encola. Entonces, la misma brocha se lleva adherido el papel o la materia que se trabaja. Y, lo que es peor, que manche la flor, o el dibujo, si lo encolado son guardas de color.

El papel acabado de encolar debe dejarse cierto tiempo para que estire como consecuencia de la humedad que recibe, pues puede darse el caso de que, por una prisa indebida,

FIGURA 20. Modo de encolar.

empiece a estirar en el momento de adherirlo a la superficie sobre la que deba ir, lo que se traduce en unas arrugas muy difíciles de quitar.

Esta forma de encolar es la directa. Pero si queremos encolar una tela inglesa o un papel fino, para mayor seguridad podemos hacer el encolado por el método indirecto. Es decir, que hay dos formas de encolar:

- Encolamos el papel y lo colocamos sobre el cartón. (Directa.)
- Encolamos el cartón y colocamos el papel sobre él. (Indirecta.)

Esto debemos tenerlo en cuenta, dado que ciertas marcas comerciales de papel, de guáflex y sobre todo de tela inglesa, al humedecerse pierden su rigidez y se hacen muy difíciles de manejar. Entonces, si encolamos el cartón, nos da la ventaja de manejar la tela inglesa con su relativa rigidez, pues cuando ésta se humedece ya está en su sitio y bien colocada. Para afirmar sólo hay que colocar una hoja de papel blanco sobre lo pegado y frotar.

Al pegar con engrudo las guardas de color en la contratapa, o al pegar unas guardas de color sobre las guardas blancas de un libro, tenemos que seguir el siguiente proceso:

Colocar bajo la guarda un papel de periódico (FIG. 21), sujetar la guarda por el centro con un dedo, y dar primero engrudo en la bisagra, desde el centro a los cantos, y luego en abanico desde el centro a los lados, hasta que toda quede dada de engrudo.

Si hemos de arreglar alguna hoja rota pegándole encima papel japonés fino y transparente, a ese papel fino no se le puede pasar la brocha porque se rompería. ¿Qué hacer?

Usar el método indirecto. Tomar un trozo de mármol bien plano y pulido, y darle engrudo por igual. Colocar la tira de papel fino japonés sobre el mármol y dejar que estire después de que ha cogido el engrudo, y luego colocarlo con cuidado sobre la hoja rota. Tendrá poco engrudo, pero el preciso para pegar los rotos de la hoja, quedándose transparente al secar.

Siempre que se haya pegado un papel sobre otro hay que tomar ciertas precauciones para que lo pegado quede perfecto y bien sujeto: lo primero que debe hacerse es frotar lo que se pega, sobreponiendo un pliego de papel blanco, y fro-

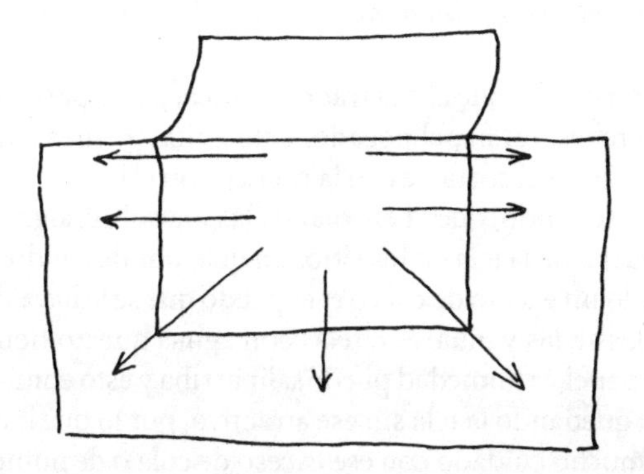

FIGURA 21. Encolando una guarda sobre un periódico.

tar con el pulpejo de la mano o con un trapo hecho una bola. (Nunca se frotará directamente, pues por estar húmedo el papel es muy fácil arrollarlo con los dedos o la mano.)

Como complemento de lo expuesto, léase a continuación «Cómo pegar tela».

Cómo pegar tela

Muchas veces el encuadernador se encuentra en la situación de tener que pegar a las tapas o al lomo o a las guardas, un trozo de tela, ya sea loneta, seda, muaré, etc., y entonces se pregunta:

¿Cómo actuar?

La respuesta es sencilla:

Si la tela viene ya preparada, porque se ha adquirido en tiendas del gremio de encuadernación o porque al comprarla se ha tenido cuidado de que tenga esa preparación especial, entonces se pega normalmente.

¿En qué consiste esa preparación especial?

Pues consiste en que la tela trae de fábrica, por la parte de detrás, o revés, un papel pegado. Esto evita, primero, que la tela se mueva al cortarse con la tijera o con el bisturí o escalpelo. Y, segundo, que al encolarse, la cola sobresalga por la cara buena de la tela en los sitios en que, por descuido, haya quedado un exceso de cola o el engrudo que se le haya dado.

En las sedas y muarés o telas con aguas que no tienen el pie de papel, la humedad puede salir arriba y esto elimina las aguas, quedando la tela sin ese atractivo, por lo que hay que tener mucho cuidado con ese exceso de cola o de humedad. Por lo tanto lo mejor es colocar un pie de papel a esas telas.

¿Cómo proceder si la tela no tiene ese pie de papel?

Imaginemos que tenemos que ponerle unas guardas de seda a un libro. Para ello tenemos que proceder así:

Se corta la tela de un tamaño algo mayor que la hoja de la guarda blanca sobre la que se va a pegar. Una vez cortada se deja aparte.

Se corta un pedazo de papel fuerte mayor que la guarda. Se coloca sobre un papel de periódico y con cola fuerte de carpintero más bien algo espesa y caliente, o con cola blanca de polivinilo también algo espesa, se le da una mano al papel.

Cuando esté cubierto de cola, se levanta ese papel y se pone por el lado de la cola sobre la guarda blanca por un momento. Esto hará que la cola quede depositada por igual sobre la guarda. Entonces, rápidamente, se toma la tela y con mucho cuidado se deja caer sobre la guarda encolada, quedando así pegada a ella. OJO a la línea de bisagra que ya deberá estar con la charnela puesta, ya sea esa charnela de cuero, tela, ante fino o lo que se haya proyectado. Tenga cuidado, como digo, de que esta línea de bisagra esté perfectamente recta y sin hilachas al caer sobre la charnela.

Se puede utilizar el mismo procedimiento para hacer una tela con pie de papel.

Para ello se coloca el papel encolado sobre un trozo de papel de seda o papel muy fino tipo japonés, para que éste reciba la cola y sobre este papel fino así encolado colocar la tela.

Hay que actuar rápidamente para que el papel no tenga arrugas; esa tela y el papel así pegados se frotarán con una hoja de papel fuerte entre el paño o la palma de la mano para eliminar esas posibles arrugas o impedir que puedan salir.

Una vez se crea que está todo bien unido, se coloca bajo unos tableros grandes y se prensa un momento. Luego se saca y se revisa, antes de dejarlo secar bajo peso y puesto entre dos cartones.

Esa tela con pie de papel se puede pegar ya directamente, pero naturalmente no encolándola sino encolando donde ella va a ir colocada.

Recordemos que hay dos formas de encolar:

- Una, dando cola a lo que se pega.
- La otra, dando cola donde se va a pegar.

Y según convenga o la experiencia diga, se dará unas veces cola a un lado o cola al otro.

Si al encuadernador le entregan un tejido para usar como tapa de fuera (como por ejemplo una cretona estampada o similar que sea ligera), se debe seguir este segundo procedimiento y luego, con la tela así preparada, cubrir el libro como si se utilizase guáflex o piel.

El escalpelo. La punta. La lengüeta

Los tres prestan el mismo servicio, por lo que siempre que se cite uno de ellos sabemos que con cualquiera de los otros se puede hacer la misma labor.

Para cortar con la punta se requiere, además, una regla metálica y una chapa de cinc.

El corte será siempre inclinado, desde lo alto de la izquierda a lo bajo de la derecha, siguiendo el movimiento cómodo del brazo derecho.

La chapa de cinc es conveniente para cortar sobre ella, ya que se trata de un material blando que no daña la punta cortante del escalpelo.

La regla debe ser metálica y un poco gruesa para que la punta cortante no salte por encima hiriéndonos los dedos.

La regla se sujeta con la mano izquierda, puestos los cuatro dedos sobre ella, y también el dedo grueso, pero éste lo más separado posible de los otros. La mano se apoya en el centro de la regla y presionando sobre el papel, el cuero o lo que se corte. La mano hace como un puente sobre la regla.

Se coloca sobre la chapa de cinc el papel, se unen los puntos señalados con la regla y se pasa varias veces la punta del escalpelo por esa línea, cuidando de que la punta tenga la misma inclinación durante todo el corte.

Hay que pensar que no es sólo la punta del escalpelo lo que produce el corte, sino su presión, su inclinación y su deslizamiento (FIG. 22). Al tener más superficie de contacto en A B, el corte será perfecto.

Por eso las cuchillas de los ingenios (llamadas lengüeta) tienen las puntas redondeadas. Para que así, a pesar de estar sujetas perpendicularmente al corte, no arrollen el papel, y hagan el corte inclinado, gracias al redondeo. Si las cuchillas arrollan, es que están mal afiladas o que tienen poco redondeo.

Hay que vigilar la chapa de cinc, pues de tantos cortes como se dan sobre ella llega un momento que resulta difícil cortar bien los papeles muy finos. Entonces hay que coger el martillo, colocar su boca grande sobre la chapa de cinc y, apretando con fuerza, frotar de arriba a abajo, hasta que repasando la chapa con los dedos notemos que está otra vez lisa.

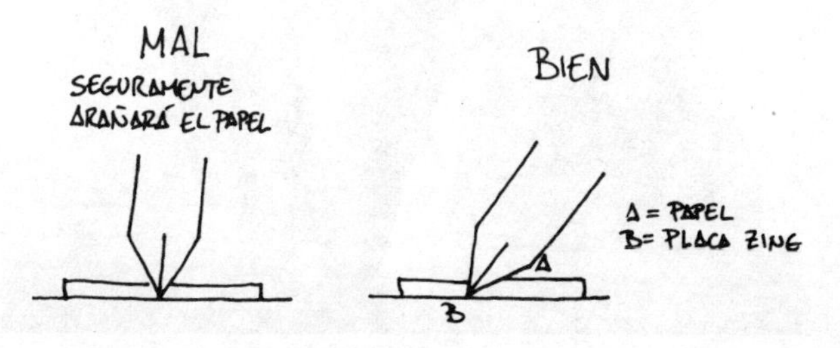

FIGURA 22. Cortando con el escalpelo.

Utensilios para cortar a la punta: chapa de cinc, regla milimetrada, escuadra, regla gruesa de acero, cortaplumas, punta de acero, escalpelo y piedra de afilar al aceite.

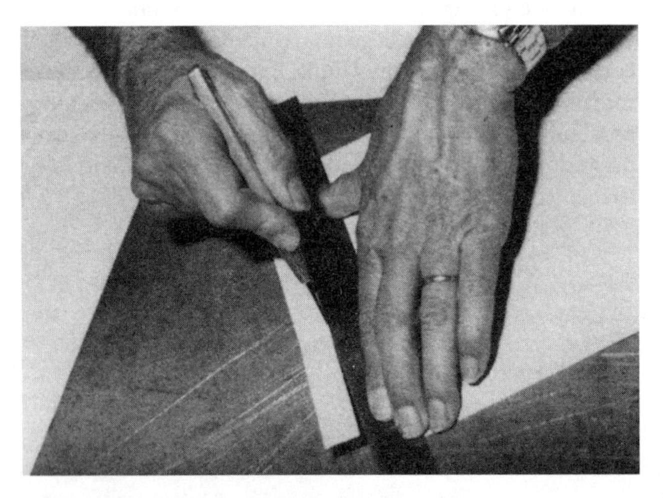

Forma correcta de cortar a la pluma.

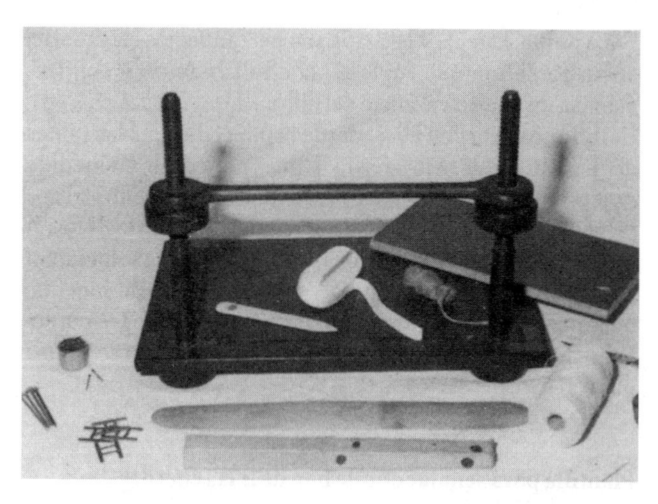

Utensilios para coser: telar, cinta, cuerda, hilo de lino, aguja ensartada, cera virgen, clavos para sujetar las cintas bajo el telar, plegadera de hueso, plegadera de bambú, barra emplomada.

Utensilios para encolar: cola blanca, engrudo, brochas y pincel.

La punta, la regla y la chapa son herramientas clásicas del encuadernador, que suple así la cizalla y se usan con frecuencia durante el montaje del libro.

Todo se corta con ellas, desde el papel de guardas (antes de pegarlo en su sitio), hasta la piel (para darle su medida exacta antes de chiflarla), las cartivanas (o pequeños trozos de papel, si las hojas necesitan arreglos), los tejuelos, etc. En todo momento, la regla, la chapa y la punta nos solucionan el problema del corte rápida y eficazmente: sólo hay que buscarse una chapa grande de cinc y tenerla siempre puesta sobre la mesa en la que se trabaja. La cizalla sólo se utiliza para el corte del cartón.

Plantilla para señalar dónde han de ir las cuerdas o las cintas y los nervios

Si deseamos seguir las proporciones clásicas en la colocación de cuerdas o cintas y en los nervios, podemos construirnos una plantilla del modo que sigue:

Se toma un pliego de papel fuerte de 60 × 50 cm y se dibuja sobre el papel un trapecio rectangular, se traza una línea recta A B, a unos cuatro centímetros del borde del pliego (FIG. 23).

A B = 50 cm
B C = 12 cm
A D = 40 cm

Se señala:
A' a 8 mm de A
D' a 18 mm de D
B' a 4 mm de B
C' a 9 mm de C

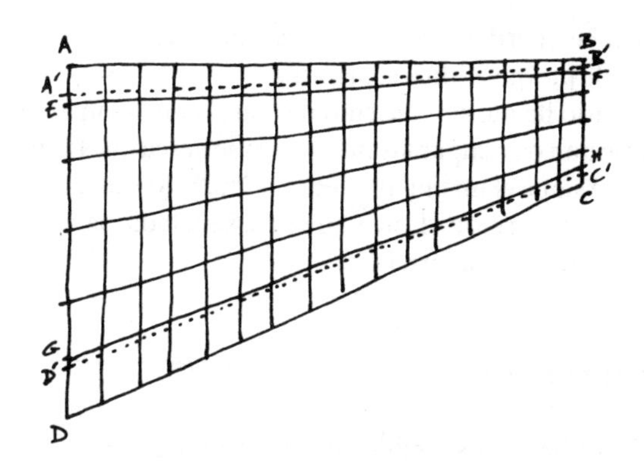

FIGURA 23. Plantilla de costuras y de nervios.

La distancia entre A' y D' se divide en seis partes.
La distancia entre B' y C' se divide en seis partes.
Se unen esos cinco puntos con una raya fina.
Se unen A B y C D con rayas más gruesas.
A 12 mm de A se señala E.
A 8 mm de B se señala F.
Se unen con raya fina E y F: ésta será la cadeneta de cabeza.
A 22 mm de D se señala G.
A 12 mm de C se señala H.
Se unen con raya fina G y H: ésta será la cadeneta de pie.
Se trazan líneas paralelas cada 2 cm entre las perpendiculares A D y B C.
Se borran todas las demás líneas auxiliares.
Una vez todo limpio, se pega el papel sobre un cartón.

¿Cómo se usa? Se coloca el primer cuadernillo sobre la plantilla, con la línea de cabeza del cuadernillo en la línea A B. Se traslada sobre esa línea hasta que el pie del cuadernillo cruce la línea C D, y en ese sitio las líneas de la plantilla señalan en el lomo del cuadernillo los lugares donde se han de marcar las cuerdas o las cintas y las líneas de cadeneta de cabeza y de pie que indica la plantilla.

Cuando llegue el momento de marcar en la lomera el lugar que han de ocupar los nervios (si se desea que los lleve el libro) se sigue el mismo procedimiento. Si los nervios no siguen la proporción clásica que es la señalada, se marcan a capricho del encuadernador.

Plantilla de puntas

Podemos hacernos también una plantilla de puntas.

Para ello se toma un cartón fuerte y se corta de él un cuadrado de 15 cm de lado. En uno de los ángulos, y partiendo de la punta, se señalan 6 cm en cada lado; en la opuesta se señalan 5,5 cm también desde la punta en cada lado. Se corta de señal a señal en cada esquina, y se marca bajo esa línea cortada la medida que hemos quitado. Esto nos dará una plantilla de punta, para la medida de 6 cm y 5,5 cm, respectivamente.

Esta plantilla colocada sobre el libro haciendo coincidir el borde de cabeza y el borde de canal y señalando con lápiz por el corte, nos da el tamaño que queda al descubierto en las esquinas del libro y que cubrirá la punta de piel. Luego cuando vayamos a señalar lo que cubre la tapa que ha de ir sobre las pieles de las puntas y la del lomo, emplearemos la señal opuesta (la de los 5,5 cm) y haremos igual: colocamos los bordes de acuerdo con los del libro, y la línea que nos dé estará sobre la esquina de piel, lo que señalaremos con la punta de la plegadera.

Para cortar el tamaño de las puntas de cuero, ya indicaré en la encuadernación a la holandesa cómo se procede, pero puedo adelantar que para una punta que cubra en el libro 6 cm, será sobre la piel de 8 cm, es decir, ésta se señalará sobre la piel dos centímetros mayor.

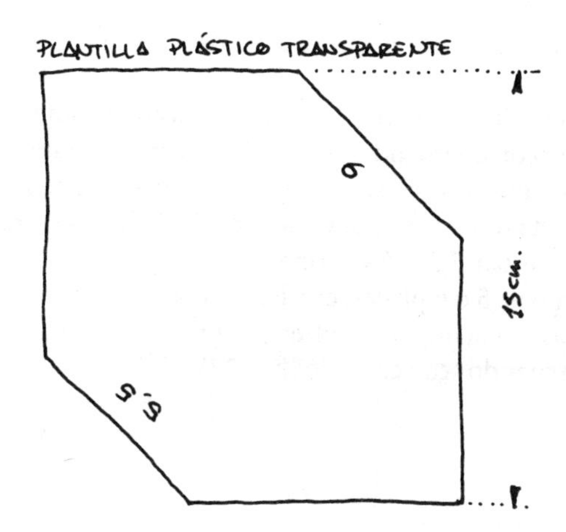

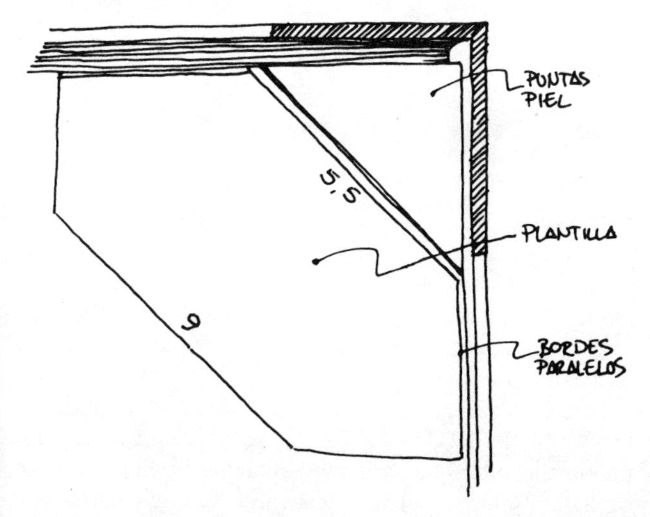

FIGURA 24. Plantilla de puntas y forma de usarla.

En todas las medidas, lo que se corta de piel son dos centímetros más.

Igual que se ha hecho con la medida de 6 cm de punta, se puede hacer con las medidas de 7, 8, 9 ó 10 cm. Naturalmente, en la esquina opuesta se cortará la plantilla para señalar sobre la punta dónde va lo que cubre el plano, que será, respectivamente, 6,5, 7,5, 8,5 y 9,5 cm.

Este juego de 5 ó 6 placas, con las marcas de las medidas que estén así señaladas, lo tendremos sujeto y a disposición de empleo cuando sea necesario (FIG. 24).

6. Proceso de trabajo

Introducción

Normalmente los libros están compuestos de cierto número de pliegos agrupados en cuadernillos cosidos por su doblez. Estos cuadernillos suelen estar numerados al pie y se constituyen generalmente por dos o cuatro pliegos doblados cada uno de ellos por su mitad para ofrecer doble número de hojas y un número de páginas o planas cuatro veces mayor. Por ello, al examinarse un cuadernillo de un libro desarmado, se verá que la primera página es el número 1 y la vuelta es la número 8, si son dos pliegos doblados, o la número 16, si son cuatro pliegos. (Hemos supuesto –para mayor claridad– que se trata del primer cuadernillo y que todas sus páginas van «foliadas», o «paginadas», es decir, que llevan impresa su numeración correspondiente.) Pero, además, es muy frecuente que en la primera página de cada cuadernillo, al pie y en un cuerpo más pequeño, aparezca otro número (que es el de orden de ese cuadernillo), probablemente seguido de la indicación abreviada del título del libro. Ello constituye la signatura de esos cuadernillos.

El índice de tales signaturas es el registro, tabla o indicación hoy desacostumbrada, por lo que ha pasado a llamarse «registro» a la propia signatura.

Este número del cuadernillo es importante para que, antes de coser, pueda revisarse si todos llevan la numeración o signatura correlativa y sin que falte ninguno. Tal operación se llama «registrar». Antiguamente, y para facilitar ese registro, además se hacía constar al pie de cada página la primera palabra, o parte de la primera palabra, con que empieza la página siguiente.

Lo más frecuente hoy día es que el primer pliego de cada cuadernillo lleve una señal impresa en el lomo -generalmente un pequeño rectángulo negro-, de manera que la más alta corresponda al primer cuadernillo, la segunda, dispuesta algo más baja, corresponde al siguiente, y así sucesivamente hasta el final del libro. Tales señales quedarán luego ocultas cuando la encuadernación cubra los lomos.

Hay libros que tienen cuadernillos -especialmente el primero o el último- con desigual número de hojas pero son poco corrientes. En la actualidad hay cada vez más libros que se componen de hojas sueltas encoladas por el lomo. Como muchas veces se desea encuadernarlos, o se quieren encuadernar folios o cuartillas mecanografiadas o fotocopiadas, en el cap. 28 «Hojas sueltas», indicaré cómo se debe actuar y qué proceso seguir. Pero, para aprender a encuadernar, es conveniente empezar con libros compuestos de cuadernillos.

Antes de hacer nada, es preciso preguntarse: ¿Cómo quiero que quede este libro?

Naturalmente esto dependerá de su aprecio, de su importancia, de su valor, de su época, de su contenido y otros muchos factores.

Y con arreglo a ellos se hará la elección y se decidirá si la encuadernación será a media piel o a piel entera. Y cuál será su color y cómo se va a combinar con el color de las tapas, así como el color, estilo o dibujo de las guardas, y si se van a pintar o salpicar los cantos, y si se le ponen nervios en el lomo o no, etc.

Igualmente, con arreglo al papel del libro y al uso a que se vaya a destinar, se decidirá el tipo de cosido que se le va a dar, y si se va a encartonar sin cajo o con cajo, etc.

Todas estas decisiones sobre el tipo de encuadernación que se proyecta para el libro deben de anotarse para recordarlas y así saber la opción que se habrá de tomar en cada momento para conseguir la mayor perfección en el acabado.

Esa nota u orden de trabajo se pone entre las primeras hojas del libro que se va a encuadernar y se retira una vez que se haya terminado.

Pero vayamos al libro.

Una vez hecha la planificación, se toma el libro y se desarma para, seguidamente «alzar» o volver a montar los cuadernillos separados, cada uno de los cuales deberá ir con sus hojas unidas, sin rotos en las hojas y sin escritos a lápiz ni manchas de tinta ni suciedad ni moho. (Aunque hay libros con anotaciones en sus márgenes que, en ocasiones, se deben conservar porque su información o su valor autógrafo o sentimental pueden ser de tanto o más interés que el propio texto del libro.)

1. Desarmar

- Si el libro ha estado antes encuadernado, se abre la tapa o cartón delantero y por la bisagra se corta con la cuchilla la tarlatana o telilla que sujeta el lomo al cartón y las cuerdas que también están sujetas al mismo. (Si no hay tela, se cortan las cuerdas.) Se procede igualmente con la tapa de detrás.
- Si el libro sólo había estado antes encuadernado en «rústica» (es decir, sólo cosido y con papel o cartulina que le sirve de protección o tapas más o menos impresas o litogra-

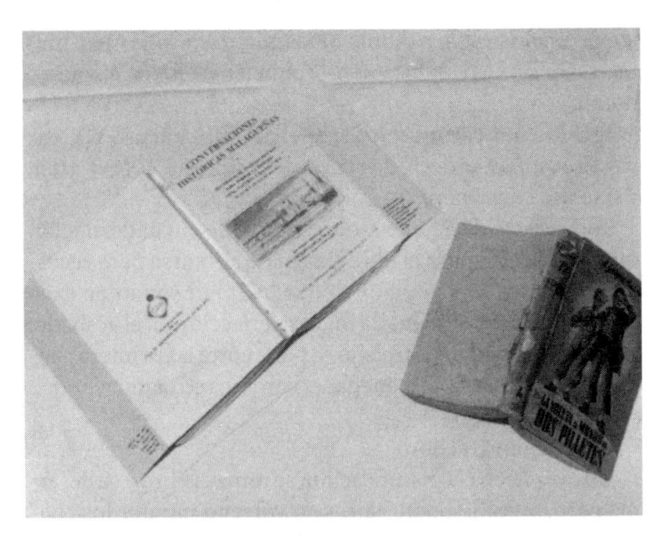

Dos libros, uno en rústica y otro con pastas duras.

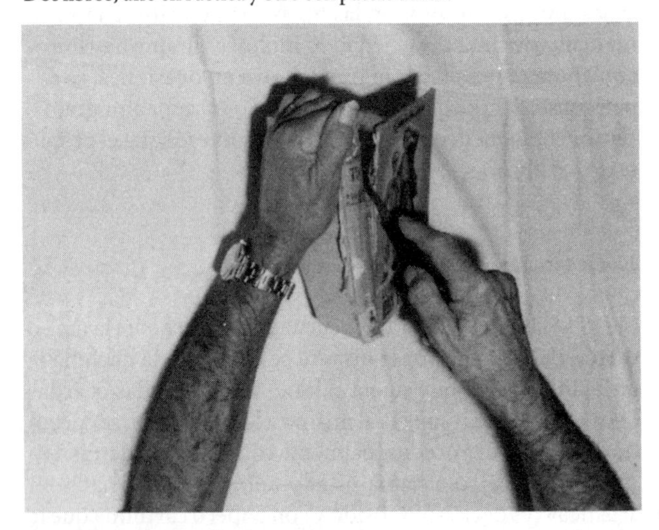

Cortando la tartalana para separar las tapas

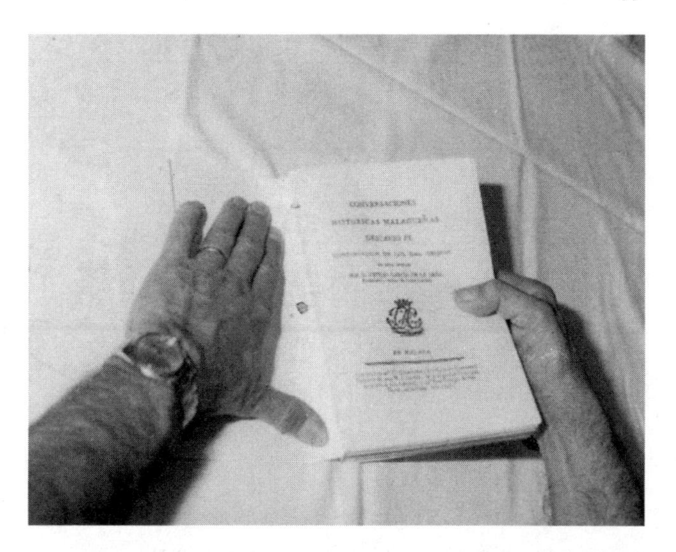

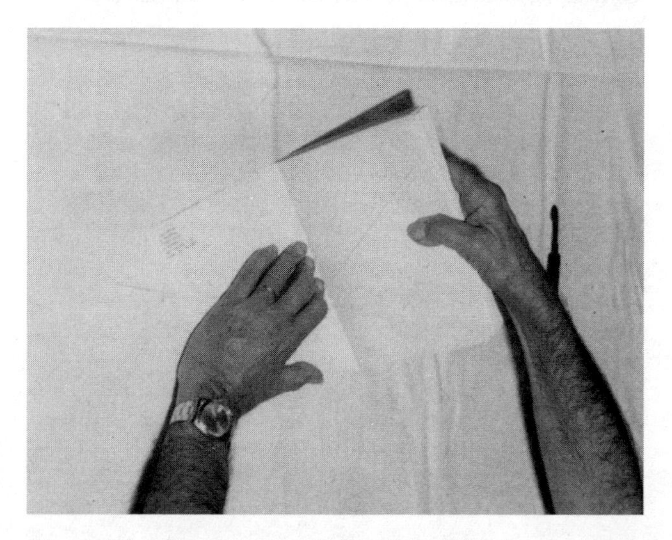

Separando la cubierta en una encuadernación rústica.

Cortando los sobrantes de cola y cartulina en la línea del lomo.

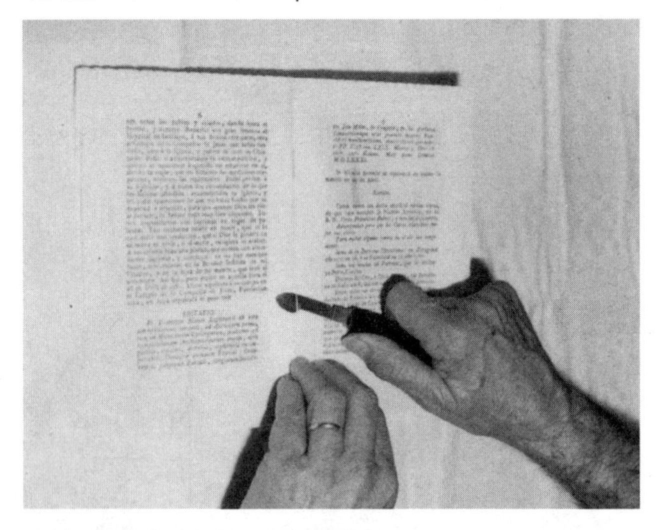

Cortando el hilo del primer cuadernillo.

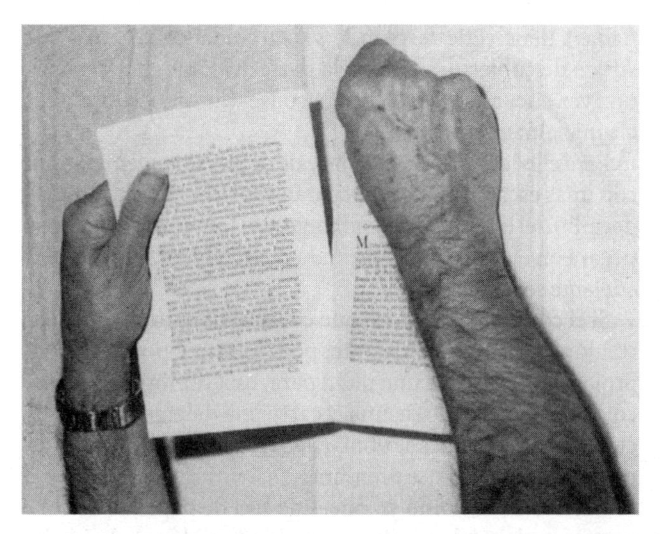

Separando el primer cuadernillo.

Raspando los restos de cola de la bisagra del primer cuadernillo.

fiadas), tienen que desprenderse con cuidado esas hojas que sirven de cubierta, así como la parte del lomo, pues el libro una vez encuadernado, debiera conservar todo lo que ofrecía inicialmente.

Para ello las tapas de delante y de detrás se suplementarán con unas escartivanas y se pegarán al primero y último cuadernillo del libro, respectivamente, y la lomera despegada se pegará en el centro de la primera guarda blanca, como más adelante se indica.

Si el conjunto de la tapa que cubre al libro lleva una ilustración continua por delante, por el lomo y por detrás, se procurará sacarla de una pieza para, una vez limpia de cola, colocarla por medio de una escartivana delante del primer cuadernillo. Después se doblará en tres partes para que quepa dentro del libro y se prensará.

Cartivana es, como ya dije, una tira de papel de 10 o 12 mm de ancho, del color más parecido posible a las hojas del libro y que se emplea para suplementar la hoja pegándola al borde y que así, al ser mayor, se pueda adherir por el lomo a otra hoja o a un cuadernillo.

• Se examina el lomo de los cuadernillos, y si conservan mucha cantidad de cola vieja y restos de tarlatana, es conveniente poner el libro entre dos tableros, meterlo en la prensa horizontal, prensarlo con el lomo hacia arriba y poner engrudo sobre la cola vieja del lomo. A los pocos minutos, con un trapo viejo y una plegadera de hueso se frota el lomo para quitarle esa cola, la cual se irá eliminando hasta que, una vez limpio, se deja secar. Luego, una vez seco, es más fácil separar los cuadernillos.

Los libros nuevos y con mucha cantidad de cola plástica, se ponen entre tableros, se prensan y, con un raspador grande (FIGS. 9 y 10) previamente calentado, se raspan. Así se podrán separar más fácilmente los cuadernillos.

Una vez hecha en el libro esa preparación de eliminar la mayor cantidad de cola posible, se busca el centro del cuadernillo y con la hoja del raspador o la navajilla se corta el hilo que cose el cuadernillo por su centro. Después, con el libro sujeto en una mano y el cuadernillo en la otra, se tira para separarlo. Seguidamente se limpian los restos pegados en el lomo y se siguen separando los cuadernillos, uno a uno, y procurando no romper las hojas.

Cuando queden sólo tres cuadernillos es conveniente cortar por su centro todos los hilos que los unen. Así se elimina el riesgo de que un hilo se quede pegado al papel y rasgue al otro cuadernillo por el centro al separarlo.

Los cuadernillos ya separados se colocan aparte, uno sobre otro, siguiendo la numeración de sus registros y ordenadas sus páginas, siempre cabeza con cabeza.

2. Restaurar

a) Se comienza por enderezar todos los picos doblados, con una plegadera de hueso que se pasa por el doblez. Si esto no bastase para hacer desaparecer la señas del plisado, se plancha –con la plancha templada–. Y si esto tampoco diese resultado, se humedece ligeramente y se pasa la plancha templada sobre este doblez con una hoja de papel blanco interpuesta.

Se revisan también los primeros y últimos cuadernillos. Éstos, debido al cajo de la anterior encuadernación, tienen un doblez a 3 ó 4 mm del lomo, que ha de eliminarse con la plegadera. Para ello se pone una regla sobre ese doblez, y con la plegadera se va forzando el pliego hasta conseguir que se aplane lo doblado.

Si es preciso, se martillean con cuidado los cuadernillos para aplanarlos perfectamente.

b) Se limpian las hojas de los restos de cola.

c) Se limpian las hojas de escritos y manchas. (Con una goma de borrar blanda se consiguen grandes resultados.)

Las hojas con suciedad y moho se pueden limpiar con una solución de hipoclorito sódico (lejía casera) en la proporción de una parte de lejía y seis de agua.

La hoja que se va a limpiar debe colocarse en una bandeja de laboratorio fotográfico, y se cubre con esa solución que la irá blanqueando poco a poco. Cuando se considere suficientemente blanqueada (con cuidado, pues la hoja de papel mojada se rompe fácilmente) se lleva a otra bandeja que tenga agua limpia, para enjuagarla y que así elimine los restos de lejía. Un resto de lejía, al secar, hace muy quebradizo el papel.

Ya bien aclarada, se saca y se pone a secar entre hojas de papel secante y tableros con un peso sobre ellas. (En esas bandejas puede dejarse la hoja sobre otra hoja de papel blanco, más fuerte y que exceda por algún lado del borde de la bandeja, a fin de que la humedad no la reblandezca por allí. Esta segunda hoja nos permitirá los traslados que precisa la que pretendemos limpiar.)

d) A las hojas con rasgaduras pero que no hayan perdido el papel se les plancha primero los lados rotos. Si están doblados se vuelven a enderezar y aplanar con la plegadera para que queden borde con borde. Luego se cortan dos trozos de papel de seda, dos centímetros mayores que la rotura, uno para cada cara de la hoja. Se moja un pincel muy fino (del n.º 0 o del n.º 1) en cola blanca. Se abren los bordes y se observa el sentido de las briznas producidas al rasgarse el papel, para pasar el pincel en ese sentido.

Se pasa el pincel con cola y sin que nos importe que haya un pequeño exceso de la misma. Una vez encolado todo el trozo, se deja la hoja con la parte deteriorada sobre el trozo de papel de seda (colocado por su lado mate), que se pegará a esa cola. Luego se pone el otro trozo de papel de seda igualmente por su lado mate en la cara opuesta y se aprietan esas tres hojas. Se colocan esas tres hojas entre las páginas de una revista vieja y se ponen en prensa.

A las dos horas (o antes, si todo está perfectamente seco)

se sacan de prensa y se tira de los trozos pegados en el roto del libro. Puede usarse un raspador como ayuda. La hoja quedará unida y sin señal de roto. Todo este proceso se puede ver en las ilustraciones que ofrecemos (FIGS. 25 y 26).

e) Si las hojas han perdido alguna parte de papel, puede procederse de cualquiera de las dos maneras que se indican a continuación:

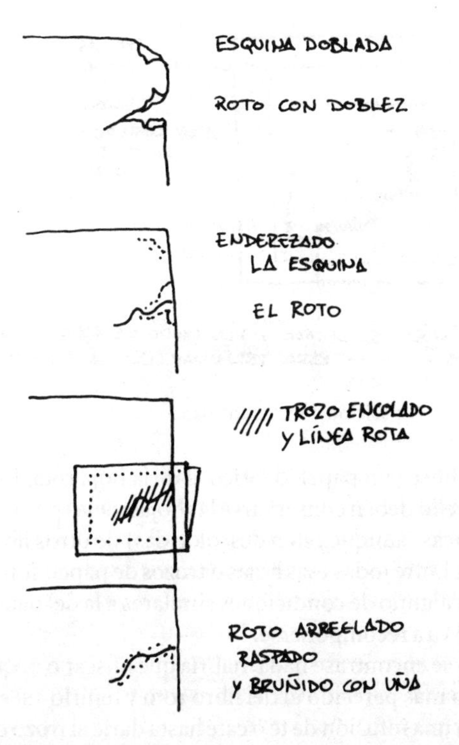

FIGURA 25. Reparación de rasgaduras.

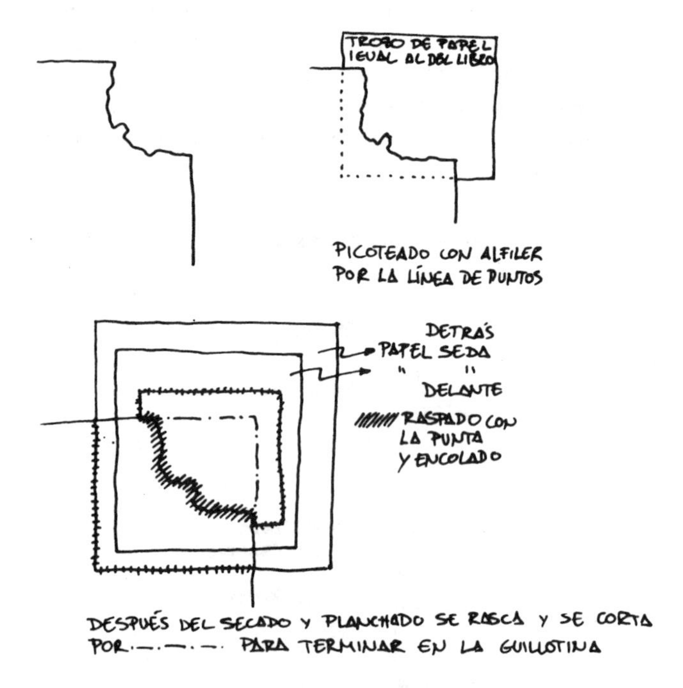

FIGURA 26. Reposición de rotos con papel.

• Se busca un papel idéntico al de la hoja rota. En previsión de ello deben conservarse las hojas viejas pero con partes blancas (aunque estén descoloridas) de otros libros deshechos. Entre todas esas hojas o trozos de papel, se intentará dar con alguno de condiciones similares a la del papel del libro que va a recomponerse.

Si no se encontrase nada, habría que buscar o adquirir un papel lo más parecido al del libro roto y teñirlo –si es preciso– con una infusión de té o café hasta darle al trozo que precisamos el tono más parecido o igual al de las hojas del libro.

A continuación se sanean los bordes de la rotura (por ejemplo, si ésta se debe a quemadura) taladrando con sucesivos golpes de alfiler por la parte en que el papel mantiene aún su consistencia original. Se trata, como suele decirse, de «cortar por lo sano».

Después (FIG. 26) se coloca el papel de nuevo bajo el trozo que falta y, con el alfiler, se va pinchando el papel nuevo, a dos o tres milímetros de distancia del borde roto del papel del libro hacia dentro, hasta que pueda separarse el trozo nuevo.

El trozo cortado será 2 ó 3 mm mayor que el trozo que falta.

Con la punta del escalpelo se rebajan en briznas esos milímetros de más (para que no queden en corte vivo) y se rebajan también en la hoja rota del libro 1 ó 2 mm, para que así puedan superponerse a nivel los bordes de un papel y otro.

Una vez encajada perfectamente la pieza en la hoja, se sigue el procedimiento explicado en el punto 4.º

Se corta un trozo de papel de seda y se coloca sobre un tablero en la mesa, con el lado mate hacia arriba. Encima se pone la hoja rota, cuidando que el roto quede sobre el papel de seda. Con el pincel se le da cola a todo el borde del trozo nuevo, que es el que va a encajar en el de la hoja rota, y sin que importe un pequeño exceso de pegamento. Se coloca ese trozo en el sitio adecuado, encajando todos los bordes. Sobre todo esto, se dispone otro trozo de papel de seda, naturalmente con el lado mate hacia el que se ha encolado. Todo esto se protege entre las páginas de una revista vieja y se prensa.

Cuando ya está seco, se quita el papel de seda con la ayuda del raspador. Después, déle a la junta pegada con el dorso de la uña o con la plegadera de hueso para bruñir ligeramente la zona trabajada y así tendremos ya restaurada la hoja.

Siempre que el roto sea de un trozo del borde de la hoja de un libro, procúrese que la pieza sea mayor para que sobresalga de ese borde. Así, al guillotinar luego el libro, ese exceso de papel quedará cortado con los demás y no se notará nada en la hoja recompuesta.

Quizás haya llamado la atención mi frase «entre las hojas de una revista vieja». La explicación es que, en ella, está ya seca la tinta de la impresión, cosa que puede no suceder en otras más recientes o en la de algunos de los periódicos del día, los cuales, al prensarse húmedos por la cola, mancharían las hojas restauradas.

• El procedimiento expuesto es válido para el pergamino y para el papel. Pero exclusivamente para el papel hay otra manera de reponer la falta que pueda presentar en su interior o en sus márgenes, y es la de rehacer nosotros mismos esa porción que le falta.

Para ello debemos comenzar por sanear los bordes del papel mutilado, como hicimos para el sistema de restauración que acabamos de exponer.

A continuación, lo que haremos es rellenar todos los rotos de la página con pasta de papel.

¿Cómo lo hacemos? Con pasta de celulosa, para lo cual nos bastará con tomar una pequeña porción de papel sin encolar (papel higiénico blanco o del usado para quitarse el maquillaje, que están hechos de celulosa prácticamente pura) y se hecha en una batidora doméstica con agua. Se bate unos segundos. (Sólo unos segundos, porque un tiempo mayor acortaría excesivamente las fibras de la celulosa, debilitando así el nuevo papel que vamos a hacer.) Debe resultarnos un agua pastosa, por lo que le agregaremos agua, si es que falta, o se la retiraremos (filtrándola a través de un paño) si es que le sobra. Si durante esta última operación se han producido grumos o coágulos, se vuelve a batir esa lechada, pero más ligeramente aún.

Preparamos un bastidor (un simple marco hecho con cuatro listones), al que recubrimos con un trozo de tejido muy tupido y preferiblemente acrílico: por ejemplo, de unas medias o unos estores de nilón). O bien dispondremos de un cedazo o tamiz de los usados en la cocina para enharinar el pescado.

Se invierte ese bastidor o tamiz y, sobre su rejilla, que se nos presenta así como cara, se deposita la hoja de papel deteriorada. Para asegurarnos del mejor contacto de los bordes rotos con esa rejilla podemos poner algunos ligeros pesos (unas monedas, por ejemplo) sobre el papel en la proximidad de esos bordes de la rotura (FIG. 27).

Con un cacillo se vierte esa pasta en la rotura del papel o a lo largo del borde del mismo que nos falta, hacia afuera, hasta sobrepasar la zona que hubiera ocupado ese papel cuando estaba completo. El agua se irá yendo a través de la malla, y las fibras de celulosa irán quedando sobre la misma, extendiéndose por su propia acumulación hasta llegar a los bordes de la rotura y prender en ellos (o extendiéndose hasta rebasar más o menos ampliamente la zona que nos faltaba por cualquiera de los márgenes).

Una vez cubierta la falta, de la manera más homogénea posible se deja de echar pasta. (Es preferible quedarnos con la impresión de que hemos echado pasta de menos. También la falta de consistencia se subsanará después, al encolar.)

Se retiran los pesos (si es que los llegamos a poner), se cubre la hoja de papel con un trozo de lana o de fieltro (para beneficiarnos de su condición absorbente), y se pone encima una tablilla o una chapa de metal. Ponemos una mano encima de todo ello y metemos la otra por debajo del bastidor o cedazo, e invertimos todo el conjunto.

Seguidamente retiramos el cedazo, operación que conviene hacer sin perdida de tiempo; es decir, lo más seguidamente posible a haber echado la pasta. (Se comprobará que, contra lo que pudiéramos temer, ese cedazo no se lleva adherida la pasta, cosa que sí podría ocurrir si demoramos la operación.)

Queda ahora a la vista nuestra pasta de papel por el lado contrario al que se echó. Se cubre con otro paño y otra chapa

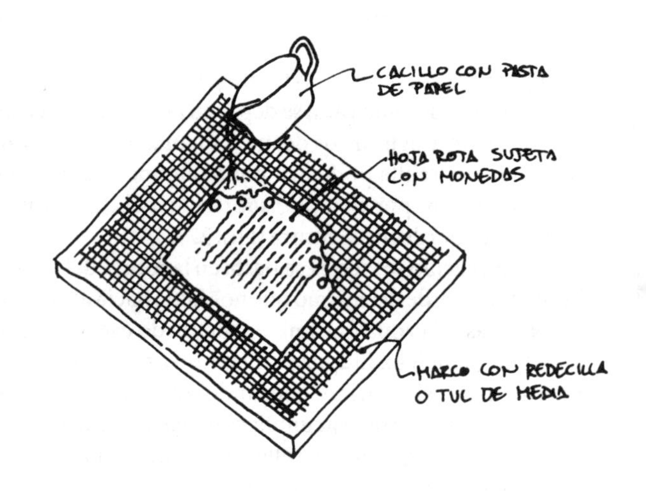

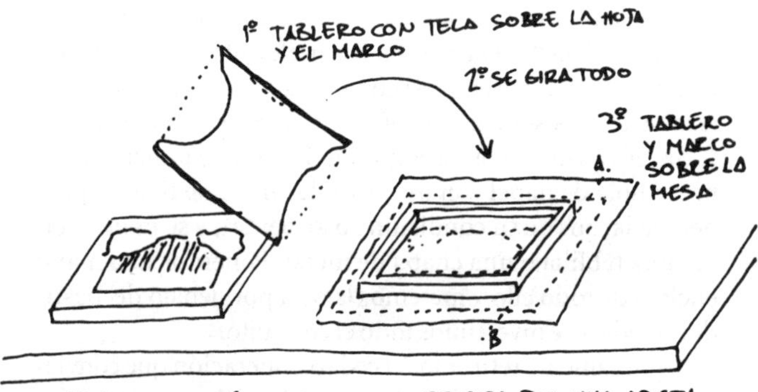

FIGURA 27. Reposición de rotos haciendo el papel.

de madera o de metal, y se prensa. Un momento después podemos retirar esas chapas, para que nuestra pasta se seque más fácilmente sólo a través de los dos paños. (Sólo uno, para que el otro siga sirviéndonos de soporte hasta que el secado se complete.) Con un cepillo se va retirando la pasta que haya rebasado de la falta en el interior de la hoja de papel.

Debemos proceder ahora al encolado. Para ello se pone a calentar en el baño María una porción de cola de pescado, gelatina usada en cocina y repostería (por lo que puede adquirirse, granulada o en láminas, en los establecimientos del ramo de la alimentación), en ocho o diez porciones de agua. (Esa proporción debiera establecerse por volúmenes, no por pesos; pero, en las pequeñísimas cantidades a las que estamos refiriéndonos, tal cuidado no merece la pena.)

Aparte se toma una porción de alumbre ocho o diez veces menor en peso que la de la cola y se hierve en un poco de agua hasta su total disolución. Este alumbre (sulfato de alúmina) puede adquirirse en la droguería en forma de gruesos granos, por lo que facilitaríamos su disolución si previamente lo pulverizamos con un martillo. Una vez disuelto se agrega a la cola que mantenemos en el baño María.

Seguidamente se embadurna con una brocha o pincel una de las caras de la pasta que hicimos y, cuando esté seca (para que tenga así más consistencia), se embadurna la cara opuesta. La cola no entra en la textura de la pasta: se limita a recubrirla y darle dureza, como cuando plastificamos un documento, y debe darse siempre a la temperatura indicada del baño María. Por encima o por debajo de esa temperatura, pierde su condición adhesiva. En cuanto al alumbre, se usa como mordiente: sin él, el papel rechazaría la cola, pero un exceso del mismo acabaría por resquebrajar el papel encolado.

La cola, ya de por sí, amarillea levemente la pasta. Pero si necesitamos un tono aún más sepia, podemos teñir ligeramente con té el agua de la pasta o la de la cola, como ya se dijo para el procedimiento anterior. Por contra, con un poco de añil del usado para blanquear la ropa conseguiremos reducir el tono sepia de nuestra cola y, por consiguiente evitar que nuestra pasta amarillee.

Una vez seca la cola, la hoja nos queda con un tamaño mayor en largo y en alto que las demás páginas, por lo que debemos restablecer los antiguos márgenes del papel que hemos restaurado.

Sólo la práctica, como en cualquier otra dedicación artesana, puede darnos la suficiente soltura en este quehacer. Pero no debemos olvidar que hoy se considera como norma básica en toda restauración –y no sólo en el papel– el que puedan distinguirse las zonas restauradas y las zonas conservadas. Ello diferencia una restauración de una falsificación.

Naturalmente, las zonas restauradas carecen del texto o del dibujo que tenía el papel original. La restitución de ese texto o de ese dibujo excede de la función del encuadernador y, por otra parte, es algo que no suele hacerse.

Ahora bien, si disponemos de otro ejemplar o copia idéntica del mismo documento o de la misma obra, podemos fotocopiar esa página en otro papel lo más semejante a ella, recortar de esa fotocopia la porción que nos falta y soldarla a la página mutilada mediante nuestra pasta de papel o por el procedimiento que explicamos en primer término. También podemos recortar de esa fotocopia el pedazo que nos falta y volverlo a fotocopiar sobre la porción de papel que acabamos de hacer.

Si carecemos de una copia exacta, no deberemos, bajo ningún pretexto, restablecer su posible lectura, porque ello, más que una falsificación, sería una invención.

f) Si al limpiar o al separar el doblez o bisagra del cuadernillo éste se ha roto, quedando las dos hojas separadas, hay que recomponer esa bisagra.

• Un procedimiento para ello en libros corrientes consiste en colocar sobre un papel de periódico viejo la primera hoja del pliego (la que no tiene el doblez roto por la bisagra) y, a unos 3 ó 4 mm del borde, poner una tira de papel y dar cola blanca al trozo que se nos presenta de la hoja. Se quita luego la tira de papel, se toma la hoja rota (comprobando que la paginación sea la correcta) y se pega sobre lo encolado y en su sitio (FIG. 28). Se da la vuelta y se hace la misma

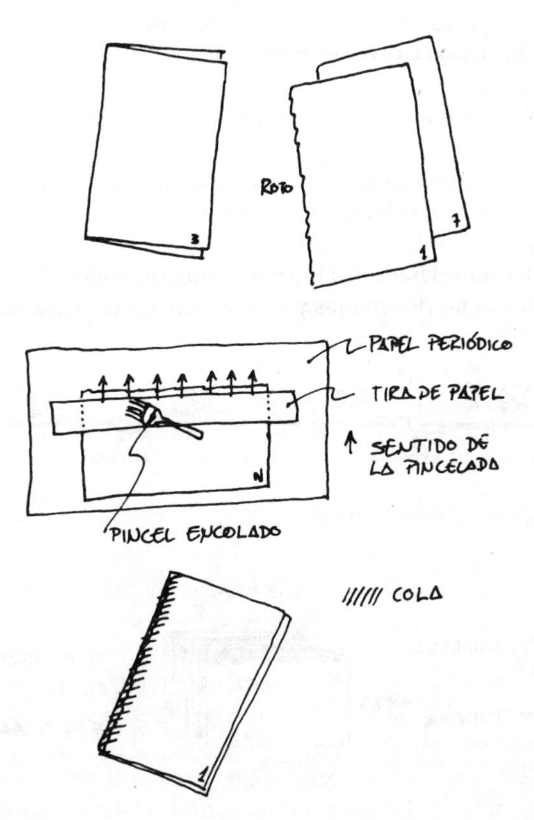

FIGURA 28. Cómo recomponer una bisagra.

operación con la hoja rota que queda en el otro lado del pliego.

Este procedimiento tiene el inconveniente de que achica el margen interior del libro, pero la ventaja de que es más rápido, aunque más burdo, que el siguiente.

• El procedimiento que debe emplearse en libros de valor o en los que se desee una encuadernación más cuidada, consiste en soldar la rotura mediante pasta de celulosa (pasta de papel), que ya sabemos cómo se hace y cómo se emplea.

O bien, usar cartivanas para unir esas dos hojas que están separadas.

Se pueden unir siguiendo dos procedimientos, como se ve en la FIG. 29.

Una vez unidas las dos hojas se pondrán bajo un peso. Cuando estén secas, se doblan y se llevan al lugar que les corresponda en el cuadernillo.

Una vez revisado, limpio y recompuesto todo el libro, se toma con las dos manos y se deja caer desde corta altura

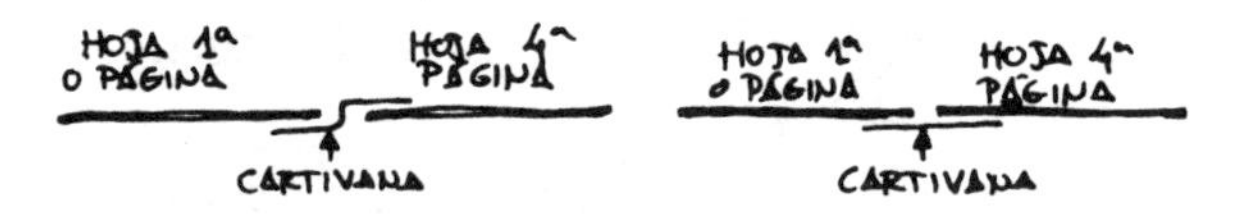

FIGURA 29. Uso de cartivanas.

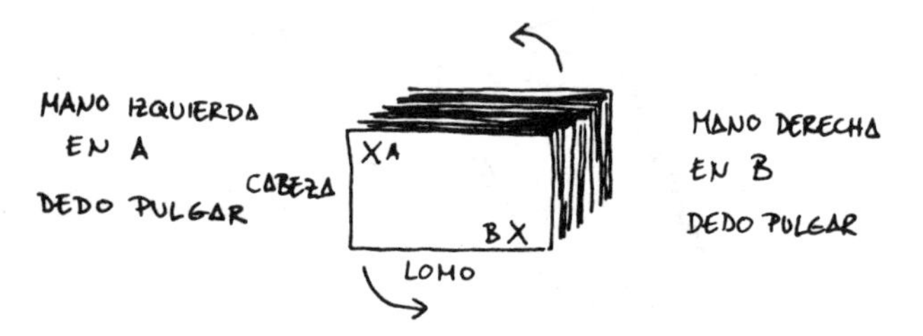

FIGURA 30. Cómo igualar los cuadernillos.

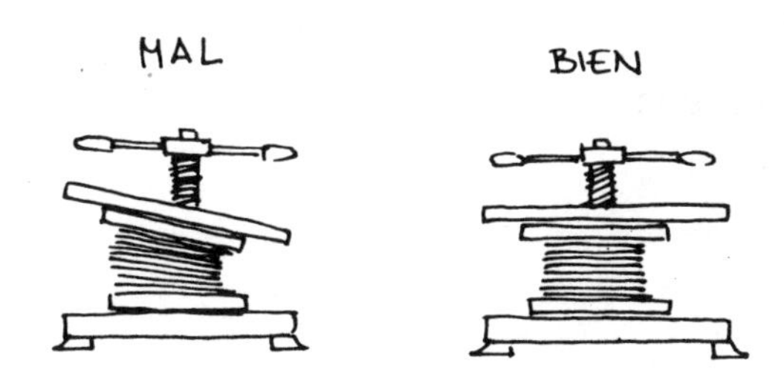

FIGURA 31. Cómo centrar los cuadernillos en prensa.

(aunque sin soltarlo del todo salvo un instante imperceptible, en el momento del golpe) sobre la cabeza y luego sobre el lomo, para igualar los cuadernillos. Para hacer esto cómodamente, debe de tomarse el libro (FIG. 30) por los puntos A y B.

Una vez igualado el libro se dispone entre dos tableros y se prensa fuertemente durante 24 horas.

Cuídese, al prensar, de que estén bien centrados los tableros, los cuadernillos y el tornillo de la prensa. Esto evitará que algún cuadernillo se desplace (FIG. 31).

A las 24 horas ya tenemos el libro con sus cuadernillos limpios, completos, ordenados, prensados y dispuestos para el siguiente paso del proceso.

7. Guardas

A los cuadernillos primero y último de hojas blancas, que son los que pone el encuadernador en el libro, se les da el nombre general de «guardas», por ser esto lo que en un principio de la encuadernación se pretendía: guardar el libro de la suciedad y manchas que en el proceso de trabajo podía sobrevenirle en el taller.

Con el transcurso del tiempo los encuadernadores se dieron cuenta de que el lugar más débil de la encuadernación del libro era la bisagra, y de que el primero y último cuadernillo eran los que más se estropeaban con el uso, de ahí el deseo de preservarlos con la inclusión de esos nuevos cuadernillos de hojas blancas que serían los que sufrirían el posible mal trato y, de camino, darían así más seguridad a las bisagras.

Y lo que en un principio fue mera protección, se convirtió en una necesidad de la unión del libro con las tapas, para dar firmeza y belleza a la entrada de la contraportada y portada en las encuadernaciones de cierta categoría.

De lo dicho anteriormente surgió que era necesario proteger esas guardas con un nuevo pliego de papel, al que se le llamó salvaguarda, parte de la cual se elimina al final de la encuadernación, y que es independiente de las llamadas «guardas de respeto» que suelen añadirse al libro en toda edición bien cuidada, aunque no lleven impreso el número que les corresponde.

Es importante la elección del papel de las guardas que añade el encuadernador (únicas a las que nos referiremos en lo sucesivo), elección que deberá ser hecha en consonancia con el papel del libro, así como en su color.

Hay varias formas de confeccionar esos cuadernillos de guardas, y de esas distintas formas indicaré las más usadas y señalaré también para qué clase de encuadernación se dedica cada una de las expuestas.

Veamos esas formas:

1. Para una encuadernación barata, este primer cuadernillo de guardas no llega a ser tal, pues sólo se trata de una hoja de papel que, una vez doblada, tenga el tamaño del libro y que se pega por el doblez al borde del lomo del primer cuadernillo. Y de otra hoja igual, pegada en el último (FIG. 32).

Si se desea dar más solidez a esta guarda blanca, se puede colocar una cartivana de tela muy fina, gasa, o tarlatana que, encolada, cubra por el lomo el primer cuadernillo del libro y el pliego de guarda como antes hemos dicho (FIG. 33); naturalmente, con el último cuadernillo se procede de igual modo.

Este recurso es de más solidez y se hace antes de coser el libro, mientras que el anterior aunque más débil se puede hacer, si se quiere, después de cosido el libro.

La guarda de color se pega más adelante, o bien antes de guillotinar, o como uno de los pasos de la encuadernación, después de cubrir el libro en la etapa final.

2. Pero el más común y para mí el más fuerte de todos los procedimientos es la construcción de dos cuadernillos de hojas de guardas, cuatro en cada, que se coserán como primero y como último cuadernillo del libro.

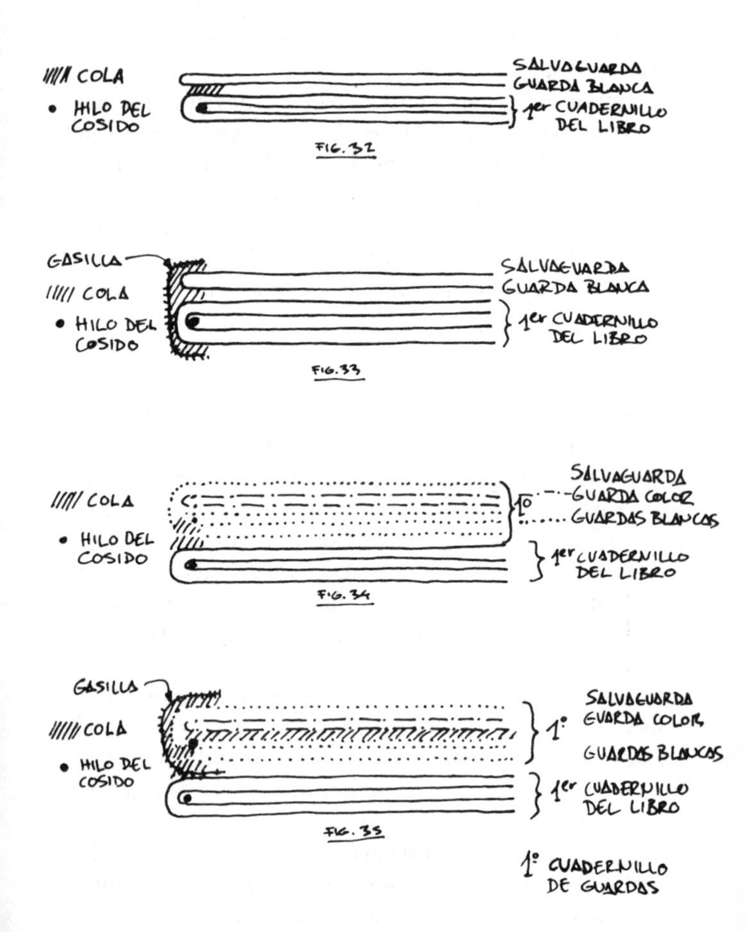

FIGURAS 32, 33, 34 y 35. Distintos tipos de cuadernillos de guardas.

La inclusión de la guarda de color se puede hacer después de dados los cortes para las cuerdas. Entonces se saca la segunda hoja del cuadernillo de delante, y la hoja de guarda de color (un poco mayor que el libro) se coloca sobre la segunda hoja de guarda blanca previamente encolada y se prensa. Hay que tener cuidado, al coser, de no pinchar con la aguja esa guarda de color.

Si la guarda de color se pega después de cosido el libro, cuídese de llevarla al fondo de la bisagra, porque de no ser así nos faltaría papel de guarda para la contratapa.

La otra forma de poner las guardas de color es al final del proceso de trabajo.

Esta forma de colocar las guardas del libro, haciendo estos cuadernillos que he indicado, es la más usual y la más utilizada por su seguridad y firmeza (FIG. 34).

3. Pero si se desea un cuadernillo de guardas para un libro de mucho uso y de cierta categoría, y que deba tener especial solidez en la bisagra, o para un libro de música que necesita de fortaleza en la unión libro-cubierta, preferible es el procedimiento de pegar una gasa en el lomo de ese cuadernillo (FIG. 35).

El trozo será de tarlatana para un libro mediano y de gasa o telilla para un libro de mayor tamaño.

Este tipo de cuadernillos de guardas se usa en encuadernaciones con los cartones sujetos para encuadernaciones Bradel. (Véase cap. 13 «El cartón».)

4. Para una encuadernación de lujo, en la que se programa el dorado en la parte de la piel interior de las tapas, ha de pensarse que tres de sus lados quedarán cubiertos con esa piel, y que el cuarto es el que da al libro; es decir al cuadernillo de guarda. Y, lógicamente, este cuarto lado deberá llevar piel.

Para ello es necesario poner una cartivana de piel igual a la de los otros lados, chiflándola lo más delgada posible. Si se observa la FIG. 36, se notará la colocación de la cartivana de

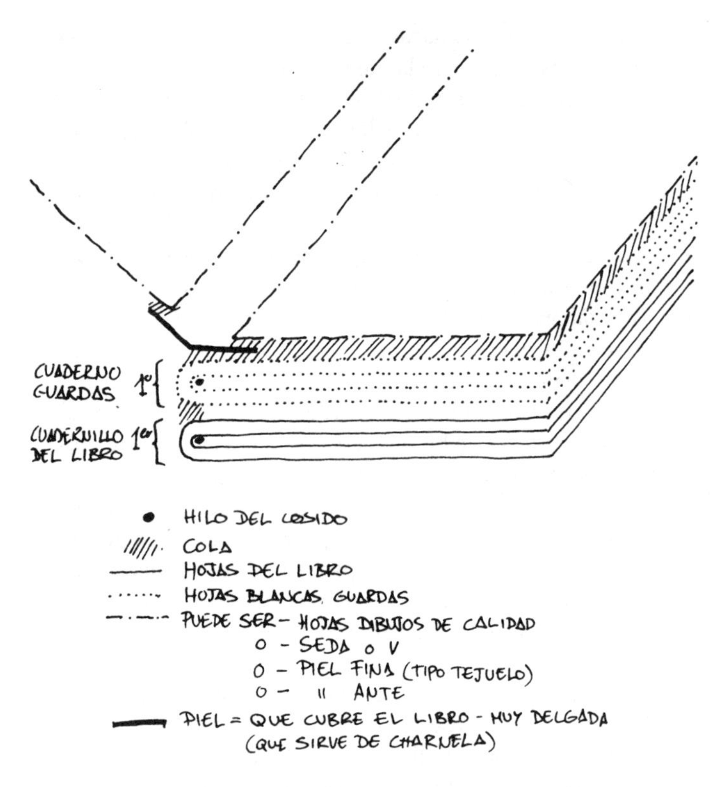

FIGURA 36. Guardas en encuadernación de lujo.

piel y la colocación de las guardas de color, que en este tipo de encuadernación suele ser de seda, muaré, ante muy fino, piel de tejuelo, etc. El montaje de esta cartivana de piel y el de las guardas de fantasía, se suele hacer al final del montaje, después de cubrir con piel. Entonces habrá que tener mucho cuidado y suplementar todo el tamaño del libro con una cartulina puesta entre las guardas y el cartón del libro, que suplirá el grueso de la seda o el muaré cuando se peguen.

(Véanse caps. 22 a 24 «Estilos de encuadernación», «lujo» y «falso lujo».)

5. Para preparar unas guardas con refuerzo de telilla en el lomo, para un libro encartonado por el procedimiento francés o inglés (en el que las cuerdas o cintas atraviesan las tapas como medio de sujeción) se procede de la siguiente forma:

a) Se corta una tira de entretela o telilla de 3 cm de ancho, y que tenga como largo el alto del libro.

b) Se prepara una hoja doblada que con respecto al libro, sea 1 cm mayor en alto y en ancho,

c) Se da cola a la tira de tela en un ancho de 8 ó 10 mm, para lo cual en dos terceras partes de la tira se coloca un papel y se engoma el resto.

d) Esta tira de telilla engomada se coloca justamente en el doblez de la hoja preparada en (b), y se prensa antes de que seque (FIG. 37).

e) Cuando esté seco lo encolado, se coloca una regla de madera a unos 6 mm del borde doblado (FIG. 38) y se aprieta con la mano izquierda sobre la regla, mientras se pasa una plegadera bajo la pestaña que queda, que se levanta así, hasta pegarla a la regla. Se debe insistir para que quede señalada.

f) Se quita la regla y se dobla la pestaña hasta aplanarla (FIG. 39).

g) Se iguala este doblez con los demás cuadernillos del libro y se cose, dejando el trozo de telilla a continuación de la hoja blanca de salvaguarda, que es la de afuera.

h) Cuando los cartones se han fijado a las cuerdas, se quita la salvaguarda y queda a la vista la telilla. Se encola ésta colocando una hoja limpia bajo la telilla y luego se cierra la tapa dejando el libro bajo peso.

i) Cuando el libro está seco se arrancan los bordes no pegados de la hoja blanca y se lijan los bordes de la contratapa, hasta igualar.

j) Luego se coloca la guarda de color, como ya se explica-

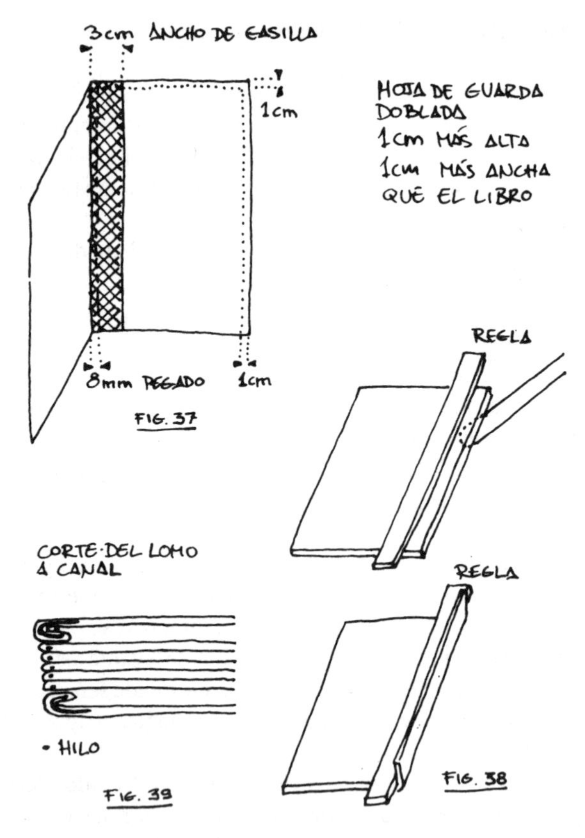

FIGURAS 37, 38 y 39. Guardas con referencia de telilla.

rá más adelante, cuando se diga cómo se hace esto al final del proceso.

Estas distintas formas de preparar las hojas de guardas nos dan una serie de conocimientos para poder así elegir la adecuada, a la construcción del libro que estamos haciendo.

Cómo se pegan las guardas de color

Es conveniente mirar la FIGURA 40 y se observará lo siguiente. De las cuatro guardas blancas se levanta la primera, que se

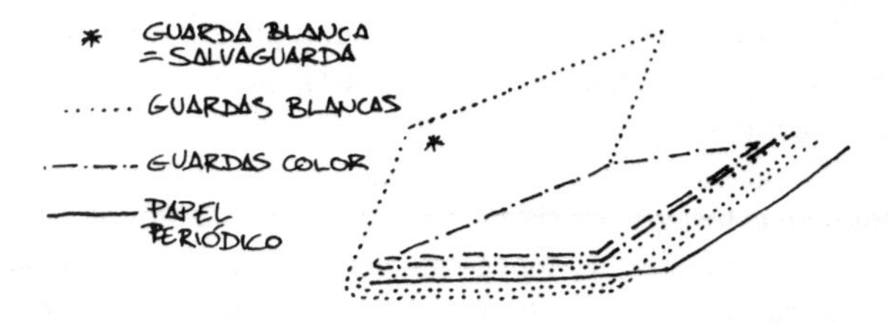

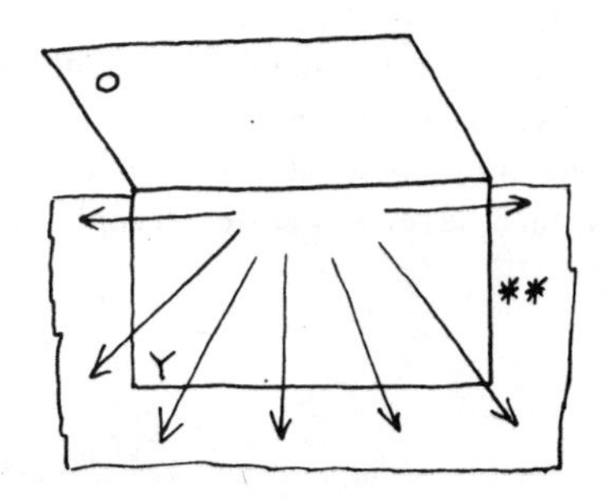

FIGURAS 40 y 41. Cómo pegar las guardas de color.

convertirá en la **salvaguarda.** A la segunda guarda blanca se le encolará la guarda de color. Para ello se coloca una hoja de papel periódico bajo la misma, de forma que sobresalga por los tres lados, se toma el pincel ancho y se da engrudo a esa hoja blanca, siguiendo la dirección de las flechas (FIG. 41).

Nunca desde los bordes hacia dentro, pues esto haría entrar el engrudo debajo de la hoja guarda y la pegaría a las hojas tercera y cuarta.

Una vez dado el engrudo se coloca el doblez de la guarda color en la bisagra, en el sitio justo, pero nunca menos; pues de ello resultaría que, al pegar en el cartón de la contratapa, nos faltaría guarda de color: precisamente la tira de menos que no hayamos pegado para ir a la bisagra.

Se coloca sobre lo pegado una hoja de papel limpio y se frota con la palma de la mano, hasta tener la seguridad de que toda la guarda esté bien pegada y sin arrugas.

Bajo la guarda se coloca una hoja de cinc o de plástico duro, para que la humedad no llegue al libro, lo que produciría arrugas en las otras hojas.

Se coloca todo entre tableros y se le da un apretón en la prensa; se saca, se revisa y se deja secar bajo peso.

8. El cosido

Introducción

Esta parte de la encuadernación a la que vamos a referirnos se podría llamar «la Desconocida» o simplemente «la Cenicienta». Muchas personas, incluso entendidos en esta artesanía, toman un libro en las manos y se quedan encantados ante la vista de un florón colocado con gusto o delicadeza, o con la de un jaspeado en los cortes, o con los dorados del lomo o de las tapas, y apenas ponen atención en si los cuadernillos están bien o mal cosidos y en si la enlomadura está bien o mal volteada, extremos que son precisamente los más importantes y fundamentales de la encuadernación.

Cuando se encuaderna un libro debe procurarse un especial cuidado en esta parte, para que la obra tenga toda la solidez que es de desear. Mejor sacrificar algunos de los adornos exteriores, que nada añaden a su solidez, y exíjase una encuadernación esmerada en el cosido y en la enlomadura, lo que permitirá luego poner los cartones bien sujetos y un esqueleto bien consistente que pueda ser decorado con sencillez, pero que sea duradero y elegante en el abrir, sin deformarse.

Preliminares

Antes de coser, deben examinarse:

1. **La clase de papel de los cuadernillos.**
2. **El grueso de cada cuadernillo,** que depende del grueso del papel y de la cantidad de pliegos que lo componen.
3. **Cuántos cuadernillos nos van a ocupar.**
4. **Dimensiones del libro.**
5. **Estilo de encuadernación** que ha de darse.

De todo ello se deduce cuál debe ser el grueso del hilo con el que se van a coser las alzadas y cuál la forma de cosido. Pues se ha de pensar que, al coserse un cuadernillo con otro, según sea el grueso del hilo en la bisagra del cuadernillo, irá aumentando el alto del libro en varios milímetros.

Este aumento en el espesor del lomo del libro es muy importante, pues gracias a él se puede enlomar; es decir, redondear el lomo del libro, para luego hacer el cajo.

Como norma general, un libro con el cosido bien hecho y el hilo adecuado debe de aumentar la altura de su lomo en 1/4 ó 1/5 parte más de la altura que tiene en el corte delantero.

¿Por qué? Porque este aumento en la bisagra, debido al grueso del hilo, es el que hace posible que se mantenga el redondeo del lomo para luego poder hacerle el cajo. Observemos los dibujos que van a continuación de los dos casos que siguen.

1. Cosido con un hilo **debido** (FIG. 42).
2. Cosido con un hilo muy fino e **indebido** (FIG. 43).

1. Con el hilo **debido.**

Está en lo suyo. Al colocarse luego los cartones junto al cajo, se sujetan perfectamente por las cuerdas, y el alto pro-

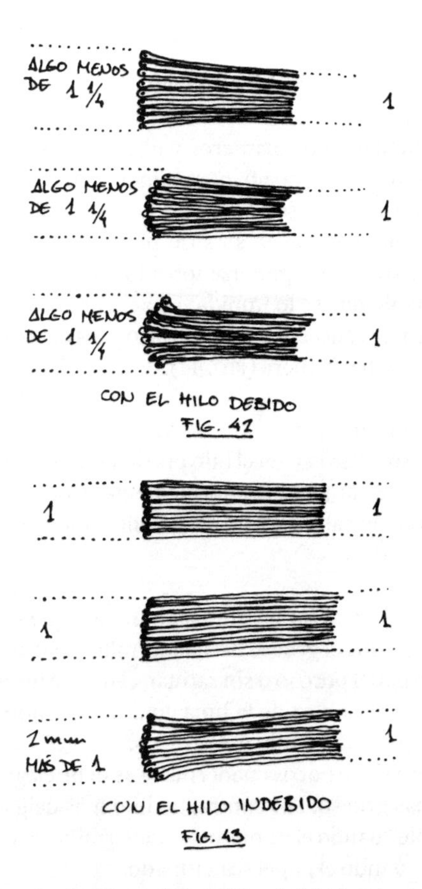

FIGURAS 42 y 43. Cosido con hilo debido e indebido.

ducido por el hilo al coser junto al redondeo mantiene la estructura curva del lomo que, cuando intenta volver a enderezarse, aprieta los cartones contra el cajo y la curva y éstos impiden que se deshaga.

2. Con el hilo **indebido**.

a) Por muy fino:

• No se puede redondear el lomo como se debe, pues le falta altura.

• Los cuadernillos primeros y últimos, no pueden desplazarse sobre los de abajo, para tomar la curva, y al faltarle altura al libro, casi ni se puede hacer el cajo y, si se hace, éste no puede mantenerse en su sitio porque los cuadernillos tenderán y volverán a ponerse sobre los de abajo, al no tener el alto del hilo que se lo impida; y, si el libro se abre mucho, terminará por vencer al lado contrario y los cuadernillos del centro se irán hacia fuera (FIG. 44).

b) Por muy grueso:

Un exceso de grosor en el hilo puede ser tan malo como su delgadez, pues aumentará enormemente el lomo y se necesitará un cajo muy alto y, por consiguiente, unos cartones desproporcionados.

Como regla general se debe elegir un hilo que sea un poco más delgado que el grueso del cuadernillo. Pero si el cuadernillo es de papel poroso o sin satinar, el hilo se incrustará fácilmente en el doblez de la hoja cuando se enlome. Habrá que elegir por ello un hilo más grueso.

Si el libro tiene pocos cuadernillos se debe elegir también un hilo más grueso. Por contra, un hilo más delgado será el aconsejable cuando el número de cuadernillos sea mayor del normal o cuando el papel sea satinado.

FIGURA 44. Cosido con un hilo muy fino.

En el caso de muchos cuadernillos, se pueden coser con el mismo hilo dos o tres cuadernillos de una pasada, lo que reduce en el lomo el grosor producido por el hilo, pues sólo pasa una vez en lugar de dos o tres veces, según los cuadernillos que abarque.

El telar y cómo se prepara

Antes de empezar a describir el telar y el montaje de las cuerdas o cintas para coser en él, se necesita saber cómo anudar el hilo en la aguja y cómo unir dos hilos para que se sujeten entre sí.

Hilo y aguja. Una doble lazada será suficiente para sujetar hilo y aguja sin que aquél se desenhebre.

Hilo con hilo. Nada mejor que el nudo de tejedor. En la FIG. 45 se muestran los pasos necesarios para hacerlo. Este nudo, cuando se hace durante el transcurso del cosido, debe procurarse que caiga en la cadeneta de pie o en la de cabeza. Queda más bonito hacerlo en las cadenetas, porque así no se verá ese nudo de tejedor en el centro del cuadernillo, lo cual resulta feo, a mi entender. Por eso debe procurarse que el nudo, con el nuevo hilo quede en el lomo del cuadernillo, pasando el nuevo hilo y anudándolo a la cadeneta y después, para mayor seguridad, al cabo sobrante (al que quedó después del nudo último de costura).

Después de haber decidido el material para coser (cuerda o cinta) el número de ellas y el grueso del hilo debe pasarse a señalar en el lomo del libro el número de muescas o cortes que habrán de darse con el serrucho.

Estas muescas se harán en proporción con el fin que se desea.

Si sólo es para que pasen la aguja y el hilo, no es necesario más que un corte que llegue justo al centro del cuadernillo. (Con la práctica se conseguirá cortar lo preciso.) Pero si se

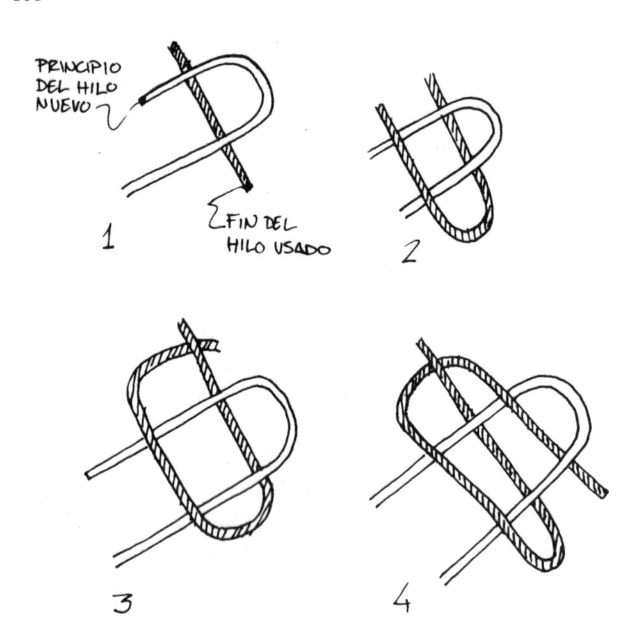

FIGURA 45. Nudo de tejedor.

desea que entre en el lomo la cuerda con la que luego se van a sujetar los cartones, entonces será necesario que la muesca sea mayor y el corte más audaz.

Para marcar los sitios donde van a ir los cortes, se usa la plantilla explicada en el capítulo 5, y ella nos dará los sitios donde debemos marcar.

Se vuelve al libro el cuadernillo así marcado, se igualan lomo y cabeza y se pone entre cartones y chillas (las chillas un poco más bajas para que no interfiera al serrar), y el todo se coloca en la prensa horizontal y se aprieta.

Con una escuadra se traza la perpendicular al lomo en las señales que se han hecho, y en esas líneas se hacen las muescas.

Para montar las cuerdas en el telar, se cortan éstas con las medidas un poco sobrantes, para que puedan hacerse cómodamente los nudos o enganches arriba y abajo.

El de abajo se puede hacer sobre un clavo grueso y largo. En la FIG. 46, se aprecia cómo se sujeta con la misma tensión.

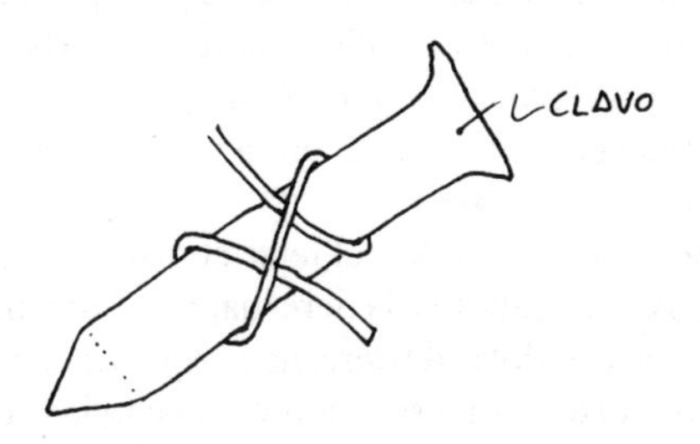

FIGURA 46. Nudo sobre un clavo.

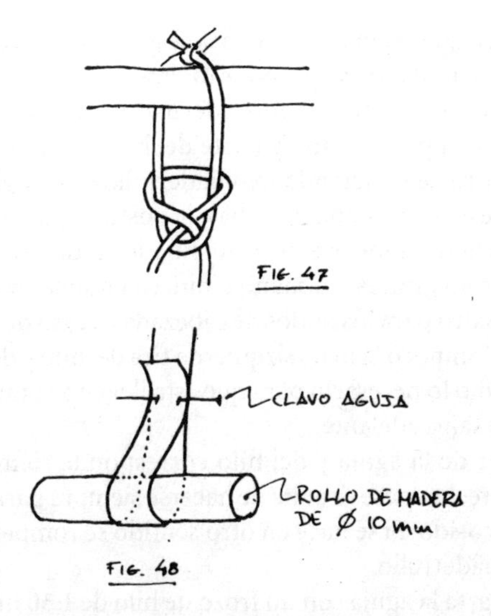

FIGURAS 47 y 48. Montaje de cuerdas o cintas en el telar.

La parte de arriba se anuda a la barra del telar o se le da varias vueltas para que se afirme (FIG. 47).

Si el montaje es con cintas en vez de con cuerdas, se procede de la siguiente forma: se anuda la cinta a un pequeño cilindro o barrita de madera, se pasa por la ranura de abajo del telar, se tira hacia la barra del telar, se pasa por arriba, y el trozo de cinta que vuelve se sujeta sobre la otra (la que subía) mediante unos clavillos pasados a través (FIG. 48).

Una vez sujetas las cintas o cuerdas al telar, se atirantan un poco.

Se coloca sobre la mesa del telar el primer cuadernillo, boca abajo, con la cabeza a la derecha, y se ajustan las cintas o cuerdas, moviéndolas de derecha a izquierda hasta conseguir que los cortes o muescas coincidan con las cuerdas o a los laterales de las cintas. Las cuerdas o cintas han de estar perpendiculares a la mesa del telar y, por lo tanto, paralelas entre sí.

Una vez que estén bien situadas se giran las tuercas hasta tensar las cuerdas para que no se muevan.

El telar estará frente al encuadernador, pero como se ha de tener siempre la mano y parte del brazo izquierdo más allá del cordaje (sujetando los cuadernillos y recogiendo la aguja que envía la mano derecha), la postura más cómoda y lógica es la de colocar el telar inclinado (FIG. 49) un poco menos de 45 grados. La mano izquierda nunca se saca por delante, salvo para los nudos de cabezadas o caso de enredos del hilo. Tampoco la mano izquierda tira del hilo y de la aguja, sino sólo lo necesario para que ésta llegue a la muesca siguiente y salga adelante.

El tirar de la aguja y del hilo corresponde siempre a la mano derecha, y ese tirar ha de hacerse siempre paralelo a la línea de cosido. Si se hace en otro sentido se romperá el papel del cuadernillo.

Se ensarta la aguja con un trozo de hilo de 1,30 m aproximadamente, que antes se encera para que se deslice más fá-

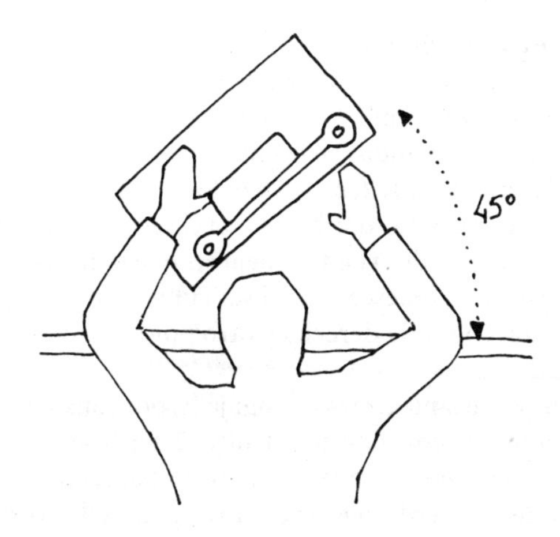

FIGURA 49. Postura ante el telar.

cilmente y para preservarlo de los insectos y de la humedad. Al encerarlo se le quita también una gran parte del torcido, con lo que al coser se eliminan posibles cocas y nudos.

Son dos los modos del cosido, y cada uno de ellos con dos variantes:

1. Este cosido puede hacerse:

   a) A punto por **delante.**
   b) A punto por **detrás.**

2. Y también se puede hacer:

   a) Coser los cuadernillos de **uno en uno.**
   b) Coser **dos o tres** cuadernillos de una tirada.

Modo de coser primero

a) Coser por **delante.** Consiste en pasar la aguja por los huecos que van seguidos en la FIG. 50, como si fuera el telar. Vemos las muescas 1, 2, 3, 4, 5 y 6. Esto se apreciará mejor en las cintas, pues hay que hacer con el serrucho una muesca para cada lado de la cinta, mientras que para las cuerdas sólo se hará una muesca que, al ser cubierta por la cuerda, dará un hueco por la derecha y otro por la izquierda de la misma.

Coser por delante es pasar la aguja (y, por consiguiente, el hilo) por los huecos. 1, hacia adentro; 2, hacia afuera; se rodea la media cuerda que se ve y va por 3 hacia adentro; sale por 4, rodea la cuerda que se ve, entra por 5 y sale por 6.

Como se observará, si las serraduras o muescas que se han hecho en el lomo para las cuerdas son muy grandes, éstas bailarán en el hueco y hasta puede ocurrir que, al desmontar el telar, se salgan de su sitio.

b) Coser por **detrás.** Consiste en que la aguja entra por 1 en la cadeneta de cabeza, pero sale por 3; se saca el hilo asegurándose de que quede tirante y enteramente fuera; la aguja vuelve a entrar por 2, con lo que habrá dado la vuelta entera a la cuerda o a la cinta, sujetándola y apretándola; vuelve a salir por 5; se saca todo el hilo (asegurándose de que esté todo él fuera), y vuelve a entrar por 4, rodeando la cuerda o la cinta, y sale por 6, que es la cadeneta de pie (FIG. 51).

Esta forma de coser es mucho más lenta y se utilizaba antiguamente para coser los libros en pergamino. Hoy se usa para los libros de gran lujo y en los que se desea que esas cuerdas sean los futuros nervios de la encuadernación, y que sobresalen del lomo. Naturalmente el corte dado con anterioridad al lomo era sólo eso un corte y no una muesca grande (donde entra la cuerda). Véase cap. 23 «Flexible o de lujo».

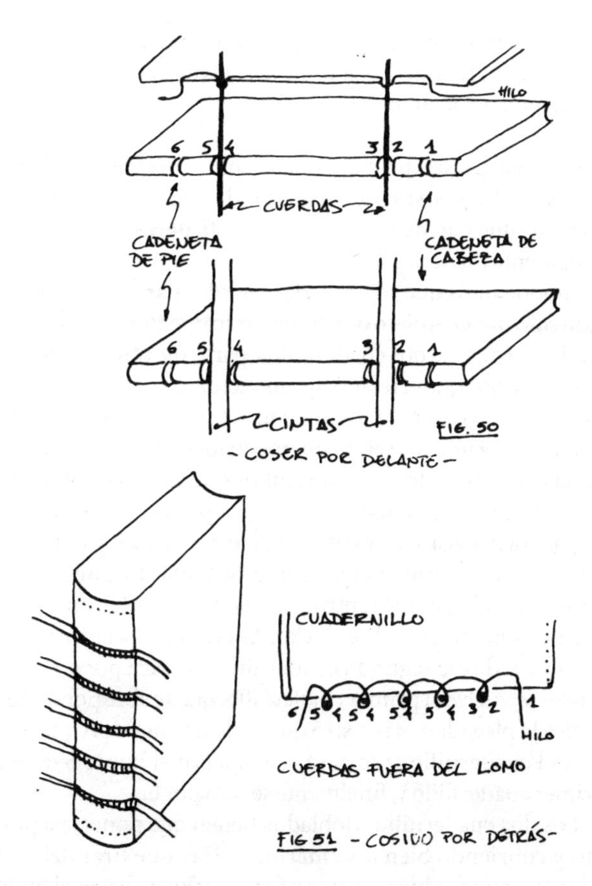

FIGURAS 50 y 51. Cosido por delante y por detrás.

Modo de coser segundo

a) Coser de **uno en uno**, como se ha hecho anteriormente. Ya sea coser por delante o por detrás se hace de uno en uno.

b) Coser de **dos en dos o más cuadernillos**, esto lo exige la cantidad grande de cuadernillos del libro, y se procederá de la siguiente forma:

Los cuatro o seis primeros cuadernillos del libro y los cuatro o seis últimos, se cosen seguidos de uno en uno, y los que queden (que han de ser necesariamente **pares**), se cosen de la siguiente manera.

Supongamos que sólo hay dos cuerdas para coser el libro (con sólo dos cuerdas o dos cintas, únicamente se pueden coser de una pasada dos cuadernillos; para coser tres cuadernillos es preciso que el telar tenga montadas por lo menos cuatro cuerdas o cintas), y supongamos también que ya se han cosido uno a uno los seis primeros cuadernillos. Entonces se toma el primero de los cuadernillos que se va a **doblar** y se pasa la aguja por el hueco 1, y se saca por el 2, se toma una plegadera o registro de mayor tamaño que el libro y se deja en el centro de ese primer cuadernillo. Se toma el segundo cuadernillo, se abre por el centro y se coloca sobre el primer cuadernillo que ya está sobre el telar. Ahora la aguja entra por el agujero 3, de ese segundo cuadernillo y se saca por el 4. Entonces se vuelve al primer cuadernillo, que se abre por donde indica la plegadera o registro que se dejó y que marca el centro del cuadernillo, y se pasa la aguja por el hueco 5 de ese primer cuadernillo y, finalmente se saca por 6.

Los dos cuadernillos doblados tienen que ponerse a plomo y cubriendo bien los anteriores. Hay que tirar del hilo para que queden bien sujetos y firmes, y luego hacer el nudo correspondiente en el corte de cadeneta.

Este nudo se hará cada tres cuadernillos, de forma que ha de tenerse sumo cuidado en que ninguno de ellos se quede dentro, pues deformaría el lomo. Al mirar la encuadernación por el lomo han de verse todos los cuadernillos, bien cosidos y bien montados y equilibrados por la cabeza (FIG. 52).

Para coser tres cuadernillos de una vez serán necesarias

cuatro cuerdas, así como también una plegadera o registro más. Por lo dicho anteriormente para doblar dos cuadernillos, y por el dibujo, puede verse y comprenderse cómo se procede (FIG. 53).

Explicación

Las formas de coser explicadas son, «por delante» y por «detrás»; y «de uno en uno», «de dos en dos» y «de tres en tres».

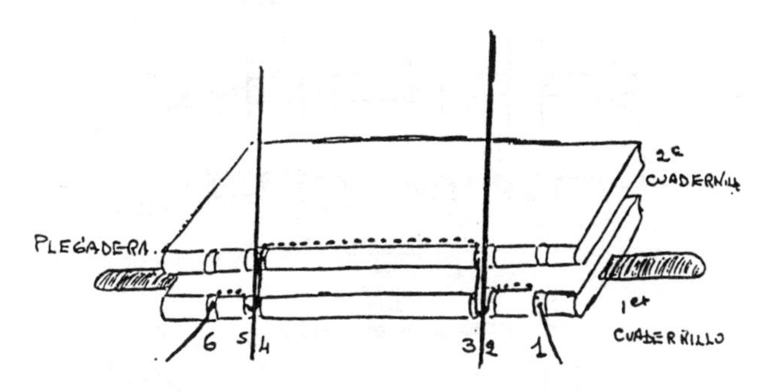

FIG. 52

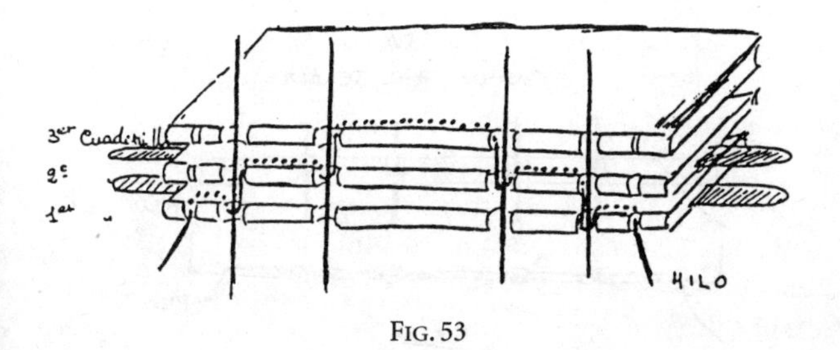

FIG. 53

FIGURAS 52 y 53. Cosido de dos en dos y de tres en tres.

Todas ellas se pueden aplicar a cuerdas o a cintas, según el criterio del encuadernador y en las combinaciones que se prefiera.

Veamos unos ejemplos.

Si se tiene que coser un libro con cintas y se quiere afirmar los cuadernillos de guardas primero y último, úsese el cosido por detrás en esos cuadernillos primeros y últimos y luego se sigue en cosido por delante (FIGS. 54 y 55).

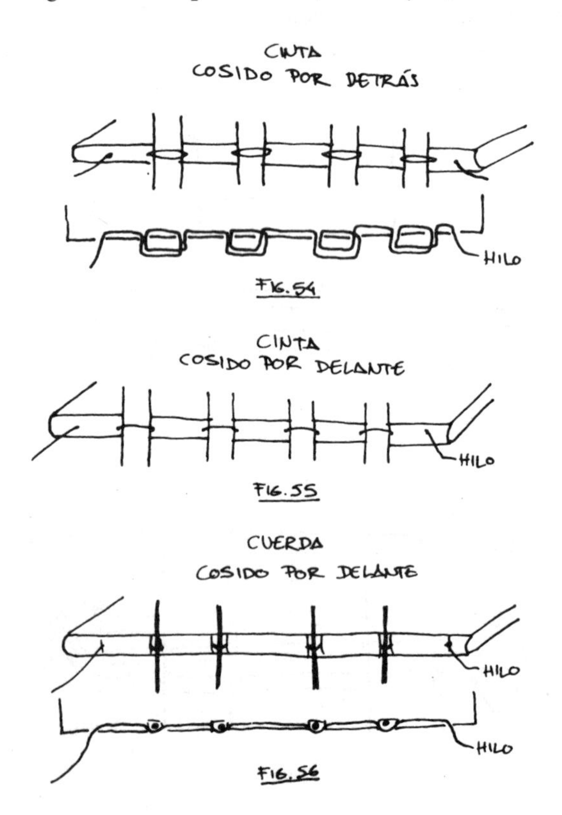

FIGURAS 54, 55 Y 56. Distintas formas de cosido.

Si se tiene que coser un libro «estilo Librería», úsese el cosido con cintas, de uno en uno, o de dos en dos, según el grueso del libro, y recúrrase al cosido por delante (FIG. 55).

En el «estilo cartoné» debe de usarse el cosido por delante, con cuerdas o con cintas (FIG. 56).

Este cosido es el que se usa también en la encuadernación «falso lujo», lleve o no lleve la lomera pegada al lomo, y requiera nervios o no.

Pero para una encuadernación «lujo» o «flexible» tiene que usarse el cosido por detrás y determinarse el sitio de los nervios y el grueso de los mismos. (Véanse los tres casos, siempre con cuerdas, en la FIG. 57.)

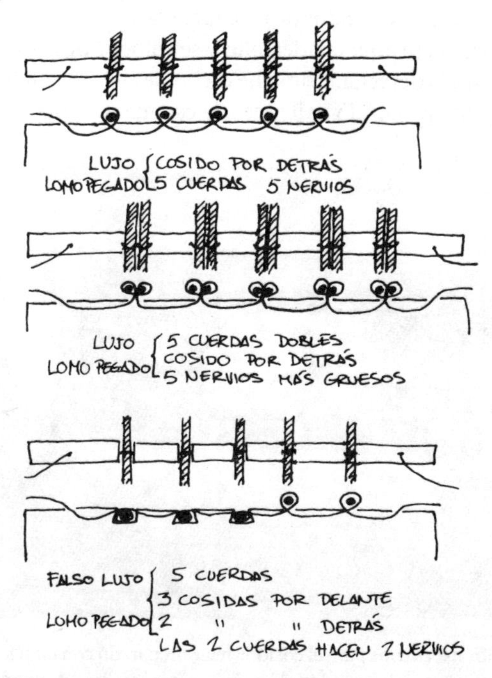

FIGURA 57. Cosido para estilo lujo.

Cómo se cose

Antes de empezar a coser hay que tener a la derecha del telar ya montado el bloque de cuadernillos del libro, empezando por el de guardas y siguiendo por el n.º 1 del libro, el 2, etc., como si se fuese a leer.

Es conveniente colocar sobre la mesa del telar un tablero grueso de 2 cm del ancho del telar y con el fondo de un libro grande (unos 25 cm). Esto facilita al coser la salida de la aguja por esa parte en que el libro está junto al plano de abajo. Se tiene que coser con comodidad y con cierto ritmo, manteniendo tirante el hilo en el lomo pero sin apretar con exceso las puntadas ni los nudos de las cadenetas.

Se toma el primer cuadernillo y se coloca boca abajo con la cabeza a la derecha. Como he dicho, se cose normalmente por delante y, cuando se llegue a la cadeneta de pie, se pone

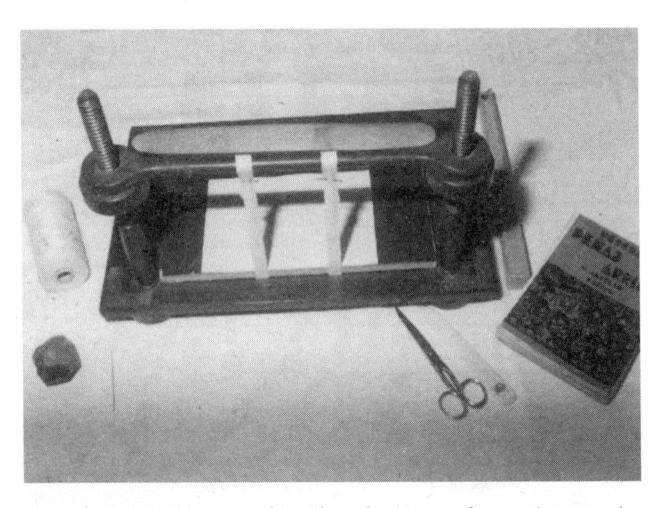

Utensilios necesarios para el cosido: telar preparado con cintas, aguja, hilo, cera virgen, tijeras, plegadera de hueso, plegadera de bambú, barrita emplomada para golpear.

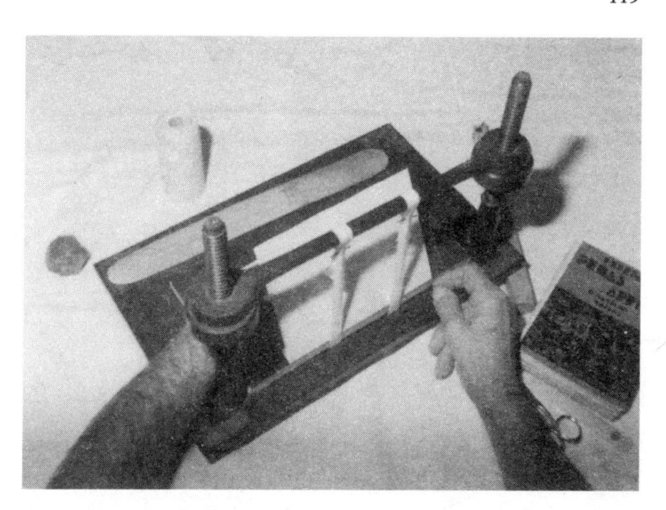

Comenzando el cosido por el primer cuadernillo de guardas.

Ya se ha pasado el hilo por el cuadernillo de guardas y se sigue por el primer libro.

Se estira del hilo SIEMPRE en paralelo a la charnela para no rasgar el papel.

Al terminar este segundo cuadernillo se anuda el hilo con el cabo que se dejó en el primero.

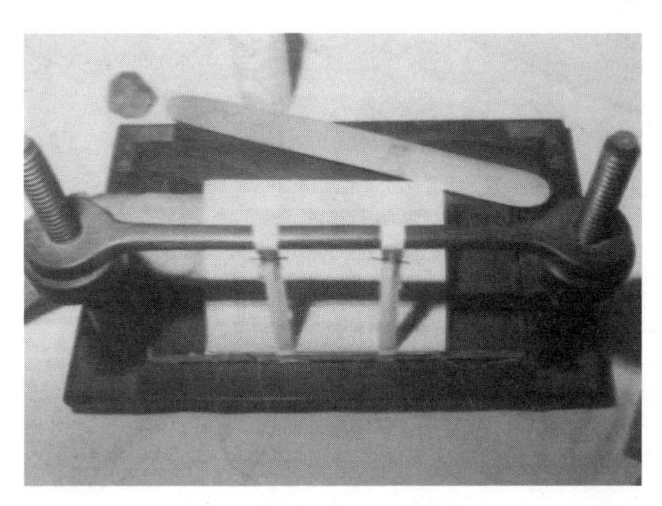

Al final de tercer cuadernillo se introduce la aguja entre los dos anteriores en el espacio entre la cadeneta y la cinta más próxima. (Se hará igual al final de todos los cuadernillos.)

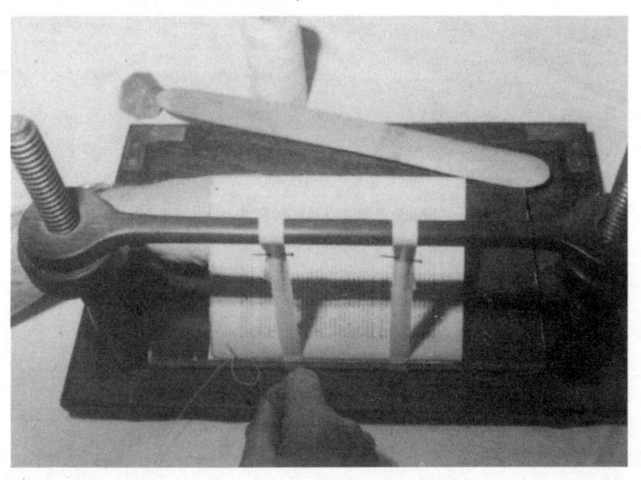

Se introduce la aguja por el bucle del hilo para formar el nudo de cadeneta.

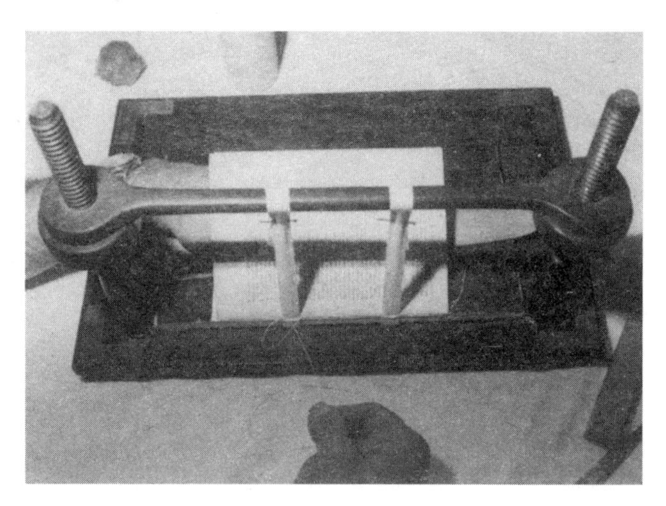

Después de los primeros cuadernillos se pasa la aguja entre las cintas y las puntadas que pasan sobre ellas.

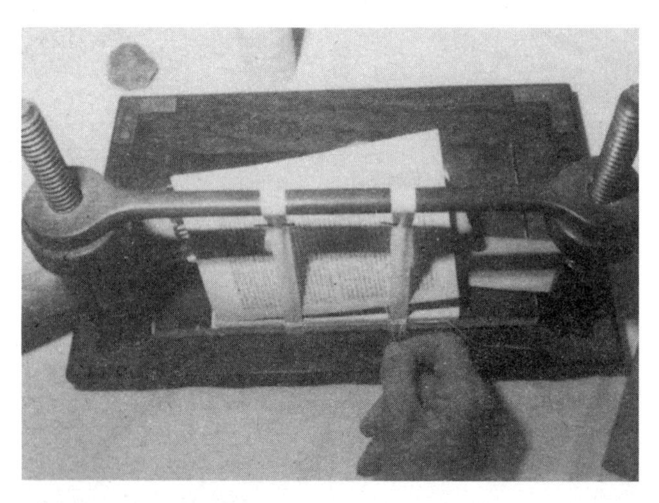

Al perforar el cuadernillo con la aguja se tiene marcada la hoja central con la plegadera de bambú.

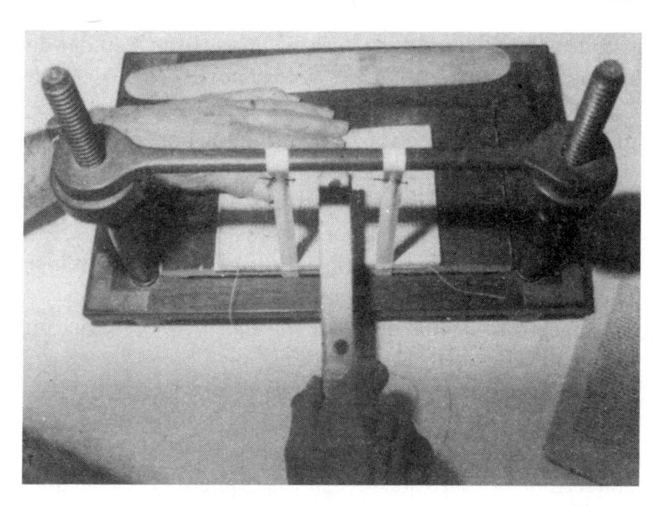

Golpeando con la barra emplomada para mantener el lomo aplanado.

Aislando cada cuadernillo con la plegadera de hueso.

tirante el hilo dejando a la derecha unos 10 cm y cuidando de que por dentro esté tensado y vaya por el centro del cuadernillo. Se toma el segundo y se coloca boca abajo sobre el primero, con la cabeza a la derecha. Se abre por el centro y se pasa la aguja por la cadeneta de pie 6, hacia dentro, se saca por 5, se entra rodeando la cuerda por 4, se sale por 3, se rodea la otra cuerda, se entra por 2, y se sale por 1.

Ha de cuidarse de ir tirando del hilo para que pase todo, y que quede tensado pero no excesivamente tirante.

Con el trozo de hilo que quedaba al principio, se hace un nudo que no se suelte al tirarse de él.

Se toma el tercer cuadernillo, cabeza a la derecha, se abre por el centro, se mira si la signatura es la correspondiente (como medida de seguridad) y se cose como se hizo con el cuadernillo primero que se cosía a la izquierda y por delante.

Al llegar a la muesca de la cadeneta de pie, se saca todo el hilo, se iguala el cuadernillo por la cabeza con los otros dos, y se aprieta a los lados de las cuerdas para que baje sobre esos dos cuadernillos. Se mete la aguja entre el cuadernillo primero y el segundo, junto a la cadeneta de pie, y se saca por el costado izquierdo o pie del libro. Se trae hacia delante y se pasa bajo el hilo del cuadernillo tercero, y se tira con cuidado hasta que el hilo quede anudado en la cadeneta.

Se toma el cuadernillo siguiente y se dan los mismos pasos hacia la derecha. Al llegar a la cadeneta de cabeza se anuda igual que antes se ha hecho con la de pie.

Antes de hacer el nudo que va a sujetar el cuadernillo a la cadeneta, se revisa la colocación de ese cuadernillo, si su lomo está en línea con el de los otros cuadernillos, si el hilo está tenso pero no tirante, si a plomo con la cabeza y unido por el centro con los demás. No se aprieten mucho los nudos en la cadeneta, pues de lo contrario no se podrían redondear los lomos; pero tan poco se han dejar tan flojos que, al final de la costura, el libro se mueva solo. La práctica dará el punto adecuado en el que deba estar la tensión.

Es conveniente, cada 4 ó 5 cuadernillos, darles unos cuantos golpecitos hacia abajo entre las cuerdas para apretar unos contra otros, así de camino se comprueba con los dedos el aumento que va tomando el lomo, a fin de, si es necesario, pasar a coser de dos en dos los cuadernillos, según el modo número 2 que expusimos.

Cosidos especiales

Además de estos cosidos que he explicado, hay otros especiales y diversas formas de sujetar hojas, que paso a exponer.

Cosido de un solo cuadernillo

Caso de un folleto. Cuando lo que se desea encuadernar es un folleto de un cuadernillo (una revista, un opúsculo, etc.), se abre el cuadernillo y se le hacen, justamente en el centro de la bisagra, tres, cinco, o siete agujeros (siempre en número impar), según el tamaño del folleto. Se enhebra la aguja con hilo grueso y resistente, y se empieza por el centro, de fuera a dentro, y se siguen las puntadas como se indica (FIG. 58). Tiene que llevarse el hilo bien tirante.

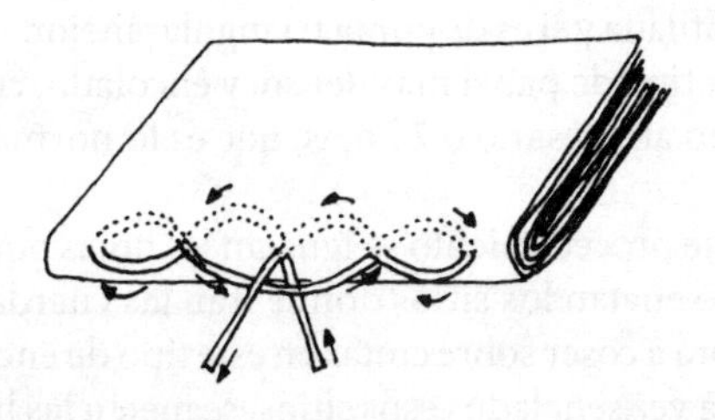

FIGURA 58. Cosido de un solo cuadernillo.

Una vez terminado, es decir cuando la aguja ha salido ya por el centro hacia afuera del cuadernillo, se anuda con el cabo del principio, y se encola para que no se mueva y quede fijo.

Cosido de hojas sueltas

Pero si lo que se tiene que encuadernar son hojas sueltas, pueden seguirse varios procedimientos de sujeción: el clásico, de cosido «a diente de perro», y el de taladrado en sus distintas variantes (se llama así porque se atraviesan las hojas con la punta de un taladro).

Ambos procedimientos tienen el inconveniente de disminuir el margen del libro en la bisagra. Pero esto siempre sucederá con cualquier tipo de encuadernación que se haga a los libros de hojas sueltas.

A diente de perro

La forma de coser a «diente de perro» es la clásica para unir las hojas sueltas, sobre todo si son de papel flojo, tipo papel de periódico, de ahí que en las hemerotecas todos los volúmenes de papel prensa estén así encuadernados.

¿Por qué?

Porque este papel es fácil de taladrar con una simple aguja de punta afilada y si es de punta triangular mejor.

Con un tipo de papel más denso, y encolado, cuesta mayor trabajo atravesar 6 ó 7 hojas, que es lo normal en cada puntada.

Para este procedimiento se igualan las hojas por cabeza y lomo y se señalan los sitios donde irán las cuerdas. (No se acostumbra a coser sobre cintas en este tipo de encuadernación.) Una vez señalados esos sitios, se meten las hojas en la prensa horizontal, cuidando de que no se muevan, y se encolan ligeramente por el lomo. Ya seco, se hacen las muescas en los sitios señalados y se saca de la prensa.

Con una plegadera se van haciendo «postetas» de 6 a 8 hojas; el libro se divide así en cierto número de «postetas».

Se lleva junto al telar como si fuese un libro de cuadernillos, y se monta éste con las cuerdas señaladas. En el sitio donde van las cadenetas, se coloca un hilo más fino que las cuerdas y más grueso que el hilo de costura. Este hilo irá sujeto al bastidor del telar igual que las cuerdas.

Se enhebra una aguja de punta fina con un hilo fuerte y se coloca la primera posteta como si fuera el primer cuadernillo de una encuadernación normal, de cara al tablero y con la cabeza a la derecha (FIG. 59).

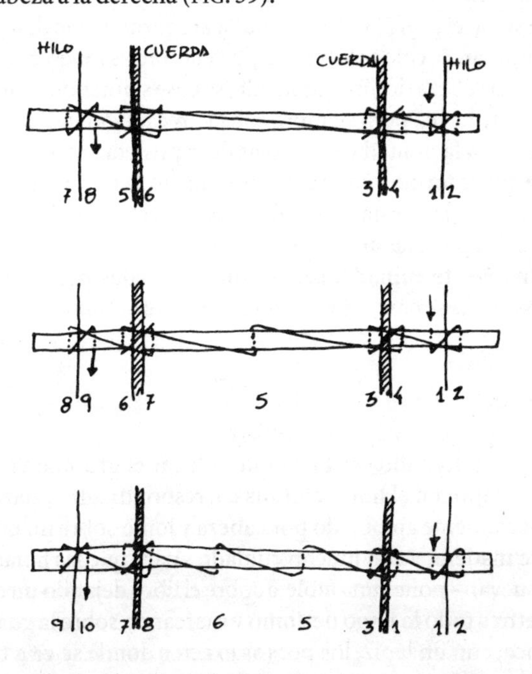

FIGURA 59. Cosido a diente de perro.

Se toma la aguja y se pincha en 1 de arriba a abajo, perpendicularmente sobre el tablero, a unos 4 mm del borde del lomo. Se sigue la numeración que muestra el dibujo y obsérvese que, según el cuidado que se desee tener con el libro o periódico, se darán más o menos puntadas: más para mayor cuidado y firmeza.

Una vez que se haya terminado el primer paquete de hojas, o primera posteta, se coloca el segundo y se empieza a picar, de izquierda a derecha, empezando por el 8. Se pica teniendo la precaución de tomar 3 ó 4 hojas de la primera posteta (siempre que se dé una puntada se tomarán esas 3 ó 4 hojas), se pasa con la aguja al punto 7 y se da la puntada, siempre hacia abajo. De ahí se va al 6, luego al 5, después al 4, se sigue el 3, al 2, y al 1, se anuda al sobrante que dejamos al empezar. Se coloca la tercera posteta con las muescas en su sitio y la cabeza del libro igualada, se cose siguiendo el orden 1, 2, 3, 4, 5, etc., pero siempre con la precaución indicada de agarrar en la puntada 3 ó 4 hojas de la posteta anterior. Esto hace que se forme una gran unión entre todas las hojas del libro así cosidas, se hace el nudo pasando el hilo por el centro de las dos postetas anteriores.

Una vez terminado, se cortan las cuerdas dejándole el margen que se crea conveniente, y se encola el lomo.

Taladrado

Para el «taladrado» se tiene que colocar el grupo de hojas que componen el libro, con sus correspondientes guardas, perfectamente aplomado por cabeza y lomo sobre un tablero de madera, y con mucho cuidado –para que las hojas no se muevan– poner una tableta sobre el libro dejando un centímetro a todo lo largo del lomo y marcando sobre la guarda blanca, con un lápiz, los puntos exactos donde se va a taladrar con el berbiquí (FIG. 60). Una vez que se tenga perfora-

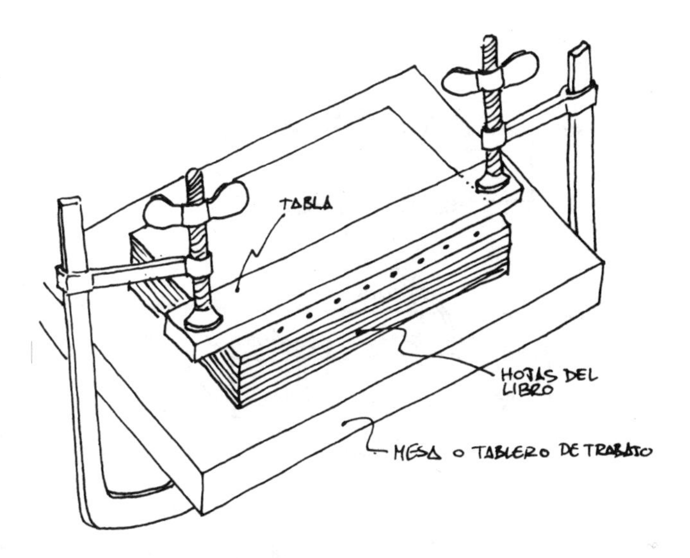

FIGURA 60. Disposición de hojas sueltas para taladrar.

do el libro o el grupo de hojas que se quiere encuadernar, pueden coserse de varias formas:

1.ª Con 3 ó 5 agujeros, más o menos al borde, según el ancho del margen interno del grupo de hojas. Es lo que se usa para los libros de poco valor y con encuadernación ligera y barata (FIG. 61).

2.ª De otra forma más consistente, pero que ocupa mucho margen interior, y que se usa cuando se quieren coser cuartillas ya escritas a las que se les han dejado el margen interior preparado para esta clase de encuadernación (FIG. 62).

3.ª De otra forma distinta, parecida al «diente de perro», pero que aquí se hace sobre el total del libro (FIG. 63).

4.ª Cosido «a diente de perro», pero sobre taladrado, que creo las más importante de todas estas variaciones.

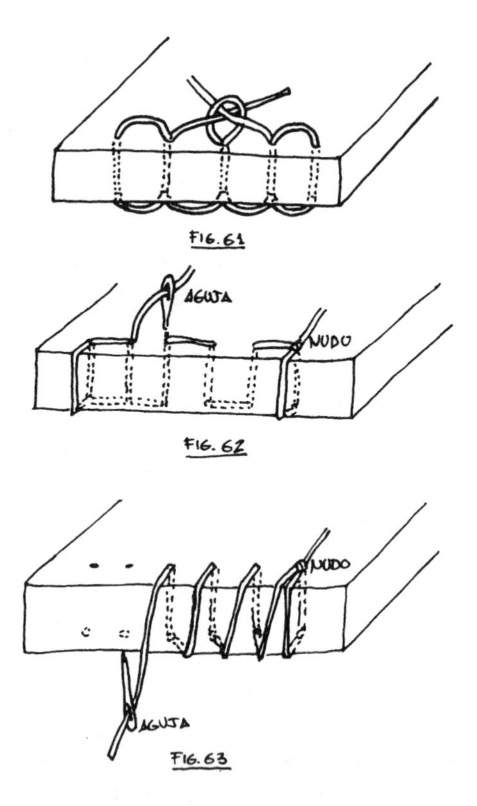

FIGURAS 61, 62 y 63. Cosido de hojas sueltas.

Se le hace al libro la preparación del taladrado y las muescas de las cuerdas y de las cabezadas igual que para diente de perro y las postetas se forman también del mismo modo.

Al coser la primera posteta, se usarán los boquetes del taladro para pasar la aguja. Cuando se llegue a la segunda posteta se pasa la aguja por los boquetes de ella y por los de la primera. Y cuando se llegue al final se anuda con el hilo sobrante.

Luego se coloca la tercera posteta y se pasa la aguja por sus agujeros y los de la segunda. Al terminar se anudará la tercera con la segunda y se pasa a la cuarta, que se coserá del mismo modo.

Esta forma de cosido para libros con buen margen interior da un excelente resultado aunque, como ya dijimos, la obra nunca abrirá con la facilidad de un cuaderno de música cuyos cuadernillos siempre serán cosidos sobre cintas.

Cosido sin telar o cosido francés

Esta forma de coser se hace sin cuerdas ni cintas. Se divide el lomo desde la cadeneta de cabeza a la de pie, en cortes pares dados con la sierra. Una vez hecho esto, se coloca sobre la mesa el primer cuadernillo y se cose seguido, hasta salir por la cadeneta de pie. Se toma el segundo, se coloca sobre el primero y se cose seguido teniendo cuidado de pasar la aguja por el hilo descubierto del primer cuadernillo.

Al llegar a la cadeneta de cabeza se hace un nudo con lo que quedó de hilo al empezar. Se sigue con el tercer cuadernillo, que se coserá igual, pasando por lo descubierto del hilo del segundo cuadernillo. Al llegar a la cadeneta de pie se hace el nudo correspondiente a la cadeneta (FIG. 64).

Como se comprende, esta forma de cosido deja el libro con el lomo muy flojo, y si además se ha tensado el hilo un poco más de lo debido, tendrá tendencia a curvarse en dirección contraria a la del futuro y lógico redondeo (FIG. 65).

Defectos y correcciones

Al terminar de coser y con el libro en la mano, entonces es cuando se da uno cuenta de los defectos. Veamos sus posibles correcciones, cuando las tiene.

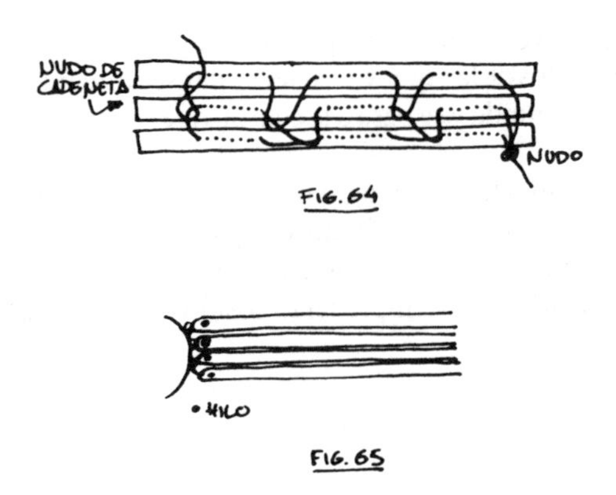

FIGURAS 64 y 65. Cosido sin telar.

Costura floja. No tiene corrección. Lo mejor es desarmarlo y coserlo más tirante.

Lomo muy delgado. Si es excesivamente delgado y el libro está proyectado con cajo y no se puede renunciar a él, hay que desarmarlo y coserlo de nuevo con un hilo más grueso. Pero, si se puede prescindir del cajo, no será necesario desarmarlo y podrá encuadernarse «estilo cartoné» sin el cajo previsto.

Lomo muy grueso. Se pone el libro sobre un tablero y, con el todo sujeto por su mitad, se lleva a la prensa horizontal y se va golpeando el lomo por el cosido hasta rebajar lo posible o lo necesario (FIG. 66).

Nudos de la cadeneta muy apretados. Antes de encolar, se golpea un poco el lomo y, luego, con la aguja, se intenta aflojar el nudo entre los cuadernillos. Esto se hace varias veces.

Un cuadernillo sin coser. Puede anudarse sólo un hilo en la cadeneta de cabeza y coser el cuadernillo en su sitio pasándolo por las cuerdas y enlazándolo a la cadeneta de pie.

Con la plegadera abrirle todo el sitio posible.

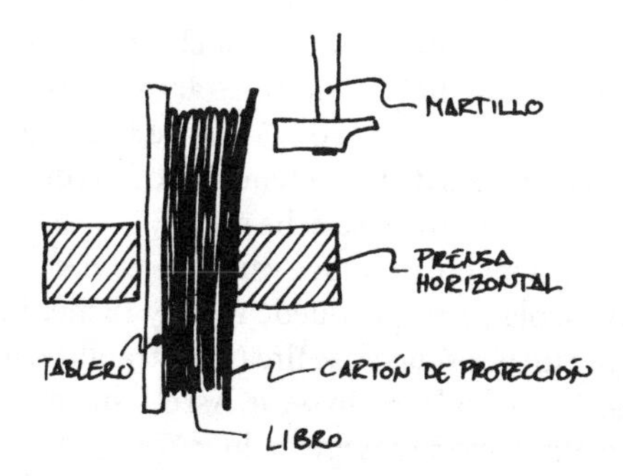

FIGURA 66. Cómo rebajar el grosor del lomo.

Una sola hoja sin coser. Se encola en la bisagra y en su sitio correspondiente.

Cuerda que se sale. Al serrarse por descuido se ha hecho una muesca muy grande en el lomo del libro, y al sacar la cuerda del telar se ha salido de su sitio en el cosido del libro. Para sustituirla, se toma una cuerda nueva, se le afloja y deshilacha la punta, se deja lo más delgada posible para poderla ensartar en la aguja (cosa que se conseguirá más fácilmente humedeciéndola con un poco de engrudo).

La aguja con ese trozo de cuerda se pasa por el hueco dejado por la cuerda que se salió del cosido del libro y se tira con cuidado hasta que vuelva a quedar el trozo de cuerda, grueso y normal en el sitio debido. En el centro del lomo por donde está el cosido se le coloca una gota de cola, para que no vuelva a suceder.

Cuadernillo que no sale a su sitio. Ha quedado hundido entre otros dos y hay que sacarlo a su sitio. Para ello se coloca una chapa de cinc –mayor que el cuadernillo– en el centro del cuadernillo hundido y se golpea el lomo sobre un paño puesto en la mesa (pues, de hacerlo directamente y con fuerza, el canto de cinc puede romper el papel del cuadernillo y hasta romper o cortar las cuerdas).

El libro, una vez cosido y visto por el lomo, ha de tener la forma de un rectángulo y ha de mostrar todos los cuadernillos. Ese lomo ha de tener 1/4 ó 1/5 más de altura que el corte delantero. Los nudos de las cadenetas no han de estar muy apretados, pero el libro no se debe mover.

Una vez en la mano, se golpea varias veces el lomo sobre la mesa y se encola para que quede recto y firme. Incluso se golpea sobre un periódico y se tira (arrastrando el lomo golpeado) con la cola todavía sin secar. Así el lomo quedará más recto, más compacto y más igualado.

Déjese secar al aire, poniendo el libro al borde de la mesa.

9. El corte de los cantos

Vamos a ocuparnos ahora del corte de los cantos de los libros, y tenemos que hacer un pequeño paréntesis, ya que uno de los modos de tratar los cantos es dejarlos prácticamente como están, pues así es como los bibliófilos desean que permanezcan sus libros, conforme a la norma de que éstos deben de conservar cuanto contenían al salir la edición a la calle. Por eso digo que he de hacer un paréntesis y, en ese paréntesis, colocar esta forma especial de tratamiento que será estudiada con más detalle en el cap. 11 «Cortes decorados».

Tales cortes se pueden hacer:

1.° Con guillotina.
2.° Con ingenio.

La guillotina

No es corriente que un aficionado tenga una guillotina en su taller, pero ello no ha de impedir que sepa cómo usarla.

Sea ésta de palanca o de volante, hay una serie de puntos comunes a todas las guillotinas. Estos puntos son:

1.º La cuchilla, que baja perpendicular a la mesa aunque de manera inclinada o sesgada.

2.º Un tope de fondo, paralelo a la cuchilla y que puede avanzar o retroceder.

3.º Unas bandas laterales, perpendiculares al corte de la cuchilla.

4.º Un prensador o «pisón» con fondo suficiente y con el ancho de la guillotina, que sube y baja sobre la mesa por medio de un volante.

Sin cualquiera de estas cuatro piezas no se puede trabajar con la guillotina.

El tope de fondo sirve para apoyar sobre él el lomo, antes de redondear, y avanzar o retroceder el libro hasta la medida deseada. Luego se baja el pisón que sujeta así al libro, y se da el corte delantero, que resulta paralelo al lomo.

Los laterales, en el lado izquierdo o en el derecho, sirven para apoyar el lomo **después de redondeado.** Así se dan los cortes. Primero el de pie, pero con dos precauciones: suplementar el libro con unas placas de cartón biselado del tamaño del fondo del pisón (para que al apretar éste no dañe y aplaste el redondeado del lomo); y colocar entre la cuarta o la quinta hoja, en la esquina del canal del corte delantero, un trozo de cartulina que sobresalga y que le dé fuerza a las hojas para mantenerse rectas. Así la hoja de la guillotina, al bajar, encontrará resistencia y no podrá arrancar las puntas de las hojas del libro (FIG. 67).

Una vez cortado el pie, se puede poner en el centro y con el tope de detrás adelantar el libro hasta ponerlo en línea paralela y en el sitio debido y así cortar la cabeza, siempre con el cartón que cuida del redondeo, sobre el libro bajo el pisón y la cartulina para que no se rasguen las puntas. El lomo irá colocado a la izquierda, pues si se pone a la derecha hay que suplementar el hueco que queda bajo el redondeo, junto a la mesa, ya que de no hacerlo así, se rasgan y se

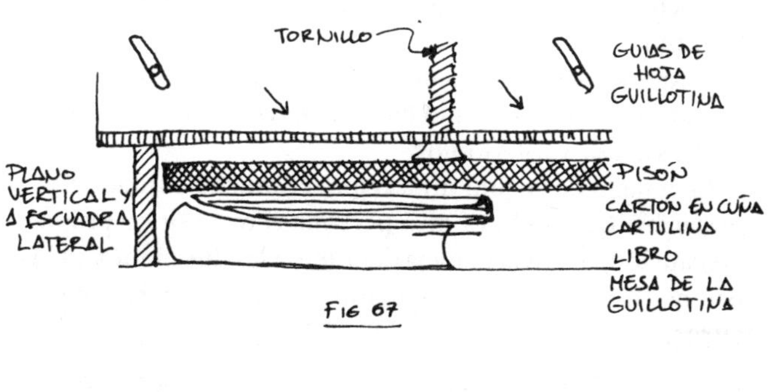

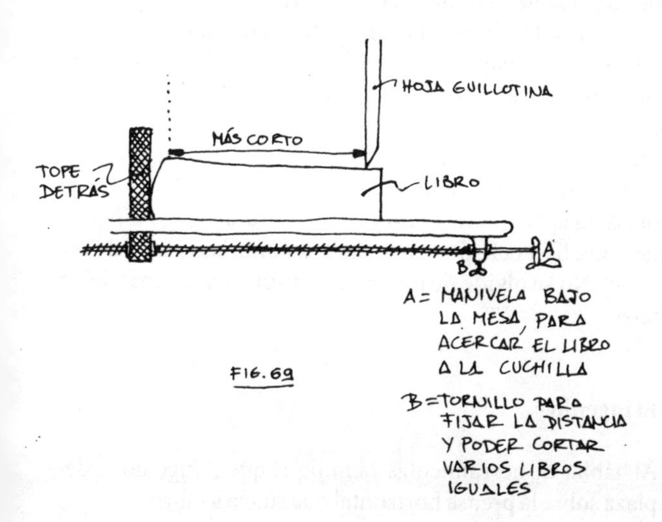

FIGURAS 67, 68 y 69. Disposición del libro en la guillotina.

rompen las hojas en la esquina del lomo o en el lomo mismo (FIG. 68).

El tope de detrás se puede fijar a voluntad, si se desea cortar varios libros del mismo tamaño. Es el caso de una colección o serie de varios tomos.

El manejo de la guillotina **requiere mucho cuidado** y es preferible que no haya otra persona cerca. Por su propia precaución, quien la maneja debe tener las **dos manos en la palanca o en el volante.** Y, cuando no se usa, **ponerle los seguros.**

Cuidados especiales

1.° Velar porque el libro tenga el lomo rasante con el tope de detrás. Ese lomo, si es muy grueso, tiene tendencia a caer hacia adelante y entonces el corte sería desigual (FIG. 69).

2.° Apretar fuerte el pisón, sobre todo cuando las hojas del libro o los papeles sean satinados o similares. De no hacerlo así fuertemente, la cuchilla de la guillotina escupe hacia atrás las hojas del libro y, naturalmente, el corte no sale recto.

3.° No se debe olvidar el cartón en cuña. Si no se pone, quedará aplastado el lomo y se encontrarán luego dificultades para hacer el cajo y además se dañarán las hojas del libro.

4.° No se olvide de poner la cartulina en el canal delantero.

El ingenio

Al hablar de herramientas ya indiqué que el ingenio se desplaza sobre la prensa horizontal que sujeta al libro.

Pero, para que éste se desplace sin dificultad, la prensa ha de estar limpia y los bordes de las teleras, por arriba y por el lateral donde aprieta, perfectamente en escuadra y sin mellas. Hay en todas las prensas horizontales un suplemento sujeto a la telera móvil para que, si se estropea o mella, se pueda cambiar y ponerlo a escuadra nuevamente.

¿Cómo se cortan los cantos con el ingenio?

El corte de frente se hace antes de redondear el libro.

Se mide con el compás la hoja menos ancha del libro (salvo que sea tan angosta que deba ser recrecida conforme ya expusimos al hablar de la restauración de las páginas), y esa dimensión se reduce en 1 mm.

Con el libro cerrado, se señala sobre la salvaguarda de frente esa medida del compás, en cabeza y en el pie, a partir del lomo.

Entre estos dos puntos señalados se traza a lápiz una línea fina: A B.

Se toma una tira de cartón de 3 cm de ancho, con un lado perfectamente recto y que sea un poco más larga que el alto del libro, C.

Con una esponja se humedece una cara del cartón y se coloca sobre la salvaguarda del frente, de forma que el borde recto caiga justamente en la línea marcada.

Se coloca el libro con esa tira de cartón adherida por la humedad, y por el otro lado, sobre un cartón mayor que el libro, y que sobresalga algo de los dos cortes de éste, D.

Bajo este cartón se pone un tablero de madera, E, más estrecho que el libro.

El libro ha de estar a plomo; es decir, el lomo recto y paralelo al suelo.

Todo este conjunto se toma por el centro del corte delantero con **la mano izquierda** y se coloca en la prensa horizontal (exactamente en el centro, donde cae el tornillo de la prensa) y con el frente del libro hacia él. Se aprieta suavemente dando al volante con **la mano derecha** hasta que quede sujeto entre las teleras. Entonces puede soltarse ya **la mano izquierda.** Esa mano se pone ahora debajo de las teleras y se sujeta ahí ese todo compuesto por tablero, cartones y libro. Aflojando con cuidado se consigue colocar la línea A B, en el corte (FIG. 70).

Ha de cuidarse que el borde del cartón A B esté a ras con el borde de la telera movible. La parte de la izquierda, o contraria, o trasera del libro estará sobre el otro cartón (el grande) y el tablero. El libro tiene que sobresalir por abajo.

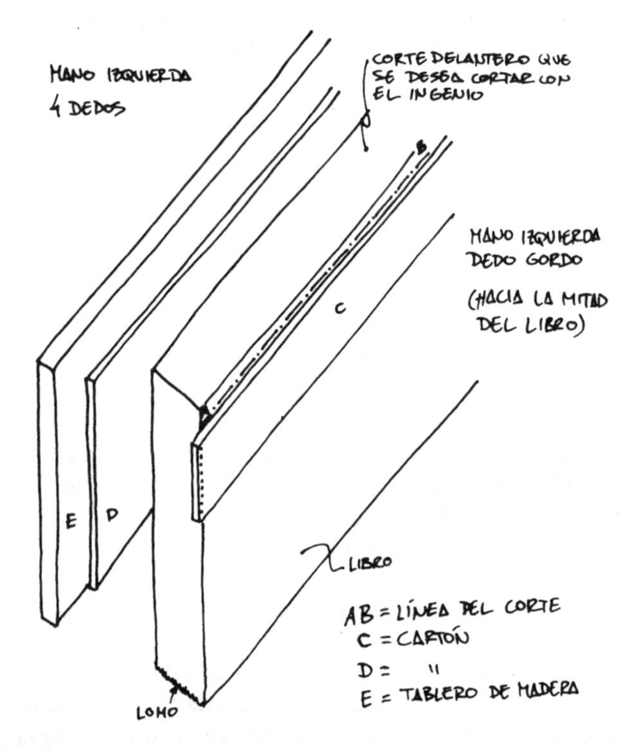

FIGURA 70. Disposición del libro para corte con ingenio.

Revísese que el lomo del libro, mirándolo por abajo, esté en su sitio, es decir paralelo al futuro corte y al suelo (FIGS. 71 y 72), por eso el tablero E es más estrecho para que permita ese paralelismo.

Se coloca el ingenio con la cuchilla sujeta en su sitio, cuidando de que la cuchilla esté paralela a la prensa horizontal y, por lo tanto, perpendicular al libro. Deslizar suavemente y **vigilar si va a ras del cartón**, cortando y no rasgando el papel.

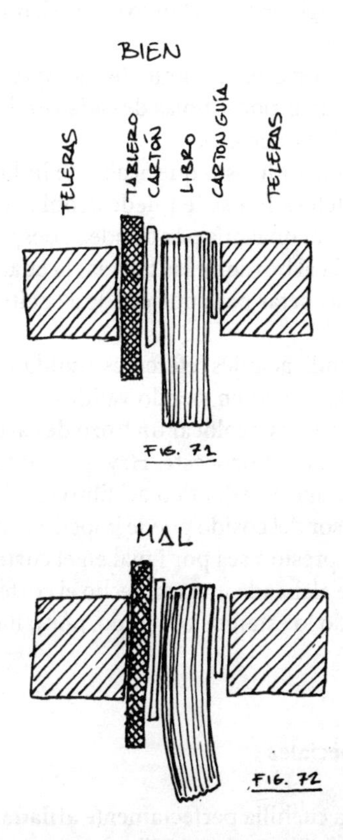

FIGURAS 71 y 72. Buena y mala colocación para corte con ingenio.

La **mano derecha** se coloca sobre el mango del tornillo y la **izquierda** en el bloque izquierdo del ingenio. **Así ambas manos** aprietan el ingenio con suavidad sobre la prensa horizontal, manteniéndolo siempre sobre ella y evitando que se levante.

Cuando ya se tenga el mango cerca del cuerpo, se le da un cuarto de vuelta con la **mano derecha** al tornillo, y después se empuja con todo el cuerpo el ingenio. Entonces es cuando la cuchilla del ingenio va cortando el papel; pues en el retroceso no corta.

Se continúa con este movimiento, siempre suavemente y cortando sólo unas pocas hojas de cada vez, hasta que el libro esté cortado por entero.

Naturalmente todo esto que acabo de indicar queda sin efecto si a la telera fija se le puede acoplar una tabla que tenga en el lateral una guía por donde se desplaza una regla ancha (paralela al borde de las teleras) la cual soporta el libro que se va a cortar para que quede a la altura exacta del corte.

Las demás indicaciones referentes a cuidados de la cuchilla y de las teleras siguen siendo válidas, especialmente la presión de las teleras y colocar un trozo de cartón entre el libro y la tabla que soporta éste. Hay que cuidar al cortar la cabeza y el pie que el redondeo del libro esté hecho, pues si no está, el grosor del cosido puede impedir al prensar las teleras que esta presión sea por igual en el corte. Resultando una superficie alabeada una vez hecho el corte o que rasgue el papel cuando lo estamos cortando, por falta de presión o de afilado.

Cuidados especiales

1.° Tener la cuchilla perfectamente **afilada.** (Como norma se la deberá afilar cada 4 ó 5 libros.)

2.º Sujetar la cuchilla con el corte bastante **cerca del ingenio** y firmemente.

3.º La cuchilla ha de tener la **punta redondeada.** Compruebe si, apoyándola verticalmente sobre un papel de periódico, el corte que hace es perfecto.

4.º La cuchilla tiene que estar sujeta **paralelamente** a las teleras de la prensa horizontal. Si no lo está, puede producir el corte hacia arriba o hacia abajo y el libro saldría mal (se puede corregir poniendo en la sujeción un trocito de cartón que levante o baje la cuchilla hasta conseguir que quede horizontal con la prensa y que su corte sea bueno).

5.º El ingenio se deslizará más fácilmente si sobre la prensa horizontal se **frota** un trozo de **parafina.**

6.º Avanzar **poco a poco** con el tornillo que manda el corte.

7.º El libro ha de estar **bien prensado** y hay que tener en cuenta que el papel viejo y muy seco se corta mal y hay mayor riesgo de rotura.

Si al hacer el corte, las hojas del libro **no salen** perfectamente cortadas, es preciso **repasar** los puntos anteriores. Es seguro que alguno de ellos se ha desatendido.

Una vez terminado el corte de frente se sigue con el proceso de trabajo: redondear, hacer el cajo, encolar el lomo, colocar los cartones provisionales para no chafar el cajo (esto no quiere decir que haya que hacer firmes los cartones al lomo) y dar 24 horas de prensa fuerte.

Después se vuelve al ingenio para hacer el corte de cabeza y el de pie.

Para ello se señala esa línea de cabeza con una escuadra transparente, colocando uno de los lados rectos en la línea del lomo, señalando con lápiz en la línea de cabeza (donde irá la banda de cartón humedecido).

El corte de pie se hace como se ha dicho para el corte de cabeza.

Cuando se tiene un poco de práctica con el ingenio, nos damos cuenta de que su manejo es fácil y su corte perfecto, hasta el extremo de que algunos bibliófilos exijan que los libros de «lujo» sean cortados con ingenio, por el satinado que produce ese corte.

10. Redondear el lomo

He dicho ya la importancia de hacer bien el cosido, pues gracias a ello se podrá redondear el libro sin que se salga ningún cuadernillo de su sitio y hacer luego un cajo igualado por los dos lados.

Veamos ahora cómo se hace ese redondeo del libro.

Lo ideal sería hacerlo sobre una lámina de hierro gruesa y grande, y mejor todavía sobre un yunque, pero como se comprende que eso es casi imposible, lo podemos sustituir por un tablero grueso de madera.

Se humedece la cola del lomo para reblandecerla y se coloca el libro con el corte delantero hacia el encuadernador. Se sujeta el libro con la **mano izquierda**, puestos los cuatro dedos sobre la salvaguarda y haciendo presión hacia quien lo trabaja (hacia ti), o sea hacia el corte delantero, y con el pulgar de esa misma mano en ese corte de frente, se van sujetando los cuadernillos muy pegados a la mesa y empujándolos hacia el lomo.

Con la **mano derecha** se empuña el martillo. Si ese martillo es especial para encuadernadores, con los laterales planos, se golpea con cualquiera de esos lados el centro del libro, a todo lo largo de las hojas, desde el centro hacia la cabeza y desde el centro al pie. Así, uno y otro, hasta el borde; de forma que quede igualado todo el plano (FIG. 73).

Se golpea en 1 y 2, para luego pasar a 3 y 4.

Se empieza por el cuadernillo A, y se sigue por el B, y se termina por C.

Una vez que se haya conseguido redondear un lado, se hace lo mismo con el otro.

Se vuelve al primero y se retoca. Estos retoques, así como los golpes fuertes en las cuerdas y en las cintas (que es donde está más sujeto el libro), se hacen con la cara grande del martillo. Luego se golpean uno y otro lado, hasta conseguir una media caña perfecta en el lomo y una canal exacta en el corte delantero.

No importa excederse un poco, pues la tendencia a volver a su sitio que tiene el cosido, hará que se quede en lo justo.

De ahí que hacer el cajo sea la operación siguiente, para evitar que se vuelva demasiado y se pierda todo el redondeo.

Si el libro ha de llevar cajo, hay que preparar y cortar los cartones que van a ponerse en el libro. Esto es lo primero, pues una vez hecho el cajo, el libro ha de tener **siempre puestos los cartones en su sitio**, ya que, de no estar así, se corre el riesgo de que el cajo se aplaste y se pierda.

Si el libro no va a llevar cajo (porque así se decidió o porque el hilo del cosido fue muy fino o porque sus cuadernillos lo hacen imposible), entonces, después de hacer el redondeo, se mete el libro en prensa fuerte durante 24 horas y luego se le da una mano de cola al lomo y se deja secar entre tableros y bajo peso. De esta forma se evita que pierda el redondeo.

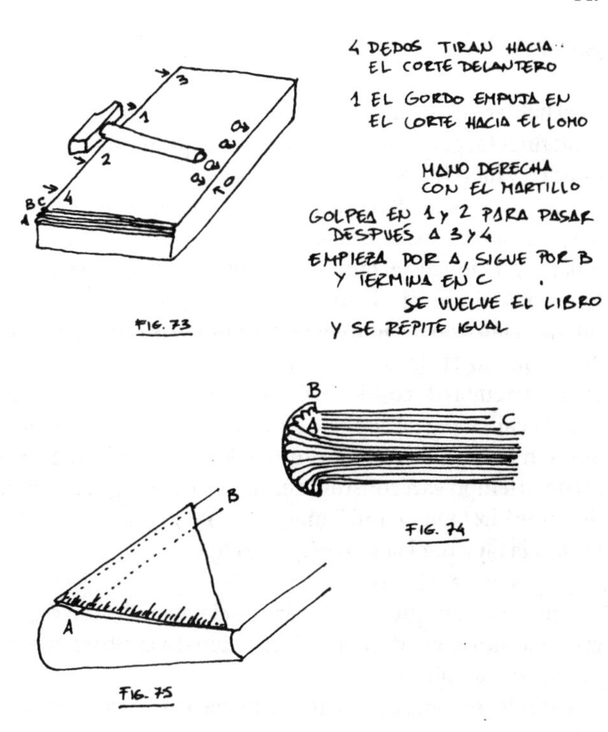

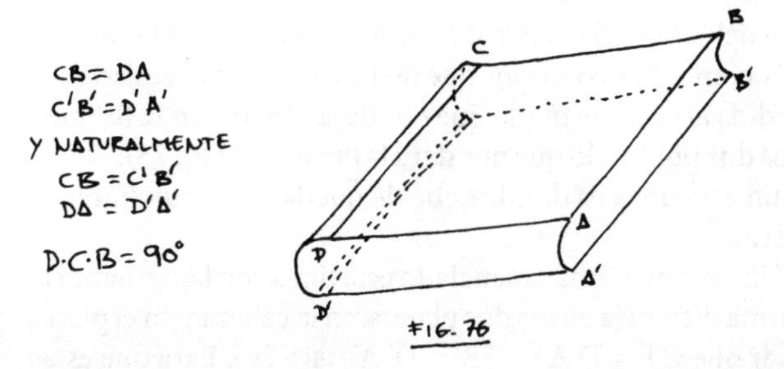

FIGURAS 73, 74, 75 y 76. Forma de redondear el lomo y de marcar el cajo.

Hacer el cajo

Ya al hablar del cosido expuse por qué la elección del hilo era fundamental para conseguir una altura que permitiese el redondeo y luego hacer el cajo (FIG. 74).

Cajo es el ángulo B A C que se le hace al libro cerca del lomo desplazando en abanico la sección de los cuadernillos. El cajo está proporcionado al tamaño del libro y al grueso de los cartones. Y, lógicamente, la sujeción de los cartones estará supeditada al tamaño del libro, pues tendrán más puntos de sujeción cuando el libro sea más grande o más grueso (más cuerdas o cintas de cosido según el tamaño o grueso del libro).

Este cajo sirve de soporte a los cartones que es donde se anudan las cuerdas o cintas que salen por sus bordes, y al mismo tiempo va a constituir el apoyo a la bisagra por donde girará la tapa cuando más adelante estén cubiertos el lomo y la tapa por la piel o lo que se elija.

¿Cómo hacer el cajo?

Ante todo hay que considerar que el grosor del cartón con el que se va a encuadernar el libro es igual a la altura que hemos de dar al cajo (FIG. 75).

Para ello se toma una escuadra plana o un cartabón transparente y se coloca en el borde de cabeza, se mide desde el borde de la hoja hacia el lomo y se marca un punto A, a 2 ó 3 mm del lomo del cuadernillo de guardas (ésta será la altura, más bien un poco mayor que la del cartón). Se traslada esa medida al corte de pie, lo que nos dará otro punto B. Se unen esos dos puntos, lo que nos dará la línea A B (FIG. 75).

En esta línea es donde debe de quedar el ángulo interno del cajo.

Una vez que se haya señalado esta línea con lápiz, habrá la misma distancia en los dos planos, en la cabeza y en el pie, es decir que C B = D A y C' B' = D' A' (FIG. 76). Para que estas medidas sean acordes se exige que la operación de redondeo del lomo sea perfecta.

Ya todo de acuerdo, se coloca sobre la línea el filo metálico de la chilla, se toman el libro y la chilla y se les da la vuelta. Se coloca el borde de la otra chilla sobre el otro lado del libro y en su línea. Se sujeta todo esto con la **mano izquierda** y se deja entre las dos teleras de la prensa horizontal. Se aprieta fuertemente. Las cuerdas o cintas estarán entre las chillas y el libro. Se revisa si el redondeo está bien y las líneas en su sitio.

Se empieza la operación con suavidad, por la cabeza y por los pies. Se toma el martillo por el hierro en su parte más gruesa y con la parte alta del lado pequeño se van forzando los cuadernillos desde el centro hacia el cajo y desde la cabeza y pie hacia el cajo, dándole a la sección de los cuadernillos esa forma de abanico característica (FIG. 77).

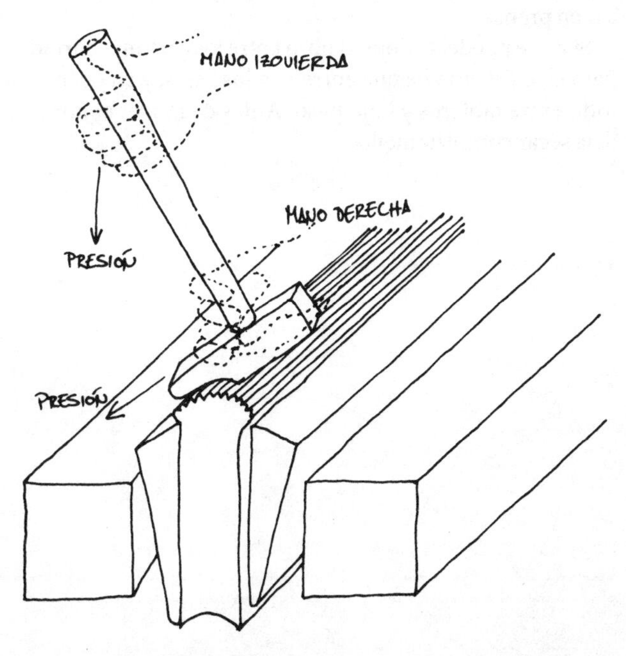

FIGURA 77. Forma de hacer el cajo.

Al principio se hace por presión; luego, golpeando con el grueso del martillo, suavemente, desde la mitad del centro del lomo hasta el borde, y por el otro lado, igual. El centro del lomo no se golpea o se golpea lo mínimo.

Se empieza flojo y después con suficiente fuerza, hasta señalar un cajo que resalte en perpendicular sobre la hoja del libro.

El lomo habrá quedado con un perfecto redondeo. Si no es así, se corrige con ligeros golpes de martillo. Al pasar la mano se nota si está o no redondeado.

Para añadir solidez y consistencia a este lomo redondeado es conveniente -mientras el libro está todavía en la prensa horizontal- darle una mano de cola y si es posible dejarlo secar en prensa.

Si no se puede, se pone el libro entre los cartones cortados para él, cuidando de que entren en los cajos, y colocándolo todo entre tableros y bajo peso. Antes de mover el libro, se deja secar completamente.

11. Cortes decorados

El corte de los libros por su cabeza, pie y delantero son los lugares por donde con más facilidad puede y suele entrar la suciedad. Los cantos o bordes de las hojas, por la humedad, el sudor de las manos y la grasa de los dedos, reciben una señal que, con el tiempo, se convierte en mancha, y mancha de grasa, que facilita el que surjan bacterias y hongos que terminan atrayendo a las polillas y carcoma, que son los mayores enemigos del libro.

De ahí que el encuadernador haya buscado la forma de retrasar en lo posible la formación de la mancha y por consiguiente el nacimiento de las bacterias. ¿Cómo? Evitando la entrada del polvo y, para ello, dando un abrillantado en los cantos, que se logrará sobre el salpicado o pintado, que cubra a éstos, lo que disimulará las suciedades que el tiempo y los dedos vayan dejando. Especialmente sobre el canto de cabeza, que es el que recibe mayor cantidad de polvo.

En las grandes bibliotecas se cuidan en colocar unas tiras de paño que cubren los libros por los cortes de cabeza y evitan así la entrada del polvo; pero, además, colocan detrás, donde cae el corte de canal, insecticidas que evitan en lo posible el ataque de la polilla y la carcoma.

Pero vamos a ver los distintas formas y métodos de tratar los cortes. Formas que es conveniente conocer:

1. La encuadernación de **bibliófilo.**

El bibliófilo desea conservar el libro en prácticamente su totalidad, pero comprende que el polvo atrae la polilla, y que el polvo cae en la cabeza del libro.

Por eso sólo admite que se guillotine este corte: o, mejor, que sólo se lije, para que pierda menos, y luego se decore y abrillante.

Pero en lo del decorado no pone límites: se puede dorar, se puede pintar y dorar con una rueda, se puede salpicar con uno o varios colores, dorar y cincelar, etc.

Esto, por lo que respecta al corte de cabeza.

Pero veamos qué se puede hacer con el corte delantero y el de pie.

Para ello hay dos tratamientos:

a) Cortar con la **cizalla** todos los cuadernillos, uno a uno, eligiendo como medida unos milímetros más que el cuadernillo más pequeño del libro. De esta forma quedaría ese cuadernillo sin cortar y por lo tanto más hundido en el corte del libro o por el pie o por la canal. Será el testigo de lo poco que se ha cortado del libro original.

b) El otro tratamiento sería **no cortar nada**, ni del pie ni del delantero.

2. Pero lo corriente es que se corten los **tres lados**, aunque ello no guste a los bibliófilos. Y esto se puede hacer por guillotina o por ingenio. Los tres lados ya cortados pueden tratarse de varias maneras.

a) **Cabeza pintada.** Con un pincel se le da cualquier color mediante anilina soluble en agua (no de anilina soluble en alcohol, pues ésta profundiza mucho en el corte y mancha las hojas), se le pone unas gotas de engrudo, se deja secar y con una trapo limpio se frota hasta que tome brillo. Después se le puede dar cera de parafina para abrillantarlo, o también se puede abrillantar con la plegadera de hueso o con el bruñidor de ágata.

Con los cortes delantero y de pie se sigue el siguiente procedimiento: Se coloca el corte delantero (antes del redondeo) entre dos cartones y todo esto entre dos chillas unos milímetros más bajas que el corte y los cartones. Se ponen en la prensa horizontal, se aprietan y con un serrucho de carpintería (el que nos ha servido para hacer las muescas en el lomo para las cuerdas) se golpea con los dientes sobre el canto o corte del libro. Esto hace que, cuando se abra, sus hojas parezcan hojas de papel hecho a mano, por la apariencia de barbas que el golpe del serrucho ha producido. Se ha abusado de este recurso y hoy se desestima.

El corte de pie se hace después del redondeo, de igual modo.

Naturalmente el corte de cabeza se puede dorar con rueda o con florones después de pintar el canto, o bien dejarlo en blanco abrillantado, o salpicado, jaspeado, o de cualquiera de las formas que más adelante indicaré de cómo pueden ser tratados los cantos.

En este corte de cabeza, cuando no estaba cincelado o dorado con florones o a la rueda, hacia el 1700 y como fantasía se acostumbraba a poner en tinta china el nombre del propietario del libro (o se lo ponía el mismo dueño). Hoy se puede hacer igual, tanto si va o no pintado, y no sólo el nombre del propietario, sino, en su lugar, o también cualquier inscripción relacionada con el libro. ¿Por qué no?

b) **Pintar los tres cortes.** Para ello se ponen los cortes entre chillas y cartones. Se pintan y abrillantan.

c) **Pintar y dorar.** Los tres cortes pintados como antes se ha dicho, y luego, con una rueda de dorar o con unos florones, se doran esos cantos.

d) **Salpicar.** Para ello, después de prensar entre chillas el corte, se colocan unas gotas de tinte con un pincel en una rejilla y con un cepillo de dientes viejo o similar, se frota ésta, lo cual salpica infinitas gotitas sobre el corte. Es preciso poner cuidado con el primer paso del cepillo, porque siempre hay un exceso de tinte y salen las gotas muy gruesas.

Si se desea más fantasía se pueden colocar sobre el corte unos granos de arroz, tabaco desmenuzado, o trozos de tiza, migas de pan, serrín (y hacer dibujos con él), gotas de cera, o cualquier cosa que impida que se manche todo el corte con el tinte que salpica el cepillo. Así se consiguen cortes salpicados muy bonitos. Luego se deja secar y se abrillantan. Pueden combinarse, si se quiere, dos o más colores.

e) **Pintados con esponja.** Una forma rápida y cómoda de pintar los cantos es dándoles primero un color claro a todo el canto; luego, con un trozo de esponja artificial de ojos grandes, se hace como una muñequilla, a la que se le pone con un pincel un poco de tinte más oscuro que el anterior; después, con suavidad, se va colocando esa muñequilla sobre el corte sin apretar mucho. Así se consigue que se vaya manchando como con unas briznas, líneas y puntillos que van formando un entramado muy agradable. Aconsejo que se pruebe primero sobre un papel de periódico para ver cómo sale el dibujo, pues un exceso de tinte o de presión se puede convertir en un borrón. Se pueden hacer combinaciones con varios colores.

f) **Jaspeados.** Se conseguirán empleando el mismo procedimiento que para jaspear el papel. (Véase cap. 32 «Papel jaspeado».)

Pero hay que proceder con un cuidado especial. Para que la solución sobre la que se ponen los colores y éstos no entren entre las hojas del libro y lo manchen, ha de tenerse el corte del libro prensado, lo que se conseguirá con unas chillas finas que se sujetan al borde del canto y que se aprietan con una pinzas grandes o con unos tornillos de presión. Y para que no se manchen los otros cortes laterales al sumergir el canto en la batea donde está la solución con la pintura jaspeada, estos cortes se protegen con unas tiras de «cello» o «fixo» o cualquier otro similar.

g) **Cortes dorados.** No es corriente que un aficionado practique el dorado de los cantos, pues para llegar a hacerlo necesita de un buen maestro que sepa y practique este arte, que le enseñe y, luego, que él mismo siga con la práctica hasta dominar este dorado.

Se ha dicho que el dorado en la encuadernación es como una artesanía dentro de otra. En Francia, por ejemplo, el encuadernador termina el libro y se lo envía a un artesano dorador, al que le encarga la labor que desea para el libro encuadernado por él. Se necesita un aprendizaje de años para llegar a ser un buen dorador.

Pero como considero conveniente en un libro que trata de encuadernación explicar todo lo que a ella se refiere, indico a continuación lo que los manuales dicen a este respecto.

Hay dos procedimientos: el clásico, con pan de oro, y el que aprovecha la película de oro.

1. Con pan de oro. Después de guillotinar el corte se pone éste entre dos chillas y se aprieta muy fuerte en la prensa de dorar cantos. Con un trozo de vidrio (o con un raspador de acero, como el de los ebanistas), se raspa ese corte hasta dejarlo completamente liso. Se da con un bruñidor de ágata ancho el señalado con la letra A (FIG. 78), cuando el corte es recto. Si el corte es curvo como el de canal, se usa el señalado en la FIG. 78 con la letra B. Se da con el bruñidor de través y cuando ya esté bien liso y brillante se le da al corte (con un pincel) una disolución de seis gramos de ácido nítrico y 200 gramos de agua destilada. Cuando el corte esté seco se le da un poco de engrudo y se frota con recortes de papel limpio, o con un trapo limpio, hasta que saque brillo.

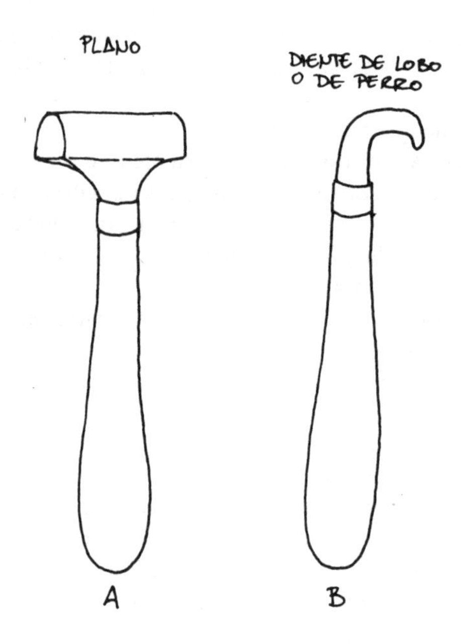

FIGURA 78. Bruñidores de ágata.

Se tiene preparada una sisa de clara de huevo, que se hace por mitades de clara de huevo y agua; el todo se bate bien, mezclándose los dos componentes y se deja reposar. Se le quita la espuma, se le añade un poco de bol de Armenia y otro poco de azúcar piedra (cortadillo o azúcar pilón), una pequeña cantidad de cada.

Esta solución se aplica con un pincel en el corte. Después de seco se pule un poco y luego se vuelve a humedecer. Ya húmedo se deposita el pan de oro, con cuidado para que no se formen grietas. Si las hay, o si se quedan calvas o piojos (puntos que se quedan sin oro), hay que volver a colocar oro para cubrir las faltas.

Con algodón en rama se presiona ligeramente, cuidando de que el algodón no se humedezca pues mancharía el oro o lo arrancaría. (El corte, como ya he dicho, debe estar ligeramente húmedo al poner el oro.)

Una vez todo el corte cubierto con el oro, hay que dejarlo secar durante 24 horas. (Seca muy lentamente porque el corte está muy apretado y la capa de oro, aunque con sólo un espesor de micras, impide la evaporación.)

Cuando se empieza a bruñir ha de hacerse con suavidad, de través y colocando entre el bruñidor y el oro del corte un **papel fino** al cual, por el lado del bruñidor, se le da un poco de cera virgen para que el bruñidor se deslice con suavidad y sin que rompa o rasgue el papel.

Al principio se hará con suavidad y ligeramente, sin oprimir mucho el bruñidor, para que no arranque el oro pegado, y con igualdad para que todo el brillo del oro sea continuo. Cuando el bruñidor ha pasado y apretado todo el oro del corte, se pasa sobre éste un paño fino con cera virgen, frotando con ella ligeramente el corte. Esto facilita el siguiente paso, que es darle con el bruñidor directamente al oro, al principio suavemente y luego con más fuerza. Primero se da de través y luego desde el lomo a la canal, procurando no hacer ondulaciones y que el corte quede limpio y brillante por igual.

Este procedimiento de aplicar el oro en los cortes es el señalado en todos los manuales de encuadernación, únicamente insistiré en que hay que tener mucha práctica y mucho cuidado de no tocar el oro ni el corte con la mano o los dedos, ni con nada que pueda tener o dejar rastro de grasa del pelo o de la cara, pues entonces el oro no agarra y, al frotar con el bruñidor, sale fuera y cae. Hay que empezar por darle la solución de ácido nítrico, que es la que elimina y quita la grasa que puede tener el corte.

2. Dorar el corte con película de oro. Para ello debe colocarse el corte entre chillas, pasarle el raspador de cristal o de

acero, darle luego con un pincel la solución de ácido nítrico y, cuando esté seco, darle con recortes de papel frotando suavemente.

Se pone luego la sisa de albúmina y, cuando esté seca, se frota con recortes de papel. Después se pulimenta con la piedra de ágata. Cuando esté brillante, se coloca un trozo de película de oro sobre el corte, y con un rulo o plancha de metal caliente se pasa sobre la película para que su oro se deposite en el corte. Es preciso vigilar la temperatura del rodillo, para que sea la precisa y deje el oro con brillo en el corte.

Si es necesario se repite la operación.

h) **Dorado y cincelado.** Una vez que se tenga el canto dorado, puede tomarse una plantilla del corte y en ella trazar el dibujo que se desee, o las palabras o siglas que se quiera. Se coloca luego la plantilla sobre el corte, se sujeta para que no se mueva del sitio y con un mateador de punto fino se golpean los lugares que se deseen pasar del dibujo al corte. Poco a poco se pasa todo el dibujo que se tenía hecho en la plantilla. Dibujo que quedará señalado en el canto y sobre el oro.

i) **Dorado, pintado y cincelado.** Antes de dorar, y como fondo propio, en el canto se pintan grecas, molduras o encajes. En parte del dibujo se le hace el dorado, y en parte no. Luego puede hundirse con el mateador las partes que se desee.

j) **Pintados y dorados.** Hay artistas muy hábiles, grandes dibujantes, que pueden inclinar las hojas del libro por el canal o corte delantero y sujetándolas entre chillas con una prensa, dibujar y pintar con tinta china de colores un paisaje o una figura en el pequeño espacio formado por la suma de estos milímetros robados a cada hoja. Una vez seco el dibujo, se dora el corte (cuidando naturalmente de no tocarlo con los dedos ni con nada de grasa que luego ya sabemos que arrojaría el oro, tampoco se le pone el bol de Armenia que por su color rojizo desvirtuaría el color de lo pintado).

Así el libro, al quedar cerrado, oculta un dibujo que sólo se podrá apreciar cuando, al leer, se inclinen las hojas.

Estas formas de acondicionar los cortes que acabo de indicar no suelen hacerse por los aficionados, quienes, todo lo más pintan o salpican los cantos. Y algunos, ni eso.

Esto también se da entre los profesionales cuando hacen una encuadernación más corriente. No quiero decir que no lo sepan hacer, sino que sólo lo hacen cuando reciben un encargo especial o de lujo, pues de otro modo perderían mucho tiempo.

Pero es conveniente que se conozcan y, por qué no, que se intenten hacer algunas de estas formas.

12. Consolidación de los lomos

En el proceso de la encuadernación, cuando se va a montar el libro, hay un momento entre la etapa de redondeo y cajo, y la de la colocación de los cartones, en el que es necesario dar fuerza al lomo para que pueda sujetar los cartones y que el libro no pierda ni ese redondeo ni ese cajo.

Esto se consigue colocando el libro –cuando ya están hechos el redondeo y el cajo– en una prensa de trabajo y, a continuación, se le da una mano de cola en todo el lomo.

Mientras la cola coge cuerpo, se toma una gasilla, tarlatana, engomado o telilla (cualquiera de ellas, puede servir) y se corta un trozo con el largo del lomo, menos dos anchos de cabezada, y con el ancho del lomo, más dos trozos de 3 cm (uno para cada plano).

Cuidando de dejar lo mismo por cada plano, se coloca el medio de la telilla en el centro del lomo y se aprieta, para que se pegue a la cola todavía húmeda. Sobre esa telilla ya adherida se pasa la brocha con más cola, y se espera a que se quede perfectamente seca.

En este punto se pueden presentar dos casos:

1. Que el enganche y sujeción al cartón sea por medio de la telilla.
2. Que no precise de ella.

En el **primer caso**, lo más normal es pegar la telilla a la salvaguarda después de pegar las cintas o cuerdas abiertas en esa hoja, tanto si el libro tiene cajo como si no lo tiene.

Se puede dar el caso, como la encuadernación de fascículos, de que al no tener salvaguarda se pegue esa telilla de consolidación sobre una banda de papel kraft que, a su vez, se pegará en las tapas ya preparadas. (Véase el cap. 21. «Cartoné».)

El **segundo caso** es el que se da en la encuadernación de «lujo» cuando los cartones van sujetos por las cintas o las cuerdas y no por la telilla. Pues en este caso, después de pegar la telilla al lomo, y una vez seca, se recorta esta telilla por la línea saliente del cajo. (Se recomienda, para aprovechar telilla, cortar antes de encolarla al lomo, y sólo lo preciso, o sea el ancho del lomo y un poco más.)

El otro paso de consolidación se dará después de que se sujeten los cartones y se hayan colocado las cabezadas. Y esto consistirá en pegar sobre las cabezadas y desde la línea alta de ellas, así como sobre la telilla que cubre el lomo, uno o dos papeles kraft.

Ha de cuidarse que los papeles queden bien pegados al lomo. Para ello lo mejor es humedecerlos y ponerlos así sobre la cola que se haya dado (es preferible que sea cola blanca) y, para que no queden huecos entre la cola y el papel, se debe pasar sobre éste un peine viejo por el lado de las púas, varias veces y suavemente, para no romper el papel que, con la humedad, estará más débil, hasta que se note que el papel y la telilla antes encolada hagan presa el uno con la otra.

Se deja secar el libro entre tableros y cuidando de que esté aplomado por cabeza y pie y con sus planos igualados.

Si en el redondeo del lomo se notan desigualdades, con un trozo de papel de lija se le da hasta que quede un lomo perfecto en redondeo y en lisura.

Si es necesario (porque al lijar se vea aparecer la telilla o incluso los cuadernillos), debe ponerse otro trozo de papel y, una vez seco, comprobar si ya está el lomo perfectamente redondeado.

Se deja secar bajo peso.

Se recomienda no abrir el libro en esta etapa del montaje.

13. El cartón

Introducción

La colocación de los cartones en un libro exige los siguientes pasos:

- **La elección del cartón.**
- **Si se coloca, o no, un papel pegado.**
- **Si se da el corte exacto o se corta por fases.**
- **La preparación que haya de darse antes para sujetarlo a las cuerdas o cintas y cómo hacerlo.**
- **Revisión de los defectos y acabado.**

1. La elección del cartón

Ésta se hará de acuerdo con el tamaño y el grosor del libro al que va destinado.

Se elegirá un cartón bien prensado y, para un libro de tamaño medio, el grueso normal será el que indico en el siguiente cuadro.

Tamaño libro	Medidas en cm	N.º cartón	Tamaño ceja
in-12º, o menos de in-8º	12×18	12	2,5 a 3 mm
in-8º	14×22	12	3 a 4 mm
in-8º mayor	14×22	14	3 a 4 mm
in-4º	22×28	14	4 a 5 mm
in medio	24×32	16	4 a 5 mm

Estas medidas del cuadro pueden servir de indicación. Pero luego, la práctica y el estilo del libro o de la encuadernación indicarán (y se apuntará en el plan de trabajo) qué cartón se ha elegido y qué tratamiento se le va a dar.

El cartón se cortará del tamaño del libro aumentado de 3 ó 4 cm por el lado de cabeza-pie y de 2 cm en el lado lomo-canal.

Esto nos dará **dos** centímetros más por todos los lados salvo por el del lomo o cosido, que no los necesita.

Naturalmente éste no es aún el tamaño definitivo.

2. Papel pegado o no

La elección de la contextura del cartón y del estilo de la encuadernación decidirán si se debe encolar una hoja de papel en la parte que va al interior de las tapas.

Si optamos por ponerle un papel se hará de la siguiente forma.

El mejor papel para emplear es el de periódico, a menos que hayan de ponerse unas guardas blancas, pues entonces se pueden transparentar las letras del periódico y hay que buscar un papel blanco, fino y sin manchas.

Deben cortarse dos hojas del papel elegido, de tamaño un poco mayor que el cartón. (Un centímetro más por cada lado.)

Con una brocha se da engrudo y se deja el papel bien empapado para que estire lo que pueda. Colocando el cartón sobre el papel se retira arrastrando el papel encolado, se vuelve y se cubre con una hoja de papel blanco fuerte. Se frota con un trapo o con el pulpejo de la mano, apretándolo para que toda la hoja encolada asiente bien sobre el cartón. Cuando se tengan los dos cartones encolados, se colocan papel contra papel y se meten bajo peso hasta que se sequen.

Una vez que estén secos se notará que toma un arqueamiento ligero. Esto es bueno y no importa, pues luego, cuando se cubran las tapas y se seque la cola o engrudo del papel o la piel con que se han cubierto, tenderá a su vez a curvarse en sentido contrario, y así se equilibra, destruyendo el arqueamiento primitivo.

El papel sobrante se corta con la punta del escalpelo o pasando por los bordes del cartón un papel lija: el de la tablilla.

3. Corte exacto del cartón

El corte exacto del cartón se da en el momento en que se va a sujetar el libro.

En el cuadro anterior, y según el tamaño del libro, se verán las medidas correspondientes de las cejas que hay que poner.

Para cortar se utilizan **la cizalla** o **la tijera de cortar hoja de lata** y se da el corte en la línea que se habrá trazado con anterioridad.

A) El primer corte

Con **cizalla** o con **tijera.** Es el que se da para la línea de la bisagra, que va a ir en el cajo, cerca del lomo. Se corta y luego se señala con un lápiz una línea vertical en el centro del corte dado. (Esto nos indicará que ese corte ya está bien y no se va a tocar más.) Se marca con una señal la cara y con otra diferente la parte de detrás. Así tendremos señalados en los dos cartones dónde van a ir en el libro (FIG. 79).

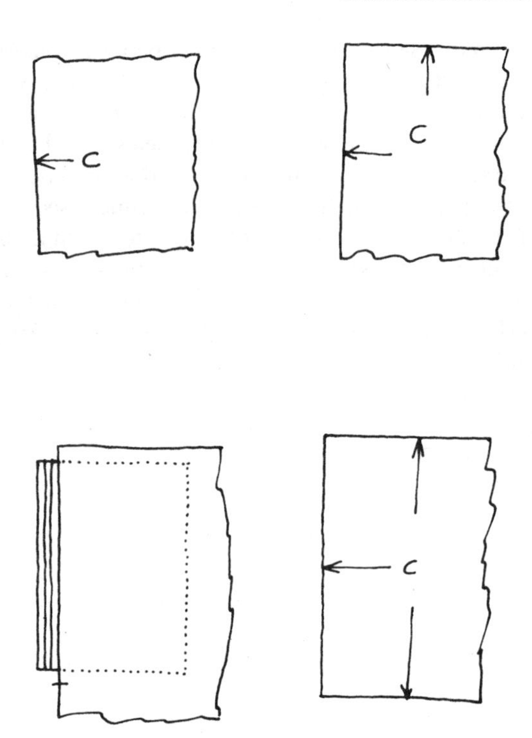

FIGURA 79. Cómo cortar y marcar los cartones.

B) El segundo corte

Con **cizalla.** Colocando el corte señalado con la marca de lápiz en la línea de la pletina que está perpendicular al corte de la cuchilla, se corta lo más cerca del borde del cartón.

Con **tijera.** Señalando con lápiz la línea perpendicular que marque la escuadra al borde del cartón en el corte ya dado, se corta con la tijera por esa línea.

Se igualan los dos cartones cortados para ver si llevan los

cortes parejos. Se señala la perpendicular a ese corte, lo que indica que ya está cortado y que es correcto.

C) El tercer corte

Se coloca el cartón en el cajo o en la línea que se traza en los libros sin cajo cerca del lomo, y que va a servir de bisagra. Ello se hace dejando por la parte de la cabeza la ceja que deseemos. Cuando se ve que todo está bien, al mirar el libro y la ceja que sobresale, se señala con lápiz igual tamaño en el otro borde del cartón, lo que nos dará la ceja correspondiente para que así las dos sean del mismo tamaño.

Con **cizalla**. Se coloca el cartón en la mesa, con el corte desigual hacia la cuchilla, se va moviendo el tope paralelo hasta que empuje al cartón y lleve al borde de la mesa la señal que hemos hecho. Se aprieta el tornillo de fijación del tope paralelo (para que el otro cartón tenga el mismo tamaño) y se corta con la cizalla. A continuación se corta el otro cartón.

Con **tijera**. Como ya tenemos señalada la ceja, se pone en esa señal la escuadra y se marca con lápiz la línea en el cartón que será la línea de pie. Esa línea será paralela a la línea de cabeza. Se revisa y se corta con cuidado con las tijeras de hojalatero.

El otro cartón se coloca sobre el que acabamos de cortar, se igualan los dos cortes y se señalan con lápiz fino. Al cortar con la tijera tener cuidado con los gruesos de lápiz, que pueden dar 1 ó 2 mm de error en más o en menos.

Al terminar tendremos los cartones perfectamente cortados y señalados y, lo más importante, al ponerlos en el sitio donde van a ir colocados en el libro, las cejas serán paralelas al corte de éste y las cuatro serán del mismo tamaño. Se señala con la perpendicular al corte, lo que indica que lo cortado está conforme y ya no se va a tocar más.

D) El cuarto corte

El corte que se da al cartón en el lado que se va a quedar como corte de canal o delantero. Ése se dará o se da normalmente cuando el cartón está ya ajustado y sujeto firmemente al libro con cola y perfectamente seco.

¿Por qué se hace así? Porque hay que tener la seguridad de que el cartón ya no se va a mover de su sitio. Luego, se señala arriba y abajo en el corte desigual (el delantero) el tamaño de las correspondientes cejas que hemos dado al libro; se puede cortar con cizalla o con tijera.

Es más, en los libros que van encuadernados a media piel o a la holandesa, no se da ese corte hasta que no se ha cubierto el lomo y ha quedado el libro perfectamente seco, lo que se conseguirá después de 24 horas.

¿Por qué? Porque se han dado casos de cortar antes ese borde y, al cubrir el lomo con piel, ésta, que por la humedad del engrudo ha estirado, y nosotros, que no nos hemos preocupado de las marcas, hemos cubierto estirando. Después, al secar se ha encogido, y el resultado es que la piel ha tirado del cartón hacia el cajo, y ha disminuido en unos milímetros la ceja delantera, notándose por consiguiente la diferencia con el tamaño de las cejas de cabeza y pie.

4. Sujeción de los cartones

Antes de sujetar los cartones al libro hay que conocer las distintas formas posibles de esa sujeción, según lo requiera el tipo de encuadernación.

Pero es conveniente saber que llamamos «cartones» sólo mientras están sueltos, pero una vez queden formando parte del libro les llamaremos «tapas» o «planos».

Tenemos que hacer una diferencia entre libros encuadernados con cajo y los libros encuadernados sin él aunque partiendo de la base de que un libro bien encuadernado debe llevarlo. Eso no quiere decir que no queramos saber nada de los libros sin cajo, no. Por eso vamos a empezar por explicar cómo se debe actuar con estos libros sin cajo.

Libros sin cajo

El procedimiento más sencillo y menos complicado de colocación de los cartones es en los libros sin cajo. Ya sean estos libros con lomo recto o redondeado, el procedimiento para los dos es el mismo.

Naturalmente la telilla de refuerzo está pegada a la salvaguarda.

Se toma el libro así consolidado y se corta en la cabeza y en el pie un triángulo de la salvaguarda (FIG. 80). Esto se hace para que, entre el cartón y la salvaguarda, pueda pasar la piel o cualquier otro material con el que se vaya a cubrir.

A B será la línea de bisagra al filo de la cual se pegará el cartón.

En las líneas XY y ZV se insertan unos pequeños trozos de papel de periódico para no manchar de cola esos triángulos. Entonces se le da cola blanca en la salvaguarda hasta su tercera parte. (En la FIG. 80, lo señalado con líneas de aguas.)

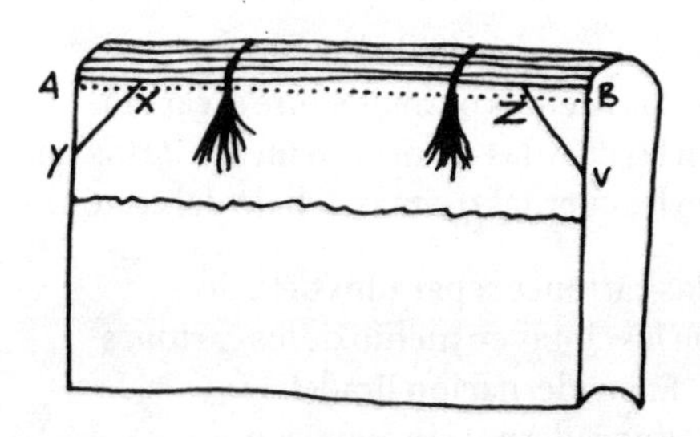

FIGURA 80. Sujeción de cartones en libros sin cajo.

Sobre la parte de arriba del cartón se ha señalado con anterioridad el tamaño de las cejas, cuidando el igualado de las mismas.

Una vez encolado se coloca el cartón en su sitio, se le da la vuelta y se mira si el tamaño de las cejas sobresale lo mismo por los dos lados. Si no es así, con la cola todavía fresca se puede levantar y rectificar a un lado o a otro hasta que queden iguales. Esto no se puede hacer muchas veces, por lo que se aconseja tener cuidado en esta etapa del montaje.

Se hace lo mismo con el otro cartón y, cuando esté conforme, se colocan unas chapas de cinc o de plástico entre el papel salvaguarda pegado y el resto del libro (para que así no pase la humedad a éste), se prensa un poco fuerte y se saca para ver si todo está en su sitio debido.

Si está conforme, se prensa más fuertemente durante unos diez minutos, se saca de prensa, se pone bajo peso y no se quitan las chapas o el plástico hasta que no esté seco. Después se deja al aire.

Libro con cajo

La sujeción de los cartones a estos libros con cajo se puede hacer de varias formas (FIG. 81) que a continuación explico, así como el procedimiento para cada una de ellas.

A) Con los cartones **pegados** al cajo.
- Con las cuerdas o cintas **sobre** el cartón.
- Con las cuerdas o cintas **en medio** de los cartones.
- Con las cuerdas o cintas **debajo** del cartón.

B) Con los cartones **separados** del cajo.
- Con las cintas **en medio** de los cartones.
  - a) Encuadernación Bradel.
  - b) Encuadernación Harrison.
- Con la cuerdas o cintas **debajo** del cartón.

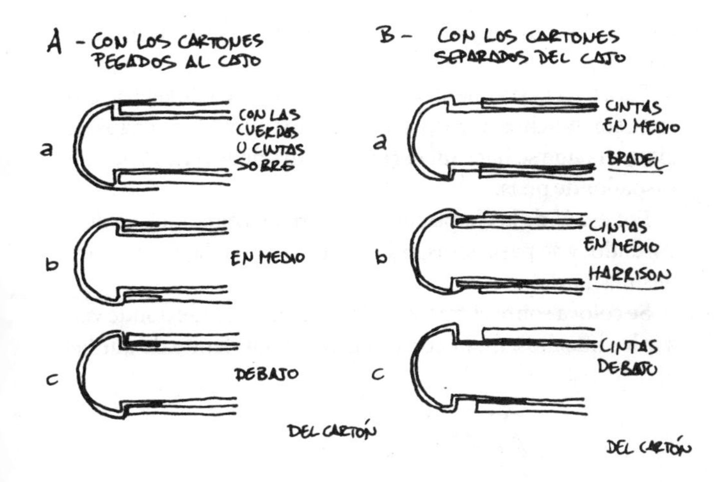

FIGURA 81. Sujeción de cartones en libros con cajo.

En la variante B, el caso de las cuerdas o cintas **sobre** el cartón y éste separado del cajo, sería como un defecto del caso A-1, en el que no se hubiera llevado el cartón a su sitio debido, que es junto al cajo, dejando unas tapas sueltas. Por ese motivo no se reseña.

Veamos con detalle los distintos procedimientos que se pueden seguir en cada uno de los casos señalados.

A-1. Con los cartones pegados al cajo, y las cuerdas o cintas sobre el cartón.

Para sujetar el cartón de esta forma hay varios procedimientos.

1. La sujeción por pegado.

El más sencillo y rápido, consiste en colocar el cartón ya preparado en el lugar en que va a quedar fijo. Se pone sobre él un peso para que no se mueva de su sitio, se abren las cuerdas, quitándoles las vueltas y dejando sólo las mechas (FIG. 82).

Para hacer esta operación se utiliza la punta de la plegadera; si son muchos libros, es más rápido utilizar una chapa de cinc, a la que se hace un corte en forma de V (FIG. 83), y un raspador de púas.

Por esa V de la chapa entra la cuerda o bramante, ya descordado, y se pasa el raspador de púas sobre la mecha para deshilacharla.

Se coloca sobre el cartón de la tapa, en el borde donde van a ir los hilachos, un poco de engrudo y, cuidando de que las

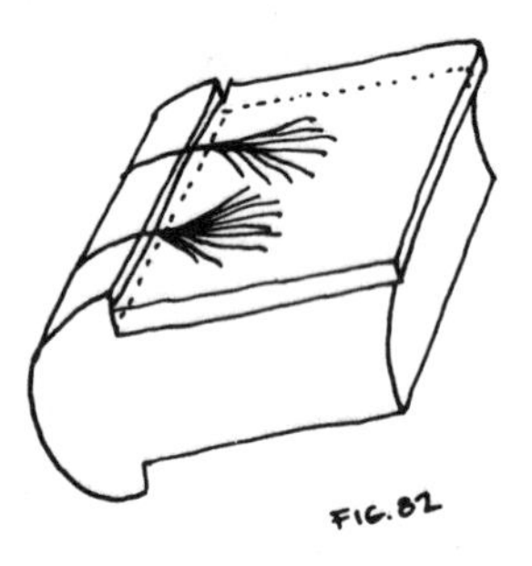

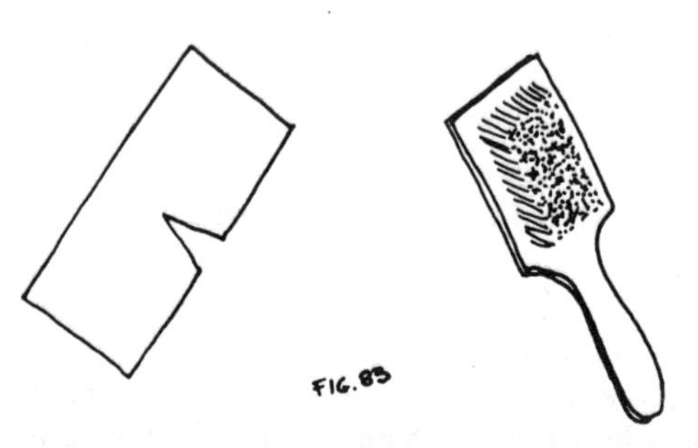

FIGURAS 82 y 83. Cuerdas deshilachadas con raspador y chapa.

hebras queden en abanico, se aplastan con la plegadera, quedando así pegadas al cartón.

Hay que tener cuidado con el punto C a la salida del cajo, donde la cuerda entra sobre el cartón, porque puede producir un relieve que luego, al cubrir, afearía la encuadernación. Si es preciso, se aconseja rebajar algo el cartón con una incisión en ese punto (FIG. 84).

Para proteger esos cabos pegados al cartón, se toma un trozo de papel de periódico mayor y más ancho que el libro,

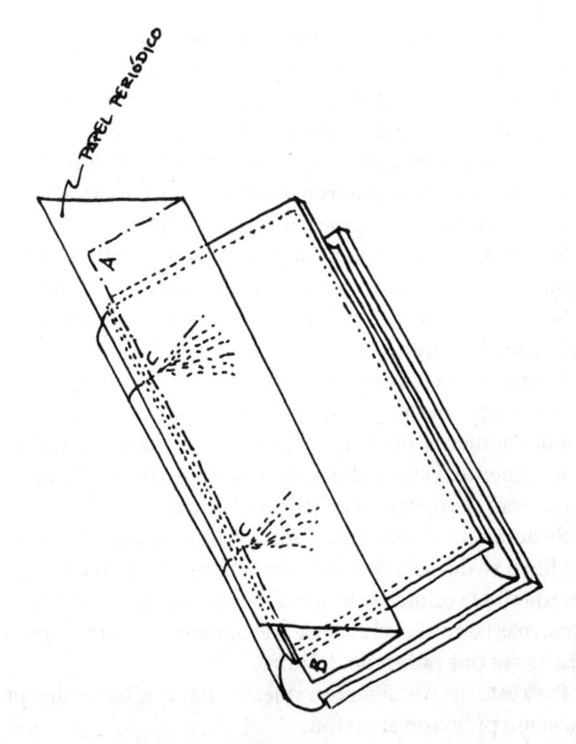

FIGURA 84. Sujeción por pegado.

se da engrudo al cartón y a las cuerdas de ceja a ceja, y desde la bisagra hasta un poco más de las cuerdas, y sobre todo lo dado con engrudo se coloca el papel de periódico cortado, teniendo la precaución de doblar el papel para que sobresalga por el lomo (FIG. 84).

La línea A B es la del borde del cartón pegado al cajo, y sobre ella se colocará el borde del periódico, cuando el cartón esté encolado con engrudo.

Una vez estén los dos lados así preparados, se colocan entre dos tableros y se prensan. Luego se sacan y se dejan secar bajo peso.

Cuando estén secos, tirando al bies se arranca el papel sobrante y a los cantos se les pasa la tablilla con la lija para eliminar los sobrantes de papel. Se pasa también por los planos para eliminar los resaltes de la unión del papel con el cartón.

Como se comprenderá, esa unión no es muy consistente, de ahí que se emplee poco en una buena encuadernación.

2. La sujeción por agujeros (FIGS. 85 y 86)

Se consigue haciendo pasar las cuerdas o cintas por unos agujeros o hendiduras que se han hecho en los cartones.

Se pueden hacer dos o tres agujeros o hendiduras para cada cuerda o cinta.

Siempre entra la cuerda o cinta de **fuera a dentro.**

Voy a exponer el procedimiento para pasar una cuerda por dos agujeros, pues el proceso para tres agujeros se deduce fácilmente. Éste de dos agujeros, como puede comprenderse, será siempre más débil que el de tres.

Se actúa de la siguiente forma: Como el plan de trabajo del libro se decidió que iría con este tipo de sujeción, a las cuerdas o a las cintas se le habrá dejado un **extra** a lo largo de ellas; más largo si es el caso de tres agujeros o hendiduras: de 12 a 15 cm por cada lado del libro.

Para este tipo de amarre o sujeción hay que hacer una preparación previa en el cartón.

Veamos el caso de las cuerdas.

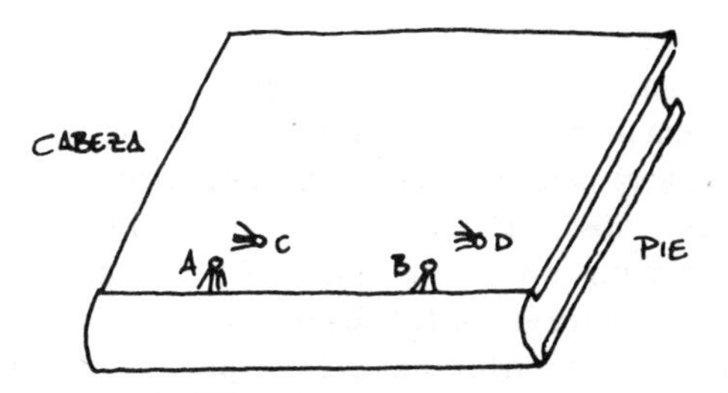

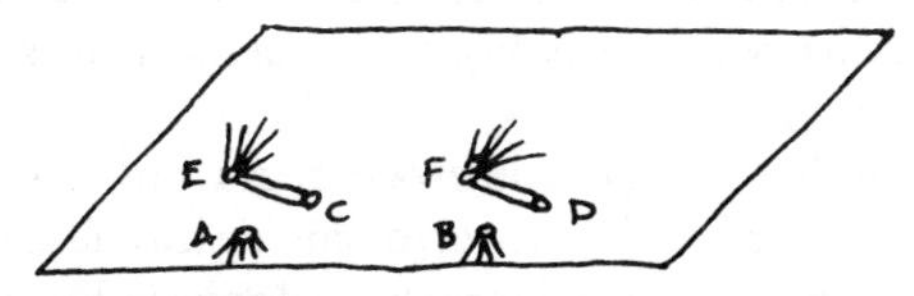

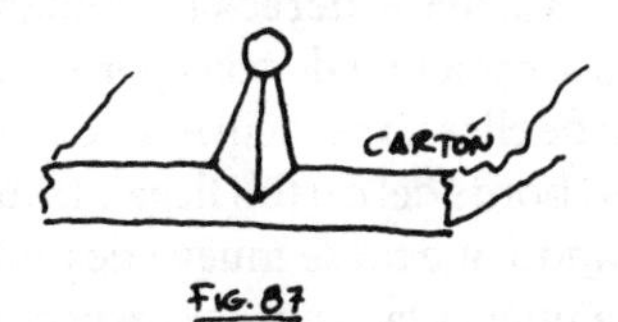

FIGURAS 85, 86 y 87. Preparar cartones para sujeción por agujeros.

Se coloca el cartón en el sitio que va a ocupar en el libro (FIG. 85), se señalan los puntos A y B a un centímetro y medio del borde. **Enfrente de las cuerdas** y en diagonal (a 45°) se señalan **hacia el pie** del libro los puntos C y D a la distancia de un centímetro y medio.

Los cartones así señalados se colocan sobre una chapa de plomo y, si no se tiene, sobre un montón de recortes de cartón; se toma un punzón y un martillo y se hacen los boquetes, pero ligeramente inclinados: los A y B desde la señal hacia adentro, y los C y D desde dentro hacia fuera.

Otra preparación que hay que hacer, consiste en un pequeño canal entre el borde y los boquetes A y B (FIG. 87). Este canal se hace con la punta del escalpelo.

Cuidado con el tamaño que se le da. Si es muy profundo entrará la cuerda bailando y el hueco que queda se notará en la encuadernación al acabar de cubrir; por contra, si no profundiza lo suficiente, se notará ese resalte entre el borde y el boquete, lo que es feo e indica que la cuerda no ha entrado lo necesario.

Una vez los cartones con esta preparación, se toma el libro, se descuerda o deshace la torsión de las cuerdas de una cara y se unta con los dedos un poco de engrudo espeso, haciendo con las puntas de las cuerdas o bramante una especie de puntas (FIG. 88). Se coloca el libro sobre la mesa con el lomo hacia la **derecha**, se toma con la **mano izquierda** el cartón ya preparado, y se coloca verticalmente sobre el libro junto al cajo. Con la **mano derecha** se toman las cuerdas encoladas y se pasa cada una de ellas por su correspondiente agujero. Se tira de ellas (si se escurren, se tira con unos alicates) hasta que el borde del cartón llega y tropieza con el cajo; luego, procurando que no se mueva de junto a él, se pasan por los otros agujeros las cuerdas respectivas. Se encolan esas cuerdas y el cartón de alrededor con engrudo y se tira de ellas para que no queden flojas, y se abren en abanico las mechas que salen por el último agujero, después de haber cortado el exceso de esas cuerdas (FIG. 89).

El trozo de cuerda que debe de exceder de este último agujero es de dos centímetros.

Con un martillo, y colocando las tapas del libro sobre una chapa de hierro que haga de yunque, se golpea en los agujeros

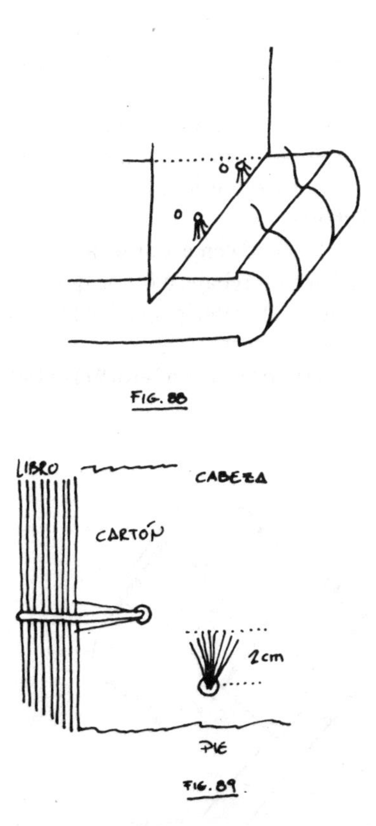

FIGURAS 88 y 89. Cómo enhebrar las cuerdas.

de las cuerdas hasta procurar que los cartones queden como antes de hacerles los boquetes, unidos y sin resaltes de cuerdas.

Al martillear el grueso de las cuerdas en la parte del cartón donde se ha hecho el canalete para que pase cuando viene del cajo, es preciso poner atención para no cortar la cuerda, lo cual supondría un serio percance. (Habría que desarmar y coser de nuevo.)

Igual que en el caso anterior, se protegen las cuerdas pegándoles con engrudo un trozo de papel periódico.

Si la encuadernación está proyectada con cinta, en lugar de un punzón se empleará un formón del tamaño del ancho de la cinta y a 1,50 cm del borde se le hace la incisión y otra a 1,50 cm más distante.

Igual que para la cuerda en el borde del cartón, en vez de una incisión se hace un rebaje, a fin de que el grueso de la cinta no se señale en el material que luego cubre (FIGS. 90 y 91).

La cinta seguirá la línea oscura (FIG. 91) del supuesto corte del libro.

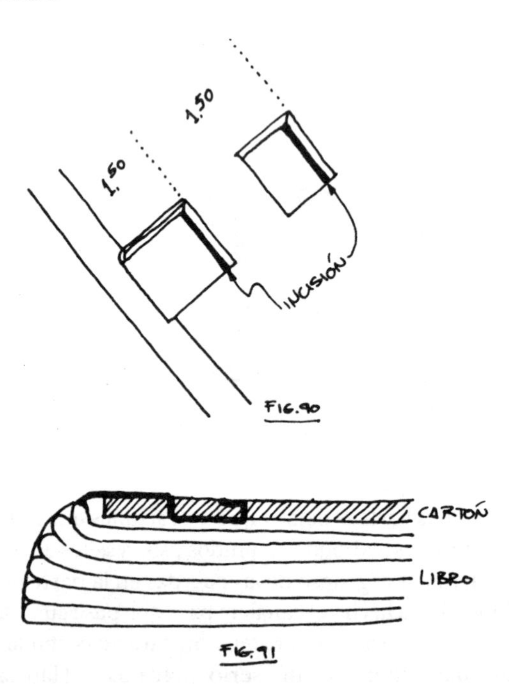

FIGURAS 90 y 91. Cómo enhebrar las cintas.

El rebaje también se hace en la otra incisión, pero hacia el borde de bisagra. La cinta se encola con engrudo antes de entrar, y también se dan de engrudo las incisiones y los rebajes. Se corta el exceso de cinta. Se martillea bien después de atirantar fuerte y se cubre luego con papel de periódico todo el plano.

Seguidamente entre el cartón de las tapas y el libro se pone una chapa de cinc. Luego se pone el libro entre tableros y se mete en prensa. Pasados 5 ó 6 minutos se saca de prensa y se deja secar bajo peso. Una vez seco, tirando al bies se arranca el papel sobrante y se lijan las uniones que tengan resaltes, para que quede liso y suave.

A-2. Con los cartones pegados al cajo y con las cintas o cuerdas en medio del cartón.

Este procedimiento de sujeción del cartón no se usa mucho, pues son preferibles los que veremos a continuación, en *B-1*, en sus dos modalidades, los cuales dejan más libertad al cartón en su giro de bisagra y evitan los posibles tropiezos con el borde del cajo.

A-3. Con los cartones pegados al cajo y con las cuerdas o cintas debajo del cartón.

Esta forma de sujetar el cartón al libro es de las más usadas y más cómodas de montar, además de ser de gran solidez (FIG. 92).

La consolidación del lomo que ya hemos visto consiste en una telilla o tarlatana, y para este tipo de sujeción continúa unos tres centímetros por cada lado del lomo, pegándose sobre el papel de las salvaguardas por delante y por detrás y cubriendo las cuerdas pegadas en abanico o las cintas. Aquí, en este caso, esa telilla juega un papel importante.

Como la telilla ha seguido el contorno del cajo y se ha pegado sobre las cuerdas abiertas o las cintas ya pegadas con anterioridad, por lógica el cajo ha perdido algo de su ángulo (FIG. 92), que ha quedado redondeado por la telilla, a pesar del cuidado puesto en pasar la plegadera por ese ángulo durante el encolado.

Para que el cartón vaya bien a su sitio, es preciso rebajar algo el borde interior del mismo. Se pasa una lija fina inclinada por el canto y se quita algo menos de la mitad (FIG. 92).

Si se encuentra más cómodo quitar ese sobrante con la punta, se puede hacer igualmente.

Para pegar el cartón al libro se opera así:

a) Se coloca el cartón en el cajo, igualando las cejas (FIG. 93).

b) Se señalan los puntos A y B en el cartón, para luego poderlo colocar en esa referencia.

c) Con las tijeras se hacen unos cortes en la salvaguarda sobre la que están pegadas las cuerdas o cintas y la telilla, **cuidando** no cortar la guarda de color que está debajo. Los cortes se darán inclinados desde el borde hacia el cajo (FIG. 94): de A a B y de C a D.

d) En esos cortes se insertan unos trozos de papel periódico y se le da cola blanca sobre la telilla y un poco en la salvaguarda hasta unos dos centímetros fuera de la telilla.

Luego se quitan los papeles protectores.

e) Se coloca el cartón, cuidando de ajustarlo al cajo y de que las referencias de las cejas que se hicieron en b) vayan a su sitio.

f) Una vez colocadas las dos tapas y en su sitio justo, se ponen unas chapas de cinc bajo esas tapas, para que la humedad no vaya a las demás hojas; la primera dañada sería la guarda de color que está a continuación. Y se pone en prensa entre dos tableros. A los 4 ó 5 minutos se saca de prensa, se revisa y, sin quitar las chapas, se deja bajo peso. Luego se airea de vez en cuando, hasta que esté seco.

Así quedan pegadas perfecta y fuertemente los cartones.

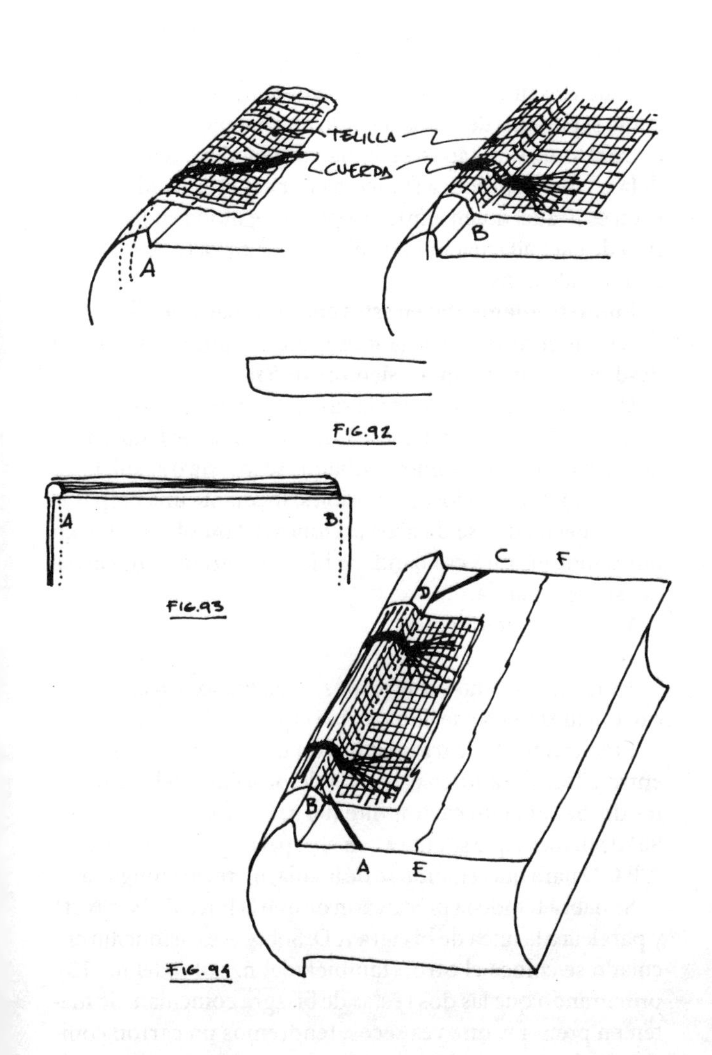

FIGURAS 92, 93 y 94. Sujeción con cuerdas o cintas debajo del cartón.

B-1-a Con el cartón separado del cajo y con la cinta en medio del cartón.

Todos los procedimientos que voy a describir y que están como separados del cajo, dejando una hendidura o canalillo entre el lomo y las tapas, se llaman «**encuadernaciones Bradel**» o con «hendidura francesa» por ser el encuadernador francés Bradel quien empezó a poner de moda en París este tipo de encuadernación que habían usado ya los encuadernadores alemanes.

Punto fundamental en estas encuadernaciones tipo Bradel es que el cosido se haga sobre **cintas**, y que la separación desde el cajo al cartón sea **siempre de 5 mm.**

Una vez seca la salvaguarda se corta con una tijera por los puntos A, B, C, D, E, y F (FIG. 95), y se forman así unas bandas en cada lado del lomo. Esa banda se inserta o se sujeta en los cartones de dos formas posibles: mediante una preparación especial que se da a los cartones dejándoles un hueco por donde entrará esa banda, o bien preparando los cartones sobre la banda.

Veamos las dos formas:

1.ª forma. Como observamos, cada plano consta de dos cartoncillos finos que, juntos, dan el grosor debido.

Preparamos los cartoncillos con un hueco o separación entre ellos, para lo cual hemos de proceder del siguiente modo. Se toma un cartón fino del n.º 10 y se prepara (FIG. 96) de manera que se cubra con el papel de periódico la zona A B C D para que, cuando se dé la cola, no reciba ninguna.

Se habrá tenido la precaución de que la línea B C sea recta y paralela a la línea de bisagra A D. Sobre ese cartoncillo encolado se coloca el otro, (también del n.º 10 o del n.º 12), procurando que las dos rectas de bisagra coincidan. Se meten en prensa y, una vez secos, tendremos un cartón compuesto de un trozo de dos cartones pegados y otro trozo de dos cartones con una abertura entre los dos.

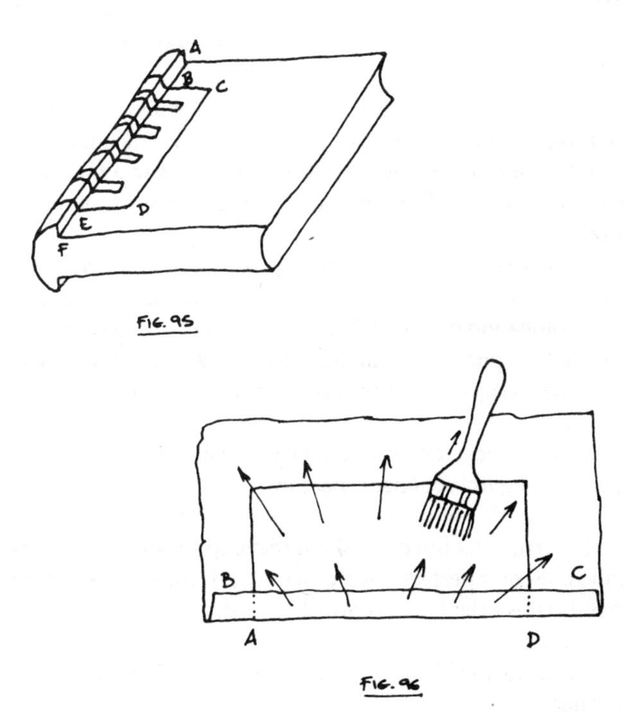

FIGURAS 95 y 96. Sujeción con cintas en medio del cartón.

Se corta sobre esta línea un ángulo recto, se coloca sobre el cajo (dejando la ceja), se marca la ceja en el otro lado y se corta la perpendicular (que será paralela al otro borde). Ya tenemos un cartón de delante o de detrás, al que se le pone su marca. Se hace el otro y ya tenemos los dos cartones preparados para ponerlos en el libro. ¿Cómo?

• Se abre algo más la hendidura entre los dos cartoncillos y se le pone cola blanca.

• Cuidando que no se doble, se mete la banda o pestaña en esa hendidura.

• Se centra, para que las cejas sean iguales por ambos lados.

• Entre el cajo y el cartón se coloca una aguja de hacer punto que tenga el grueso de los 4 ó 5 mm ya indicado.

• Cuando se note que los cartones ya no van a moverse, se pone entre tableros y se le da un apretón fuerte en la prensa.

• A los 10 minutos se saca de la prensa, evitando que se pegue el exceso de cola en las hojas de guarda. Se consigue esto colocando un papel de periódico. El exceso de cola que puede salir por donde entró la aguja (de separación entre el cartón y el cajo), se limpia con un trapo si todavía está húmeda.

Una vez seca, tenemos los cartones sujetos y preparados para proseguir la encuadernación.

2.ª forma. Como cada plano se compone de dos cartoncillos, se corta perfectamente en los dos la línea de cajo. A un par de ellos se les hace el corte de cabeza y el de pie, incluidas las dos cejas.

• Se coloca el libro en la mesa, con el lomo hacia el encuadernador.

• Se sitúa el cartoncillo en el sitio exacto. La separación del cajo al cartón nos la da la aguja de hacer punto: 4 ó 5 mm. Las cejas igualadas y paralelas. Cuando se esté seguro del sitio justo, se inmoviliza el cartoncillo colocando un peso sobre él.

• Se da cola blanca en el cartón sobre el sitio donde va a ir la pestaña y se pega ésta. Se coloca la aguja. Cuando ya está medio seca y no hay riesgo de que el cartoncillo se mueva, entonces se prosigue.

• Se toma otro cartoncillo (el que sólo tiene cortada la línea de cajo).

• Se da cola blanca a toda la tapa, inclusive a la banda o pestaña que ya estará medio seca.

• El cartoncillo suelto se coloca sobre el otro, cuidando de que coincida la línea de cajo de los dos. (La aguja se coloca entre el cajo y los cartoncillos.) Es natural que de este segundo cartoncillo sobresalga cartón por el pie y por la cabeza.
• Se pone una chapa de cinc bajo el primer cartoncillo (entre el libro y éste) y todo ello se coloca sobre un tablero de madera.
• Se hace lo mismo con el otro plano.
• Se pone todo en prensa fuerte durante 8 ó 10 minutos.
• Se saca, se revisa y se deja bajo peso hasta que se seque.
• Una vez seco, con una punta fuerte se corta el cartoncillo de arriba y el de abajo en lo que sobresalen del primer cartón puesto. Para ello se guía uno por el cartoncillo que está bien de medida.
• El frente se corta después de cubrir.

La sujeción de los cartones y el cosido del libro por cualquiera de estas dos formas es de una fortaleza extraordinaria, además de la facilidad con que se produce la abertura de las tapas. Es el montaje clásico de la encuadernación «estilo librería».

B-1-b. Con el cartón separado del cajo y con la cinta en medio del cartón.

Este procedimiento es igual al anterior, con la única diferencia de que el cartoncillo más bajo entra hasta **tropezar con el cajo** y sólo es el de arriba el que está separado los 4 ó 5 mm (la aguja de punto).

El procedimiento ha de ser hecho con la segunda forma, (dada la dificultad de precisar la cercanía del cartoncillo de abajo al cajo) y cambiaría en el punto:

Situar el cartoncillo pegado al ángulo del cajo, para que no nos quede separación entre ese cartón y el cajo.

Lo demás sería lo mismo.

B-2. Con el cartón separado del cajo y las cintas bajo el cartón.

El proceso de trabajo para unir tapas y libro es el mismo que el seguido en el caso *A-3*.

Cuidando de poner una aguja un poco gruesa en el cajo como separación del cartón, se consigue esa distancia deseada. También se puede utilizar para ello unos tableros especiales a los cuales se les coloca en uno de los laterales unas pletinas que sobresalgan unos 3 mm y que sean de un ancho de 4 ó 5 mm. Estos tableros, con esas pletinas puestas en los sitios donde se colocaban las agujas de punto, dan un resultado estupendo con la ventaja de que no se mueven como las agujas.

Este procedimiento de unión cartón-libro es el más usado de los dos aquí en España. Se emplea mucho en la encuadernación de «fascículos».

5. Revisión de defectos

El defecto más frecuente en la colocación del cartón en el libro, y que se da lo mismo en los libros **con** cajo, que en los **sin** cajo, es el de la desigualdad de las dos cejas.

Vamos a ver su posible corrección en los dos casos.

Al presentar en el cajo o línea de bisagra el cartón ya cortado a la medida exacta por su cabeza, pie y lomo (FIG. 97), se notará muchas veces cierta desigualdad en el tamaño de las cejas.

Entonces se debe proceder así:

Revisar si los ángulos del cartón en el lomo-cabeza y en el lomo-pie están en ángulo recto y por lo tanto si son correctos.

Si el cartón está bien, el problema está en el libro. ¿Cuál ha sido la etapa que ha fallado?

Vamos a buscarla.

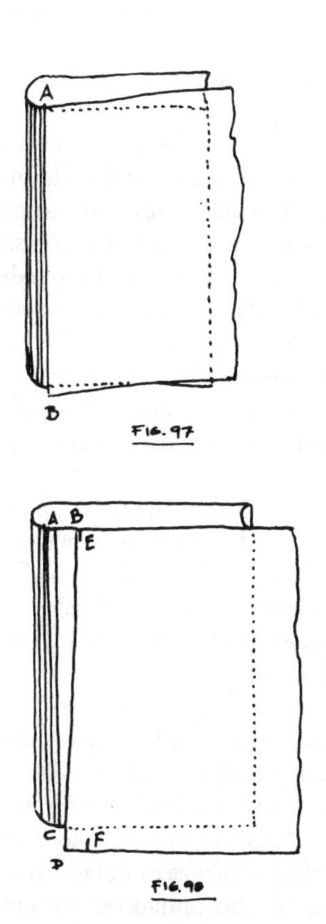

FIGURAS 97 y 98. Revisión de defectos.

1. Puede que el error esté en que el corte con la guillotina o con el ingenio no haya salido perpendicular al lomo.

a) Porque no se dio el corte (de pie o de cabeza) perpendicular al lomo. (Puede ser una cinta o cuerda doblada junto al tope lateral de la guillotina, que adelanta 1 ó 2 mm, lo que luego se apreciará midiendo los cortes cerca del lomo, son ×

menos 3 mm, lo que supone mucho en una ceja que sólo tiene 4 ó 5 mm.)

b) O bien, porque no se apretó el pisón y la cuchilla (al bajar rápidamente) escupe hacia atrás las hojas, y más si el papel es satinado. Esto hace que el corte salga alabeado.

Para estos dos defectos no hay solución satisfactoria, y lo suyo sería cortar el libro de nuevo, si se puede, lo que dependerá de sus márgenes. Una solución (si no perfecta, la menos fea) es igualar los dos cartones en las dos cejas que no quedaron paralelas al corte.

2. Puede también que sea un defecto o falta al redondear el lomo, porque se haya golpeado más el pie que el lomo en la cabeza y, al hacer el cajo, esos milímetros de más hacen que sean los ángulos del cajo de cabeza o pie los que no son rectos.

3. Igualmente puede ser que la línea trazada con lápiz en los libros redondeados, al hacer el cajo, no forme ángulo recto con el corte de cabeza o con el de pie.

Lo primero que hay que hacer, y para otra vez, es cuidar esas etapas de trabajo.

Pero en esta ocasión, y ya que tenemos el lomo consolidado, podemos hacer un arreglo del cartón, lo que no será perfecto, pero sí una solución pasable.

Se toma el cartón y, después de asegurarnos del paralelismo de los cantos de cabeza y pie, se coloca sobre el libro, cuidando que el borde de cabeza esté al ras con el corte de cabeza del libro. Con mucho cuidado se irá acercando el borde del cartón a la línea de bisagra (si es en un libro sin cajo), o al ángulo interior del cajo (si es con él) (FIG. 98). Si cae en la línea o entra bien en el cajo, está **perfecto**. Pero si no cae en su sitio (FIG. 98), donde veamos que haya una diferencia entre A B mayor que entre C D habrá que arreglarla.

Con el lápiz se marca sobre el cartón una señal E en la cabeza, al lado de B, y muy junto al borde. Y en D, hacia adentro, se marcará el punto F, que estará a la distancia A E, pero tomada desde C.

Se coloca el cartón en la mesa de la cizalla, con las señales en el borde del corte, se revisa bien y se corta. Se prueba sobre el libro y, si no queda exacto, se repite.

Como se comprende, todos estos cortes pueden ir haciéndose gracias al exceso de cartón debido a que no se le dio el corte exacto al borde delantero.

Una vez los cartones sujetos al libro por el procedimiento que sea, y cubiertos con piel o guáflex, esa pequeñez de 2 mm no se notará, sobre todo en la bisagra.

De todas formas es mejor cuidar de que no sea necesario recurrir a esos cortes en la bisagra del cartón.

El acabado

El cartón no debe tener en su superficie ni huecos ni resaltes. Éstos hay que eliminarlos dándole con lija hasta que quede liso. Los huecos se rellenan con una pasta hecha con engrudo y serrín de cartón o harina gruesa.

En el hueco que se va a rellenar hay que dejar un exceso sobre lo hundido, pues al secar se produciría una depresión de no dejar ese exceso. Una vez seca esa pasta se lija, para que quede todo al mismo nivel.

Los bordes deben estar ligeramente matados: nada de cortes vivos. Y en las esquinas, junto al cajo, en la cabeza y en el pie, deben cortarse las puntas (FIG. 99).

Este corte hecho al bies facilitará en su momento la entrada de la piel entre la lomera y las tapas, y será la base de la «gracia» que se dará a la parte alta y baja de la piel del lomo, y que hará de adorno.

A cierto tipo de libros se les redondean ligeramente las puntas: a los libros «estilo lujo inglés» o «flexible» (con cartones finos) y en los libros «estilo librería», en los que este redondeo evita que esas puntas estén machacadas por el uso. Pero es un pequeño redondeo, porque un redondeo mayor

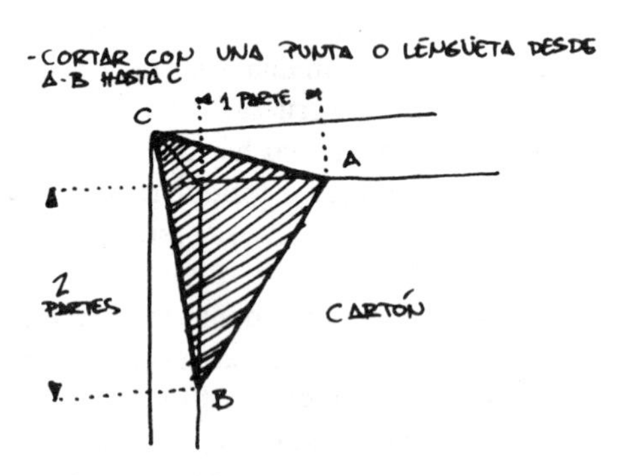

FIGURA 99. Cómo cortar las puntas del cartón.

únicamente se da en los libros de contabilidad, que incluso los llevan protegidos algunas veces con cantoneras de metal.

Con los libros que tienen ya las tapas o cartones puestos hay que dejarlos **siempre** entre tableros y bajo peso.

14. La cabezada

La cabezada surgió en la encuadernación como recubrimiento para impedir la entrada del polvo, y sobre todo de los insectos, en el hueco que queda entre el lomo del libro y la piel que cubre la lomera, atraídos esos insectos por el olor del engrudo y el del cuero (antiguamente, muchas veces mal curtido), y luego por el olor del papel (pasta hecha de celulosa, de origen vegetal), alimento preferido de la polilla y de la carcoma.

Otra finalidad de la cabezada es la de reforzar el libro en el sitio por donde normalmente se tira de él para sacarlo de la biblioteca.

De ahí que los primeros libros que procuraron tal protección lo que llevaban era como una prolongación de la piel del lomo, que luego se doblaba y cubría una pequeña parte del libro, arriba del lomo y en el pie. Así, con ese pedacito de piel se conseguían los objetivos antes expuestos (FIG. 100).

La confección de esta especie de cofia en el lugar de la cabezada actual, era más complicada de hacer que la cabezada sujeta al libro por cosido, pero fue un primer paso.

Cabezada cosida al libro

Así fue la primera cabezada que se hizo, cosida directamente en la esquina del lomo con el canto de cabeza, e igual se hizo con el canto de pie.

Puede procederse de varias formas pero de todas ellas voy a exponer la que considero más fácil de construir .

Hay dos tipos de cabezada: la **sencilla** y la **doble.**

La sencilla sólo consta de una cuerda o de un rulo o bastoncillo de papel, sobre la cual se enrolla el hilo o los hilos de colores que van a formarla.

La doble consta de dos cuerdas o rulos de papel, quizás de distintos gruesos, para que sobre ellos se enrollen los hilos que van a formarla (FIG. 101).

Veamos cómo se construye la cabezada sencilla.

Cabezada sencilla

Antes de empezar a construir una cabezada en el libro, se necesita una preparación del libro y de los materiales que se van a emplear.

Los materiales son:

- Hilo de algodón brillante de perlé o similar, de varios colores, que harán juego con el colorido del cuero que vaya a cubrir y el de los cantos pintados.
- Dos o tres agujas, una para cada color de hilo que vayamos a usar.
- Unos bastoncillos de papel, o tiras de cartón, o cordón de hilo o de cuero, que servirán de base alrededor de los que se enrollará el hilo que va a formar la cabezada.

La preparación del libro en la cabeza y pie es la siguiente.

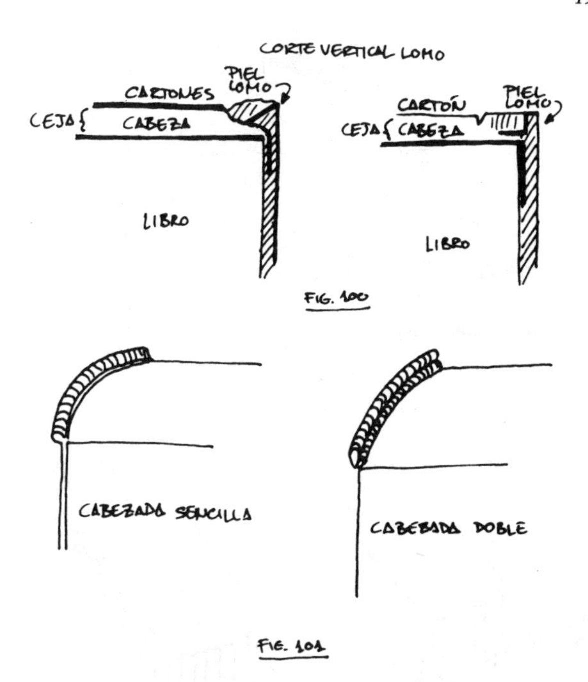

FIGURAS 100 y 101. Confección de la cofia y cabezadas.

1. Se coloca el libro en la prensa de trabajo, de forma que el ángulo del lomo-cabeza sobresalga (FIG. 102). A unos 2 cm del corte de cabeza, se coloca una tira de papel y se señala con un lápiz la línea paralela al corte.

Se hace igual con la línea de pie (FIG. 103).

2. Se toma un punzón de punta de aguja y una plegadera. Se mete la plegadera en el centro del primer cuadernillo (FIG.104), y con el punzón se traspasa en el punto señalado anteriormente.

3. Se preparan unas tiras de papel que se doblan por la mitad (FIG. 105).

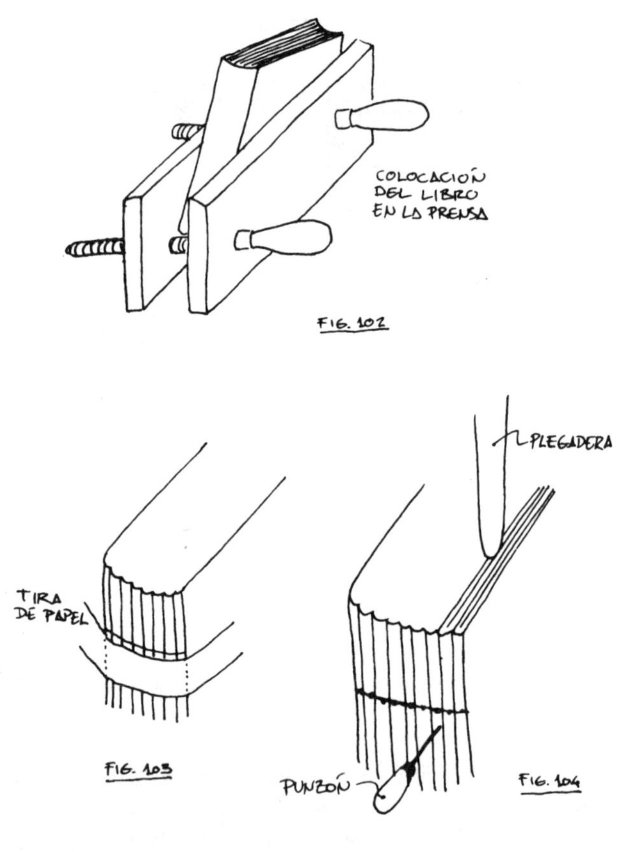

FIGURAS 102, 103 y 104. Cómo coser cabezadas a mano.

4. Como no se ha sacado la plegadera del centro del cuadernillo, se introduce el papel doblado, pero con el doblez hacia **la canal del libro** donde está la plegadera (FIG. 106).

Con todos los cuadernillos ya preparados, se pasa a la construcción de la cabezada.

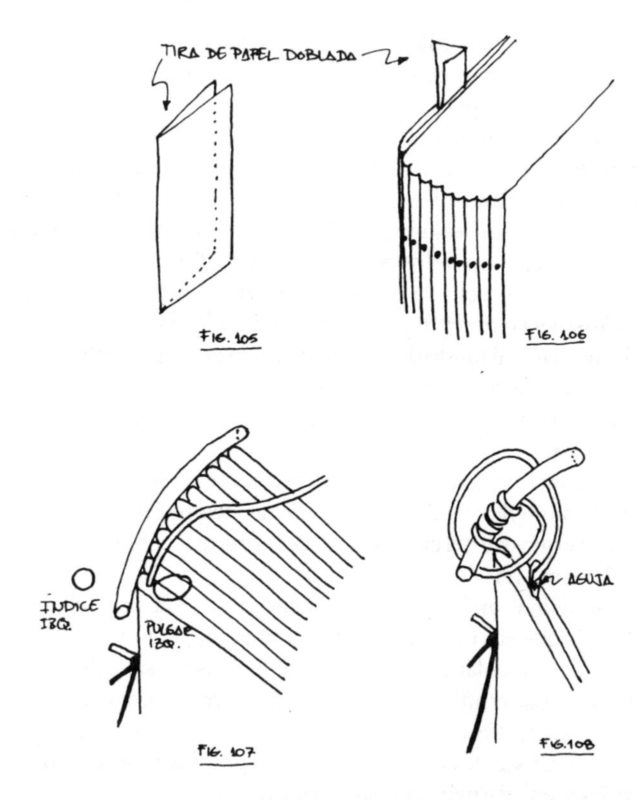

FIGURAS 105, 106, 107 y 108. Cómo coser cabezadas a mano.

Supongamos que se ha elegido hilos de color rojo y amarillo.

Se ensartan las correspondientes agujas y se les hace un nudo para que no se muevan; las otras puntas del hilo se anudan juntas. Así tendremos un hilo largo de dos colores con un nudo en medio.

Vamos a empezar. El libro, en la prensa, como ya dije.

Primer cuadernillo.–Se toma la plegadera y se mete en el centro del primer cuadernillo, aprovechando el doblez del papel que tiene puesto.

Por el agujero de ese primer cuadernillo, y con la mano **izquierda,** se mete la aguja del hilo amarillo, que tropezará con la plegadera sujeta por la mano **derecha,** y ayudándose con ella, se saca la aguja por el corte y se tira hasta que llegue al nudo de unión de los dos colores (FIG. 107).

Se saca la plegadera y la tira que sirvió de señal.

Se sujeta con el pulgar de la mano **izquierda** el hilo pegado al corte y al fondo del doblez o centro del cuadernillo.

Se coloca con la mano **derecha** el bastoncillo de cartón, detrás del hilo, y ahí se sujeta con el índice de la mano **izquierda.**

Se toma el hilo con la mano **derecha** y se enrolla alrededor del bastoncillo, se le dan 4 ó 5 vueltas, según el tamaño del hilo y el grueso del cuadernillo, de forma que cubra el ancho del mismo (FIG. 108).

Se ayuda con el índice de la mano **izquierda** a que el hilo se coloque sin montarse, es decir, una vuelta junto a otra. Luego se pasa dándole la vuelta al hilo (cuando salía del centro del cuadernillo), y después vuelve a entrar por el centro del cuadernillo, para salir por el agujero por donde entró.

(OJO. Esto de salir por el agujero por donde entró sólo se hace en este primer cuadernillo.)

Segundo cuadernillo.–Se toma la plegadera y se inserta en el centro del segundo cuadernillo, siguiendo el doblez del papel y lo más pegada a la costura.

Se toma la aguja de rojo y se mete en el agujero del lomo del segundo cuadernillo, hasta que toque la plegadera (con cuidado, al hacer esto, de que no atraviese una hoja de papel), y se saca la aguja por el centro del cuadernillo. Se tira del hilo (hasta tenerlo tirante y pegado al doblez), y se pasa sobre el bastoncillo (FIG. 109).

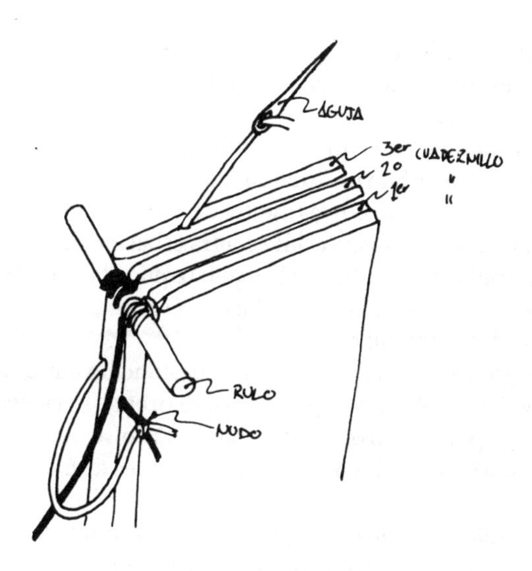

FIGURA 109. Cosiendo cabezada a dos colores.

Se da vueltas al bastoncillo (el mismo número que se dieron con el otro color sobre el primer cuadernillo) y se termina con una vuelta completa al hilo que venía por el centro del cuadernillo. Se saca la aguja al aire por detrás, y se deja caer esa aguja. Este hilo rojo, que parece que queda suelto, permanecerá sujeto cuando luego pase sobre él el hilo amarillo que entra en el agujero del tercer cuadernillo.

Tercer cuadernillo.–Se hace igual que el segundo, pero con el hilo amarillo.

Se clava la plegadera en medio del papel doblado.

Se aprieta la plegadera con la mano **derecha** hacia el lomo del libro.

Con la mano **izquierda** se toma la aguja de amarillo y se clava por el agujero del tercer cuadernillo.

Cuando se toca la plegadera con la punta de la aguja se saca ésta con el hilo por el corte de arriba hasta que ese hilo quede tirante.

Se atiranta bien el hilo amarillo y de camino se pone tirante también el hilo rojo que quedó colgando, que resultará de esta forma sujeto por la tirantez del amarillo.

Como antes, se sujeta el hilo contra el bastoncillo por medio del pulgar y el índice de la mano **izquierda** y se dan con la mano **derecha** las 4 ó 5 vueltas necesarias para cubrir el grueso del cuadernillo.

Luego se empuja la aguja bajo el bastoncillo entre el hilo rojo y el amarillo, se tira por detrás, ya tirante, se vuelve por delante y por debajo del bastoncillo, para volver a entrar por el mismo sitio y cayendo por detrás después de haberlo atirantado.

Este hilo amarillo que cae suelto por detrás quedará sujeto luego por el hilo rojo que ha de entrar por el agujero del cuarto cuadernillo.

Se continúa así cuadernillo tras cuadernillo, hasta llegar al último y al terminar la vuelta sobre el hilo y caer la aguja hacia atrás, se pasa ésta por los hilos que quedan al aire entre los agujeros, y se anuda al hilo que quedaba suelto del agujero anterior.

Una vez confeccionada toda la cabezada, se da cola blanca, lo que sujeta todos los hilos al lomo, dándole consistencia. También se encola la cabezada por la parte del lomo y, sobre todo, por la parte de las esquinas que está en contacto con las hojas guarda.

Se le da cola blanca (y no oscura de carpintero), porque así al secar queda transparente y no se nota.

Cuando todo esté seco, se moldea un poco para que tome la curvatura del lomo y, con cuidado para no cortar los hilos de la cabezada, se corta con la cuchilla eliminando el trozo de bastoncillo sobrante que quede por los dos lados. Así queda terminada la cabezada.

Cabezada doble

Consiste en colocar dos bastoncillos o rulos, uno más grueso detrás y uno fino delante, o bien uno aplastado detrás y un rulo delante. El de atrás se puede hacer con una tira de cartoncillo grueso que se corta para que dé el alto conveniente.

El proceso de trabajo es casi igual al anterior. Veamos la diferencia.

El libro se prepara como antes, con los agujeros y con los papeles doblados en el centro de los cuadernillos.

Se coloca el libro en la prensa de trabajo, con el corte delantero hacia el encuadernador y la esquina donde va la cabezada hacia arriba, y se mete la plegadera en el primer cuadernillo.

Los hilos igual que antes, rojo y amarillo, ensartados cada uno en una aguja y anudados sus extremos.

Primer cuadernillo.–Se toma un hilo, el amarillo por ejemplo, y se mete la aguja con la mano **izquierda** en el agujero de ese primer cuadernillo, hasta que tropieze con la plegadera que se sostiene con la mano **derecha.** Cuando ya sale la aguja por el corte, se saca la plegadera y, con esa mano, se toma la aguja y se tira del hilo hasta que el nudo de los dos colores llegue al agujero del lomo. Se lleva el hilo amarillo hacia arriba, al centro del pliego, y lo más pegado posible al lomo, se pone tirante y se sujeta ahí con el pulgar de la mano **izquierda.**

Con la **derecha** se toma el bastoncillo alto y plano. Debe procurarse que sobresalga dos milímetros o poco más por los dos lados del libro. Y se coloca detrás del hilo amarillo.

Se empieza por darle una vuelta entera al alto y plano, que será el de detrás.

Cuando el hilo esté otra vez delante, con la mano **izquierda** se pone el bastoncillo fino junto al otro y **delante** de él.

El hilo que queda en la mano **derecha** pasará de arriba a abajo para darle una vuelta entera al chico. Luego la aguja entra entre los dos bastoncillos y sube de abajo a arriba por detrás del grande, dándole la vuelta y entra de nuevo de arriba a abajo entre los dos para salir por debajo del chico, darle vuelta a éste y subir nuevamente, haciendo ochos sobre los dos bastoncillos.

El hilo se mantiene tirante con la mano **derecha**, y con el índice y el pulgar de la mano **izquierda** se sostienen los bastoncillos y se van arreglando de forma que el hilo no se monte y los vaya cubriendo por igual.

Cuando se calcula que ya se han hecho suficientes vueltas para cubrir el primer cuadernillo, se le dan vueltas al hilo bajo los dos bastoncillos (alrededor del hilo que salió por el centro del primer cuadernillo) y se mete la aguja por el centro del cuadernillo y se saca por el agujero por donde entró.

(Recuerda que **esto sólo se hace en este primer cuadernillo.**)

Segundo cuadernillo.–Se toma el hilo rojo que está colgando detrás y se mete la aguja con la mano **izquierda** por el agujero de este segundo cuadernillo hasta que tropiece con la plegadera que la mano **derecha** ha metido en el doblez de papel que estaba en el centro de ese segundo cuadernillo.

Se saca la aguja y se revisa que no haya ensartado ninguna hoja de papel del libro.

Se tira de todo el hilo hasta que en el lomo no se vea más que la puntada y se estira hacia los bastoncillos.

Manteniendo el hilo tirante se pasa por entre los dos, dándole la vuelta al alto y plano (el hilo rojo junto al amarillo), se pasa entre los dos bastoncillos, se le da la vuelta al chico y así se hacen ochos con el hilo hasta llegar a la cantidad de vueltas que se dio con el color amarillo (que es la justa para llenar el ancho del cuadernillo).

Luego se pincha la aguja bajo la cabezada que se está construyendo entre el hilo amarillo y el rojo que se lleva, se da la vuelta a la base del hilo rojo y se saca nuevamente la aguja hacia el lomo, dejándola por el momento caída ahí detrás.

Tercer cuadernillo.–Se toma la aguja del hilo amarillo y se pincha en el tercer agujero.

Al hacer esto el hilo amarillo sujetará el hilo rojo del cuadernillo anterior dejándolo inmóvil y pegado al lomo.

Se sigue igual que con el anterior y se van repitiendo así con todos los cuadernillos, naturalmente alternando los dos colores.

Se anudan los dos hilos por detrás y, como precaución, se encolan los hilos vistos por el lomo, en su principio y en su final, para que no se muevan. También se encolan las puntas de la cabezada junto al cajo. (No importa que quede encolado algo de delante, de lo que se ve, pues es cola blanca que al secar queda transparente.)

Antes de esta operación de encolado, se habrán cortado con mucho cuidado las puntas sobrantes junto a los cajos.

Precauciones

1. Debe calcularse bien la longitud del hilo, así como el número de vueltas que se darán, para que el dibujo que se haga sea repetitivo, sobre todo si se emplean tres hilos o si se hacen dibujos con dos.
2. Tiene que calcularse que la cabezada sea de la medida justa. Es decir, que no sea corta (porque se verían los bastoncillos), ni que sea demasiado larga (porque entonces sería difícil cerrar el libro y habría dificultad en hacerle la gracia).
3. Debe calcularse el grueso de la cabezada, para que cubra un milímetro menos de alto que el tamaño que se le haya dado a la ceja del libro; es decir, deben proporcionarse

el grueso del bastoncillo, el grueso del hilo y el alto de la ceja.

4. Cuando se confecciona la cabezada doble, ha de tenerse cuidado de que no se monten los bastoncillos uno sobre otro.

5. Ha de cuidarse al pinchar con la aguja el centro del cuadernillo, porque es muy fácil ensartar una hoja fuera del centro del pliego, con lo que al tirar del hilo se rasgaría esa hoja.

Para prevenir esto, se junta la plegadera lo más cerca posible del lomo, por dentro del cuadernillo, casi paralela a éste, para que se sienta la punta de la aguja en ella y si se nota que la aguja ha quedado ensartada, entonces se retira y se repite.

Las cabezadas hechas a mano son las más vistosas y le dan al libro una gran prestancia y categoría, por eso sólo se hacen en los libros de gran «lujo» y después de mucha práctica en su confección.

Cabezadas fuera del libro

Cuando los encuadernadores tuvieron mucho trabajo, o su técnica requirió una serie de especializaciones cada vez más complejas, fue necesario buscar un método de no tener que hacer las cabezadas directamente sobre el libro, y así surgieron las cabezadas hechas por él mismo u otro encuadernador y, después, las hechas a máquina.

Cabezadas hecha en el taller del encuadernador

Se toma una telilla fina y se dobla sobre una cuerda. Luego, con hilo grueso de distintos colores, se va cosiendo esa cuerda a la telilla, cuidando que los hilos, en la vuelta a la cuerda, estén paralelos y con la misma tirantez. De esta forma se van haciendo combinaciones de varios colores repetitivos, calculándose que tenga el ancho del lomo.

Para sujetar esa tela que rodea la cuerda, puede usarse la prensa de trabajo y dos chapones pequeños que sujeten la telilla y la cuerda fija mientras se trabaja (FIG. 110).

Hoy día, como no sea por el gusto de los especialistas o a petición de algún bibliófilo, no se emplea este tipo de cabezadas, sino las de fábrica, de las que existe un gran surtido en las tiendas del gremio.

Cabezadas de fábrica

Éstas son unas cintas de gran variedad de tamaños (según el grueso y alto del libro en el que se va a emplear), y que tienen en uno de sus lados un reborde más grueso hecho con hilo generalmente brillante de varios colores, que forma un dibujo repetitivo.

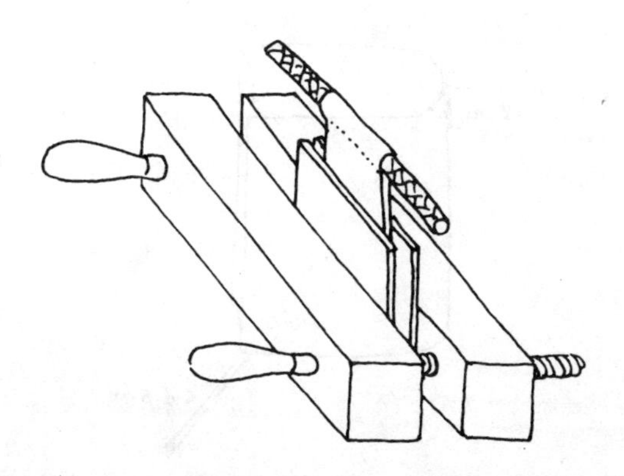

FIGURA 110. Cabezada pegada hecha a mano.

Las hay de sedalina y de algodón, con varias combinaciones de colores, siendo la de más uso la de color rojo y amarillo, aunque para encuadernaciones de lujo existen de varios colores.

Para utilizarlas, sólo hay que cortar de la cinta elegida unos milímetros más que el ancho del lomo del libro, encolar el lomo, y pegar en éste el trozo cortado, cuidando de dejar sobresalir los hilos de colores que serán los que se vean. Al ponerlos hay que mantener la cabezada tirante, cuidando de que esté bien pegada y en su sitio, y sin que queden flojas, pues al meter en prensa el libro quedarían onduladas.

Una vez secas se recortan al tamaño del lomo y para que no se deshilachen, se encola el corte con cola blanca.

Registros

Son una o varias cintas finas que se ven en ciertos libros, y que sirven para marcar una página de especial interés o en la que se ha interrumpido la lectura.

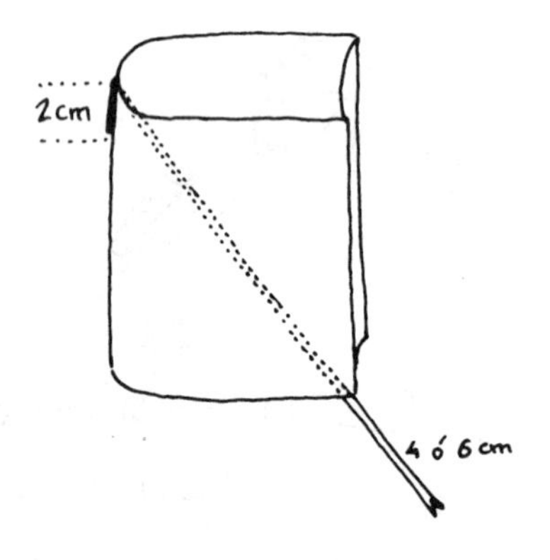

FIGURA 111. Colocación de cinta de registro.

Por eso suelen colocarse en libros de estudio, diccionarios, biblias, obras muy extensas y naturalmente en los libros en los que se desea.

Las cintas se colocan pegadas en el lomo del libro después de la decoración de los cantos.

Se encola como dos centímetros en el lomo del libro, en el centro de la cabeza, y sobre ese encolado se ponen dos centímetros de la cinta de registro, que se elegirá de acuerdo con el color del material que va a cubrir el libro y el color del canto.

Se coloca entre las hojas del libro para que no estorbe en el resto del proceso de trabajo.

Sobre la cinta de registro irá pegada la cabezada y la telilla de consolidación; luego, sobre la cabezada y la telilla irá el papel kraft.

El largo que se da a estas cintas de registro será (FIG. 111):

- Dos centímetros, que se pegan en el lomo, **más:**
- Una medida igual a la distancia en diagonal desde la cabezada al ángulo opuesto del pie, **más:**
- De 4 a 6 centímetros, por donde se tira para poder abrir el libro.

El total de estos tres puntos será el largo de la cinta registro.

15. La lomera

Introducción

Como comprenderá cualquiera que haya leído o estudiado algo sobre la historia del libro y su transcurso a través de los siglos, habrá observado que el primer artesano al que se le ocurrió unir diversas piezas de papiro o de pergamino, escritas o por escribir, formó así un volumen. Después, este u otro encuadernador, para proteger ese rollo o volumen, lo cubrió de algún modo y obtuvo así su primera encuadernación. Pero, más adelante, ya no con el papiro sino con el pergamino, varias piezas se unieron pero no una a continuación de la otra, para conseguir un rollo, sino todas por el mismo lado y dispuestas una sobre otras y así construyó el primer libro. Aprovechó para sujetar su descubrimiento las mismas tiras o nervios con los que había cosido los pliegos de pergamino y, como es natural, aquel primer libro no tenía lomera (FIG. 112).

Desde ese primer libro se ha venido encuadernando y durante muchos años se siguió con aquel mismo procedimiento, que se fue perfeccionando hasta la actualidad. Hoy, en recuerdo de aquellos libros, se sigue procediendo con

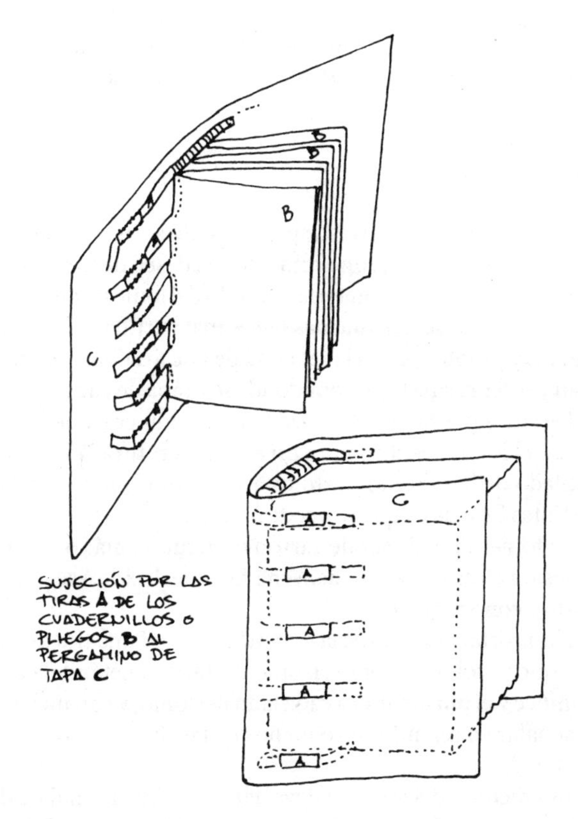

FIGURA 112. Encuadernación sin lomera.

esa encuadernación en el estilo que llaman «de lujo» o «flexible», y con una técnica muy depurada que detallaré más adelante al tratar de los estilos de encuadernación.

Pero, aparte de ese estilo de encuadernación, algo complicado, hoy día se siguen haciendo encuadernaciones más sencillas aunque también sin lomera, como son los cuadernos de escribir, o de cuentas, que llevan pegado al lomo de los cuadernillos la telilla o envoltura que cubre el cuaderno o libro. Explicaré cómo se hacen estos cuadernos en el cap. 25.

La lomera

Con el paso de los años, y especialmente a causa de la imprenta, se aumentó el conocimiento y el deseo de leer libros. Al sacar éstos de las estanterías tirando del lomo-cabeza, y el hecho además de que muchas pieles mal curtidas se resecaban muy pronto, llevó a la realidad de que los libros se rompían y se les rajaba la piel por donde se tiraba de ellos.

De ahí, a pensar en la cabezada y en la lomera, que reforzaban el lomo del libro para así evitar su rotura. Ya hemos hablado de la cabezada. Vamos a ver ahora la lomera y las distintas formas en que se puede montar.

La lomera puede ser de cartón o cartulina más o menos gruesa, a elección del encuadernador, que decidirá según su gusto y conocimiento.

Para cortar el ancho de la lomera se tomará una tira de papel, que se colocará sobre el lomo del libro, sujetándola con el índice y el pulgar, uno a cada lado del lomo, y con un lápiz se señalará a un milímetro menos de las líneas de los cajos (FIG. 113).

Esa medida del lomo se lleva a la cartulina, la cual ha de colocarse con **el sentido bueno para doblar en paralelo al lomo del libro.** Se traza con la cuchilla y la regla una línea recta de corte, se puntea la medida a partir de esa recta y se corta por ella.

Esto nos da una lomera para nuestro libro. Por la parte del interior y con la punta o con lija se hace un rebaje inclinado de 2 ó 3 mm en cada lado para que luego no se note el resalte del borde que se ha de cubrir.

Una vez rebajada en los dos lados, se coloca sobre la tapa del libro y, poniéndola paralela a la bisagra, se señala arriba

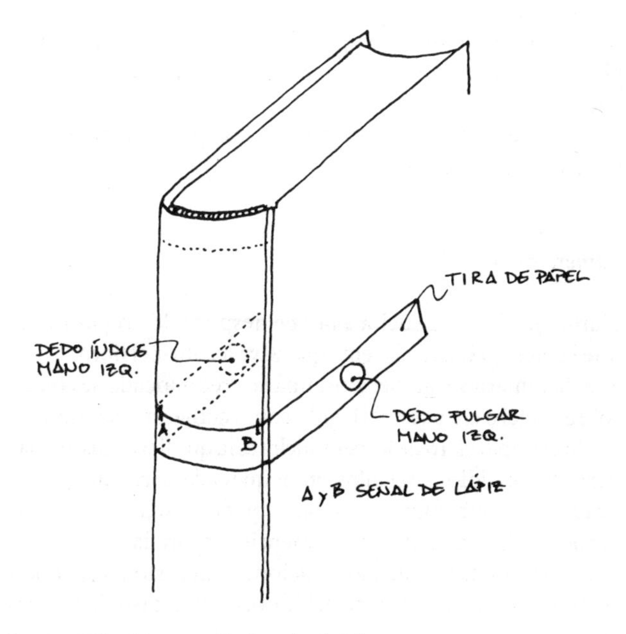

FIGURA 113. Cómo medir el ancho de la lomera.

y abajo el alto del libro, se corta por esas marcas y quedará la lomera a su tamaño.

Ahora debe redondearse la lomera, para lo cual se usa una horma o un madero redondo que lleva sujeto a todo su largo una tela fuerte. Se coloca la lomera, **sin nervios** y algo húmeda, en la horma o en el madero redondo. Luego se aprieta la horma o se enrolla la tela al madero y se mantiene ahí hasta que la cartulina adquiera esa curvatura deseada y se seque.

Luego se ponen los nervios, si es que el libro ha de llevarlos.

Si los lleva se pueden poner al modo clásico o según fantasía.

A) Lo **clásico** es que vayan en los sitios marcados según plantilla, que es la que sirve para señalar dónde van las cuerdas.

B) La **fantasía** es que vayan donde caprichosamente desea el encuadernador.

Lomera suelta

Llamamos lomera suelta a la que después de preparada se une la piel, guáflex, tela, etc., que vaya a cubrir el libro.

Si la lomera va sin nervios, una vez redondeada se coloca sobre la piel o el material elegido como cubierta, y se cubre.

Un ejemplo claro de lomera suelta es la que llevan las encuadernaciones de los fascículos, en las que cada cierto número de cuadernillos se compran unas tapas prefabricadas para encuadernarlos. Esa tapas llevan la lomera incorporada.

La lomera de las encuadernaciones «en cartoné», cuando se montan las tapas aparte del libro, es otro caso de lomera suelta.

Si la lomera va con nervios, hay que pegar esos nervios en las señales que nos da la plantilla. Deben marcarse a cada lado para así poder pegar sobre ellos los nervios en su momento y que no queden torcidos.

Los nervios pueden ser de piel gruesa cortados con la cuchilla y la regla sobre la chapa de cinc o cortados del cartón con la cizalla. Se suele cortar 15 ó 20 tiras de cartón de varios gruesos y tenerlas siempre preparadas.

Para colocarlas sobre la lomera, lo más práctico es prepararse una serie de palillos de madera de los que se usan para sujetar la ropa tendida, unos 12 ó 14, que tengan la punta cortada, hasta dejarla sin redondeo (FIG. 114).

Se cortan de la tira de cartón elegida tantos trozos como nervios llevará la lomera. Cada trozo tendrá 3 ó 4 mm de más por cada lado del ancho de ella. Con cuidado, para no romper

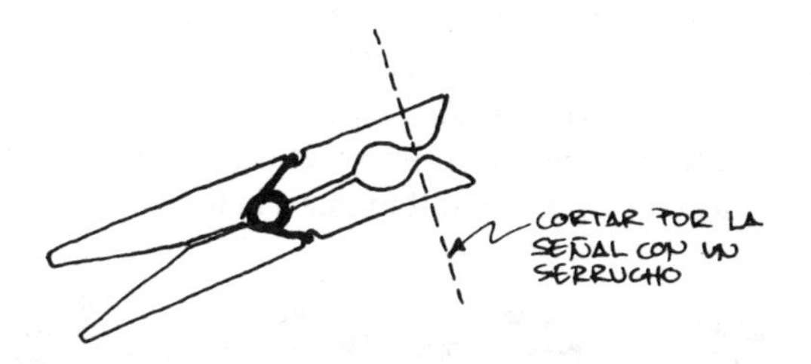

FIGURA 114. Cómo hacer pinzas de encolar nervios.

la tira, se da la forma de la lomera en arco, y con cola blanca espesa se le da por la parte de dentro, y se pone sobre las marcas de la lomera, primero un lado, que se sujeta con un palillo para que no se mueva, después, con otro palillo se sujeta al otro lado, sobre la marca correspondiente. Se mira por el lado de arriba de la lomera para ver que todo está conforme.

Así se sigue con todos los nervios.

Una vez que estén todos secos se quitan los palillos y se recorta el sobrante de cada lado (FIG. 115).

Si se quiere, en el interior de la lomera se pueden poner datos del artesano, de la fecha en que se hizo el trabajo, dónde, etc.; pero la verdad es que esto no sirve para nada, pues sólo se verán, cuando el libro se desarme o se tenga que reencuadernar.

Lomera fija

Por contra, esta lomera va sujeta al libro como una parte más de él.

1. La más sencilla de ellas es una cartulina que se corta del ancho del lomo y algo más larga que el alto del libro. Se

pega sobre una tira de papel kraft más ancha que la lomera, y ésta a su vez se pega sobre las tapas o cartones, centrando bien en el lomo, y con la precaución de no encolar los bordes de ese papel kraft (FIG. 116).

Para centrar la lomera es conveniente marcar en la cabeza y en el pie, con lápiz, esa mitad que a la hora de pegar nos

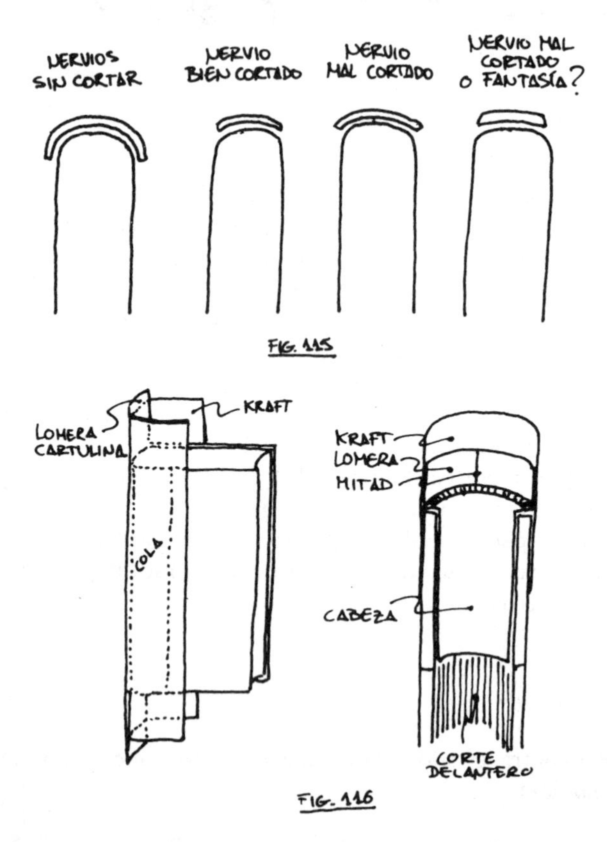

FIGURAS 115 y 116. Cómo cortar los nervios, como montar una lomera fija.

servirá como punto de referencia para colocarla en la mitad del lomo (FIG. 116).

Se deja secar bajo peso y, cuando esté perfectamente seco, se arranca con la mano ese trozo de papel no pegado y se lija para dejar ese plano sin resalte.

Se pasa por el canto de arriba y el de abajo un papel de lija, que quite el papel kraft, quedando sólo la lomera; con unas tijeras se corta en redondo de tapa a tapa y queda la lomera formada.

Este tipo de lomera se puede montar en libros **con cajo** y en libros **sin él.**

2. Se hace la lomera como se ha explicado para ir suelta, y con un trozo de papel de periódico encolado con engrudo, se aplica a la lomera por el centro, de forma que cubra el lomo y algo de cada plano. Así quedará fija en el lugar que le corresponde (FIG. 117).

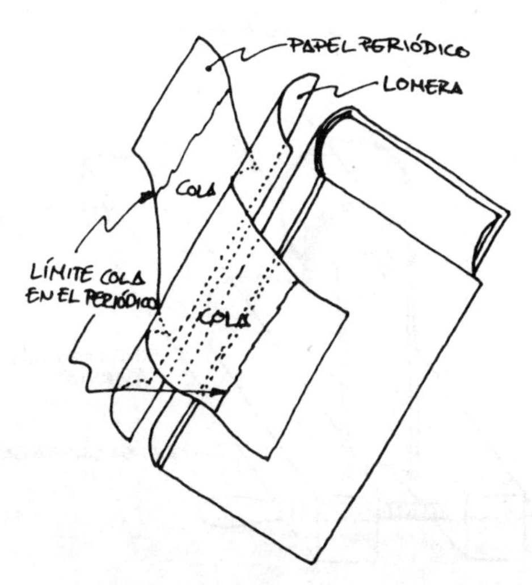

FIGURA 117. Otra forma de montar una lomera fija.

Este procedimiento tiene la ventaja de poder corregir defectos: si es grande, si sobresale por los cantos, si está torcida, etc. Con quitarla, lijar el papel periódico y volver a ponerla bien, está solucionado.

Se coloca **siempre sin nervios.** Si luego se desea colocarlos, se señalan éstos. De tiras de cartón se cortan trozos mayores que los usados para una lomera suelta y se pegan de la siguiente forma:

El libro se sujeta en la prensa de trabajo (FIG. 118).

Se toma un trozo de tira de nervio y se moldea para darle la vuelta de tapa a tapa. Se encola con cola blanca y se sujeta, para que no se levante, con aros de alambre cortados y redondeados que oprimen con sus puntas las tiras en los planos (FIG. 118). Así se continúa con los demás.

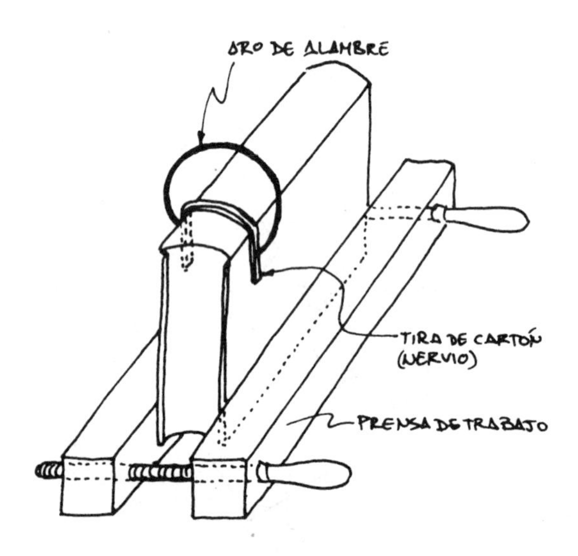

FIGURA 118. Cómo encolar nervios en lomera fija.

Cuando estén perfectamente secos se toma una cuchilla, se corta paralela al cartón de la tapa y se corta el sobrante del nervio.

3. Una forma de lomera fija que podríamos llamar tipo inglés, se confecciona de la siguiente forma:

- Se sujeta el libro en la prensa de trabajo.
- Se toma la medida del lomo del libro de cajo a cajo.
- De un papel kraft fuerte se corta tres veces y media esa medida del lomo con un alto de 2 cm más que el alto del libro. El alto del papel va en el sentido bueno de éste.
- Se da cola blanca al lomo del libro que ya estaba con las cabezadas puestas y la telilla. Si no está bien redondeado el lomo podrá llevar papel estraza que luego se lija para redondear.

No se encola desde 2 cm del dibujo de seda de las cabezadas.

- Se coloca el borde del papel kraft por la parte áspera, en el borde del cajo A, dejando sobresalir 1 cm en cada lado por encima de las cabezadas. Se encola bien de cajo a cajo (FIG.119).
- Al llegar al otro cajo B, con la punta de los dedos y con ayuda de la plegadera, se dobla el papel por el borde exterior de ese cajo B, y se dobla para que vuelva hacia donde empezó, es decir, hacia el cajo A (FIG. 120).
- Se dobla con los dedos el papel desde A, para que vuelva nuevamente al cajo B (FIG. 121).
- Cuando se ha marcado bien el doblez, se encola ese lomo entero de papel kraft y se pega la vuelta última desde A a B (FIG. 121).
- Se dobla el trocito de papel que queda en B y, cuando esa lomera esté seca, se corta lo que sobre.
- La lomera quedará suelta como una persiana girando en la bisagra del borde del cajo B.

• Se corta de esa lomera lo que exceda de los cartones, es decir, se corta por X Y en la cabeza y en el pie de Z a W (FIG. 122).

• Esta lomera lleva la primera capa de cola desde 2 cm menos de las cabezadas arriba y abajo. Como se puede abrir, es fácil eliminar por esa abertura estos trozos de papel kraft cortando de X a Y y de Z a W en el lomo no pegado (FIG. 122). Lo cual dejará espacio, para que su lugar lo ocupe la piel cuando se cubra el libro.

• Si el encuadernador desea poner nervios sobre esa lomera, lo puede hacer empleando el procedimiento antes expuesto.

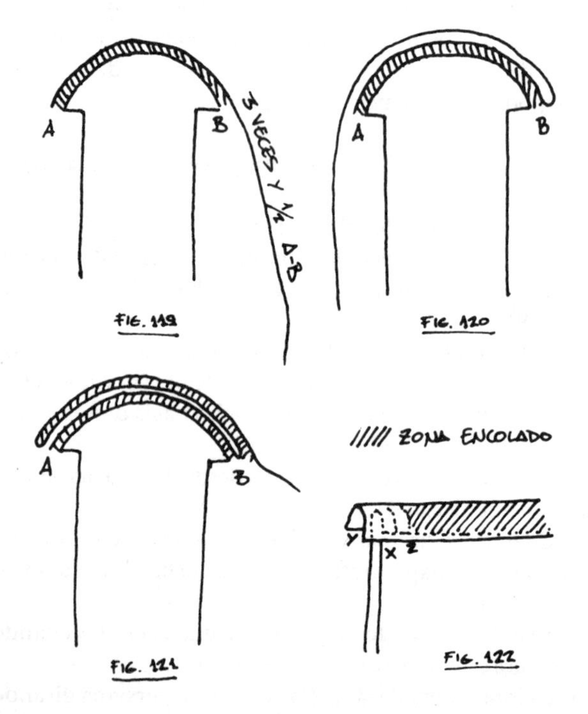

FIGURAS 119, 120, 121 y 122. Lomera fija tipo inglés.

• Cuando esté terminada la lomera, para que no se rompa y se separe del libro puede encolarse ligeramente el filo del otro cajo y fijarla ahí.

4. Otro procedimiento más cómodo y corriente de cómo se puede montar una lomera fija es el que sigue.

• Cortar un papel fuerte, tipo kraft, y por el buen sentido en la dirección del alto del libro una tira que tenga el alto del libro más 2 cm y cuyo ancho será algo más que 3 veces el lomo: lo marcado con x (FIG. 123).

• Se encola el lomo y se pega el papel por el centro. Quedará un trozo de papel igual a cada lado (FIG. 124).

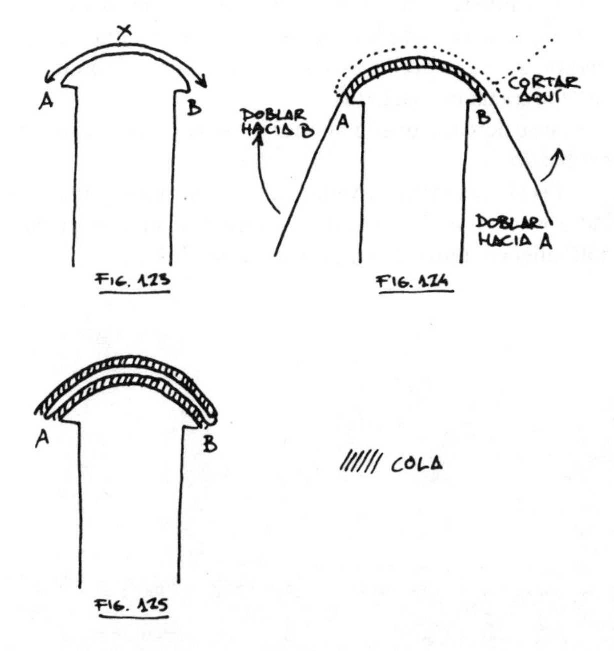

FIGURAS 123, 124 y 125. Otro tipo de lomera fija.

• Cuando esté seco se doblan los trozos que caen a cada lado de los cajos y se llevan al otro lado, al otro cajo. Así doblados, se señala un punto en la línea de cajo y en la cabeza y en el pie, y se corta por esa línea (FIG. 124).

• Así tendremos dos alas que se pueden montar una sobre otra, y si encolamos una de ellas y volvemos la otra sobre la encolada, tendremos que, al secar, se habrá formado una lomera que, si el papel es grueso, al pegarse a otro igual, será como una cartulina que dará un buen espesor para esa lomera (FIG.125).

• Como sobra por arriba y por abajo, con unas tijeras se cortará ese sobrante.

• Abrir los 2 cm junto a los cajos, en la cabeza y en el pie, para que pueda doblarse la piel en el lomo cuando se cubra.

• Si por encima de la cabezada aparece una línea del papel con que se ha hecho la lomera, con la punta de la cuchilla se debe cortar esa partícula.

• Si se desea se pueden poner los nervios como ya se ha explicado.

• Esta lomera tiene la ventaja de quedar sujeta por los dos lados y no como el procedimiento anterior, en que quedaba sólo sujeta por un lado y por el otro al aire.

16. La chifla

«Chifla» es una voz técnica, tardíamente tomada del árabe «chafra», «sifra» donde, entre otras cosas, significa «chaira de zapatero» y «navaja de barbero». Con ella, los encuadernadores proceden a «chiflar», es decir rebajar la piel por sus bordes, para volverla más fácilmente sobre los cantos de los cartones y pegarla en el contraplano; y también se chifla en el lugar donde irán los nervios, para que éstos puedan resaltar, e igualmente en el sitio de la bisagra (si la piel es gruesa), y en lo alto y bajo del lomo para que se pueda hacer la gracia con facilidad.

Para chiflar se utilizan varios tipos de cuchillas, pero las más usadas son la chifla francesa y la chifla inglesa (FIG. 126).

La chifla francesa tiene la línea de corte redondeada, lo que facilita que se pueda chiflar en un punto deseado, eliminando unas como virutas de piel y dejar así ese trozo más delgado.

La chifla inglesa tiene la línea de corte recta y en inclinación, y se usa para quitar en tramos rectos la cantidad de piel deseada.

La más usada en España es la chifla francesa.

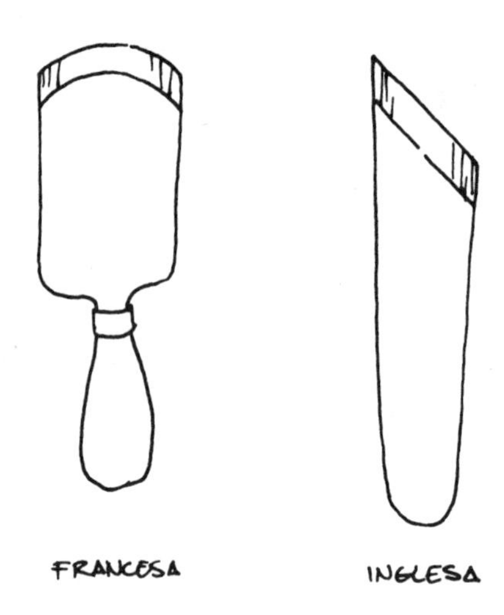

FIGURA 126. Tipos de chiflas

Ésta debe ser del mejor acero, ya que, si no, habrá que sentar el filo muchas más veces. Las chiflas se afilan sólo por una cara, como los formones de los carpinteros.

Cuando una chifla se vacía por primera vez, hay que sentar el filo en una buena y fina piedra de afilar.

La piedra, a ser posible, debe ser de dos caras, una áspera y la otra de grano más fino; debe ponerse en una caja de madera para protegerla y, antes de usarla, empaparla en aceite de linaza, para lo cual lo mejor es meter la piedra en un recipiente que la cubra con dicho aceite durante 24 horas. Esto permite que, luego, con unas pocas gotas se mantenga siempre aceitada.

Para afilar la chifla se le da una inclinación de 20 a 25 grados y se pasa en contra del corte sobre la piedra por el lado del vaciado, que es el único por donde se afila; por el otro lado se pasa plana a la piedra, para quitar el refilo, y sólo una o dos veces.

La chifla es algo tan especial, que cada uno debe buscar su propio punto de filo y su correspondiente inclinación de afilado, dándose el caso de expertos que sólo saben chiflar con una chifla preparada por ellos mismos.

El tiempo que se emplee en aprender a afilar una cuchilla **no es tiempo perdido.** Es una inversión, no un gasto.

Debe buscarse o hacerse una funda para proteger el filo.

Si podemos tener dos chiflas mejor, una para pieles más duras, y otra para las más blandas.

¿Cómo chiflar? (Véase la FIG. 127.)

Para chiflar bien se necesita hacerlo sobre una piedra de litografía u otra similar con el grano más duro. Se puede chiflar sobre una mesa de cristal, o sobre un trozo de mármol (que es lo mejor después de la piedra litográfica). Pero la razón de que se prefiera la piedra de litografía es que al salir la cuchilla de la piel y pasar a la piedra, ésta ayuda con su grano a afilar el acero, mientras que el cristal o cualquier otro material duro, al entrar la chifla en contacto con ellos, con fuerza y presión, vuelven el filo y lo retuercen hacia arriba, por lo que, si además ese acero es malo, habrá que estar afilándolo con más frecuencia.

La piedra deberá tener sus aristas rebajadas para que no se marquen en la flor de la piel.

La mano que sujeta esa piel ha de estar siempre por detrás del corte de la chifla y ésta cortando lo menos inclinada posible y siempre desde dentro de la piel hacia el borde (FIGS. 128 y 129).

El corte hacia la derecha se da con el borde derecho de la chifla, y el corte hacia la izquierda se hace con el borde izquierdo de ella (FIGS. 128 y 129).

Hay que tener cuidado con el hecho siguiente. Las chiflas suelen venir de fábrica con la cabeza o corte bastante redondeado A (FIG. 130), y por lo general cortando perfectamente por el centro. Pero con el uso y el mucho afilar por ese centro se convierte en B.

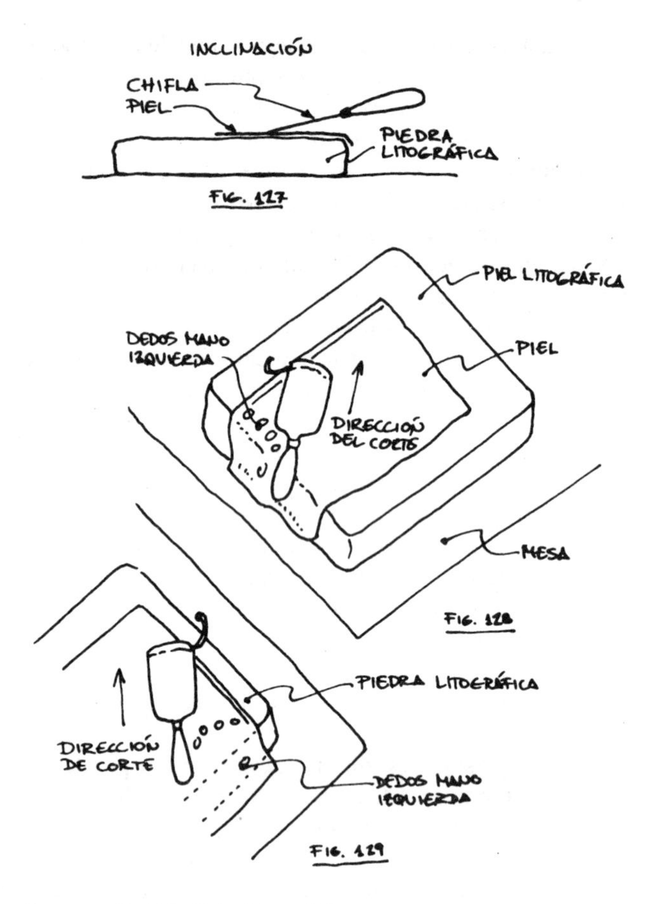

FIGURAS 127, 128 y 129. Cómo chiflar.

En este estado, y cortando siempre por el centro, las dos esquinas quedan muy cerca del corte. Estas esquinas están afiladas, y a la menor torsión de la mano entran en la piel y producen un corte que puede ser profundo.

Cuando nuestra chifla esté en esas condiciones, tendremos que llevarla a un afilador, para que nos la vacíe y deje nuevamente su corte redondeado.

Otra forma de chiflar es haciendo pequeños cortes paralelos entre sí y perpendiculares al borde (FIG. 131).

Los copos que van saliendo al rebajar la piel tienden a quedarse adheridos a la misma que se chifla y a la piedra, por lo que, si no se tiene un cuidado continuo en sacudir la piel y limpiar la piedra, es muy fácil que al chiflar con un copo bajo la piel, el realce que forma lo cortemos de la piel que chiflamos, y al limpiarla dejará un hueco que se notará

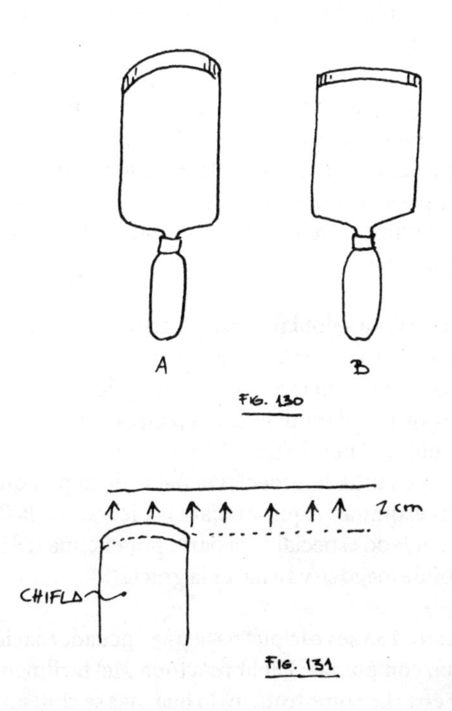

FIGURAS 130 y 131. Cómo se desgasta la chifla, otra forma de chiflar.

luego al cubrir, y si el copo es muy grueso, puede llegarse a cortar en redondo la piel, lo cual es más grave.

Alrededor de la piedra sobre la que se chifla y a unos 5 cm del borde, debemos colocar unos cartones doblados y sujetos por el peso de la piedra, para que todos esos copos de piel que salen al chiflar queden retenidos ahí y luego se puedan recoger fácilmente.

La elección de la piel es fundamental para conseguir una encuadernación de lujo.

De esa piel, cuando está entera, es importante saber que la parte del centro es la mejor (FIG. 132), aunque por donde cae el lomo del animal siempre es más gruesa y dura. También está endurecida en el sitio donde tuvo cicatrices. Esto no quiere decir que el resto de la piel no sirva, pues puede utilizarse para puntas o para libros que no lleven esa encuadernación de lujo sino a media piel o a cuarto.

Si la piel es muy gruesa, se debe rebajar para dejarla más flexible y poder trabajarla mejor.

Pero siempre, donde se debe rebajar y adelgazar es en los sitios siguientes:

- Donde vaya a doblar sobre el cartón.
- Donde vaya a caer la bisagra de los lomos.
- Si ha de llevar nervios, en los sitios donde éstos vayan a ir. Y ello porque, al ser más fina la piel, es más fácil estirarla y que se amolde al nervio (FIG. 133).
- Merece cuidado especial la parte de la piel que vaya a cubrir las esquinas. Aquí se dejará la piel casi en la flor. Otro sitio de cuidado especial es la parte por encima del lomo del libro, donde luego se va a hacer la gracia.

En la FIG. 133 se ve la piel para una encuadernación a media pasta, con puntas. Un libro a toda piel fácilmente se deduce de éste. Lo sombreado es lo que más se chifla.

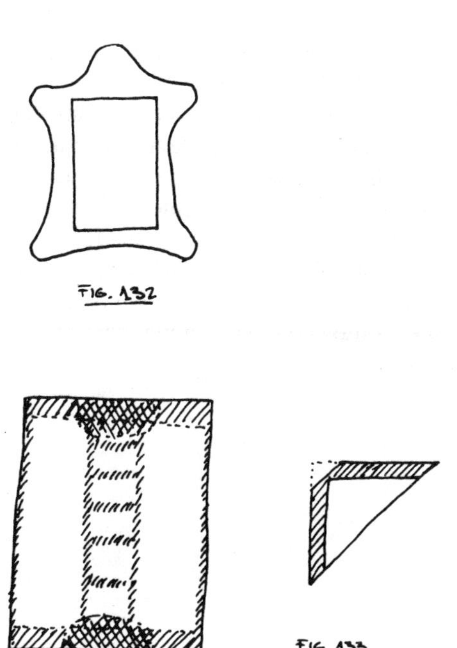

FIGURAS 132 y 133. Parte mejor de una piel y piel para «media pasta».

Cómo arreglar desperfectos

Un corte limpio en la flor, si no es muy grande, se disimula, una vez cubierto el libro, inyectándole un poco de engrudo líquido en la herida y poniendo un papel limpio sobre ella. Se deja secar con un peso encima y una vez seco, se limpia el exceso de engrudo que pueda tener.

Si durante la chifla, por la causa que sea, se produce un hundimiento en la cara de la piel conocida como «carnaza» (la opuesta a la «flor») y que luego se vaya a notar después de cubierto el libro, la solución es colocar engrudo en el hueco y rellenar éste con copos o restos de piel chiflada, y así igualar con el resto del grueso de la piel.

A la hora de dar engrudo a la piel para cubrir, debe cuidarse que ese relleno no se salga de su sitio, pues a causa de la humedad se habrá reblandecido y puede que, si se desplaza de su sitio, cause un doble perjuicio: el hueco que quisimos arreglar y el resalte que hemos formado.

Reparando con cuidado se consigue que no se noten hundidos ni resaltes en la flor de la piel, y cuando el libro esté terminado será como si llevase una piel perfecta y perfectamente puesta.

17. Cubrir las tapas

La operación de cubrir las tapas es general para toda encuadernación, y dado que esta operación es similar para cuero, guáflex, tela, etc., ya sea en la encuadernación a media pasta o a pasta entera, vamos a ver ahora el proceso de cubrir un libro a media piel y con puntas, al terminar expondremos algunas notas del montaje en los otros casos y cuando éstos sean distintos o complementarios de los que ahora explicamos.

En el libro que ya está preparado para cubrir es necesario, antes de empezar el proceso de trabajo, revisar lo siguiente:

- Que las esquinas del cajo estén ya cortadas.
- Que las salvaguardas estén quitadas o arrancadas.
- Que las tapas estén lijadas y sus bordes acondicionados.
- Que la lomera (sea cual fuere su montaje) corresponda a su tamaño y, si tiene nervios, que estén sujetos.

Con el libro ya preparado así, han de tenerse a mano ciertas pequeñas herramientas; pues una vez empezado el proceso de trabajo no se puede parar hasta que llegue a su fin.

Se necesita tener dispuestos:

a) **Engrudo.** Filtrado, sin grumos ni colas secas.
b) **Dos plegaderas.** Una con punta y limpias las dos.
c) **Prensa horizontal.** Que esté libre.
d) **Tableros.** Cubiertos de paño.
e) **Chifla.** Afilada.
f) **Tenaza de nervios.** Si no se tiene, pueden utilizarse las dos plegaderas.
g) **Tazón.** Con agua limpia.
h) **Esponja.** Para humedecer el cuero.
i) **Trozo de cuerda.** Con un nudo corredizo.
j) **Cuadrado de cristal. Grueso.** De 12 × 12 cm y con los bordes matados.
k) **Bola.** Para levantar la piel.
l) **Brocha.** Limpia.

Lo primero que hay que hacer es cortar en papel de periódico una plantilla con el tamaño del libro, aumentado en 2 cm por todos los lados. Luego esa plantilla se traslada y se corta del material con que se va a cubrir.

Lo segundo es revisar si la piel por la parte de la carne tiene debidamente marcadas con un bolígrafo las indicaciones de:

A. Dónde ha de ir la lomera.
B. Dónde irán las tapas y qué parte será la de la cara y cuál la de detrás.

1. Para cumplir esos requisitos se marcará la línea A B que es la mitad de la piel (FIG. 134). En esa línea irá la señal de la cabeza de la lomera, arriba, y la de pie, abajo.

Se pone la mitad del lomo del libro, por cabeza y por pie, en esa línea A B y se colocan el libro y la piel sobre la mesa, para trazar las líneas C D y E F, que serán los bordes de las tapas, cuando se cubra.

Si la lomera tiene nervios, habrá que chiflar el sitio donde vayan a ir (a menos que sea una piel muy fina) y entonces es conveniente marcarlos. Una vez marcados y chiflados, se utiliza la bola de realce (FIG. 135). Para ello se humedecen los sitios donde van los nervios, se coloca la piel sobre la **mano izquierda** y, sujetándola con el pulgar, se aprieta en la carnaza con la bola el sitio donde van el nervio, procurando que la piel caiga sobre el hueco de los dedos. La bola va penetrando y estirando suavemente la piel, produciendo un resalte por la flor.

2. Cuando ya todos los nervios sobresalen en la piel es normal que la humedad salga por ella, pero eso no tiene im-

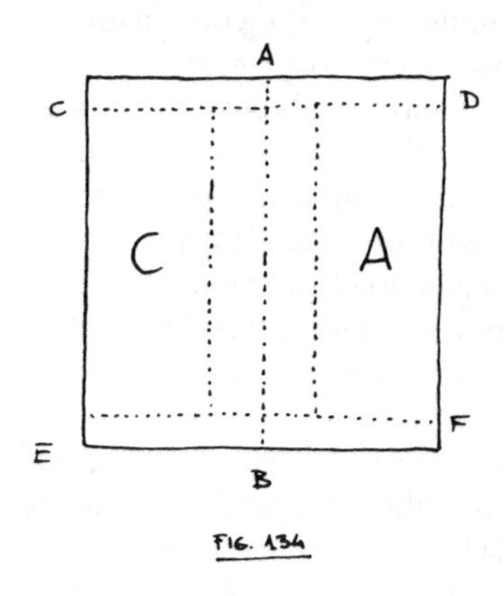

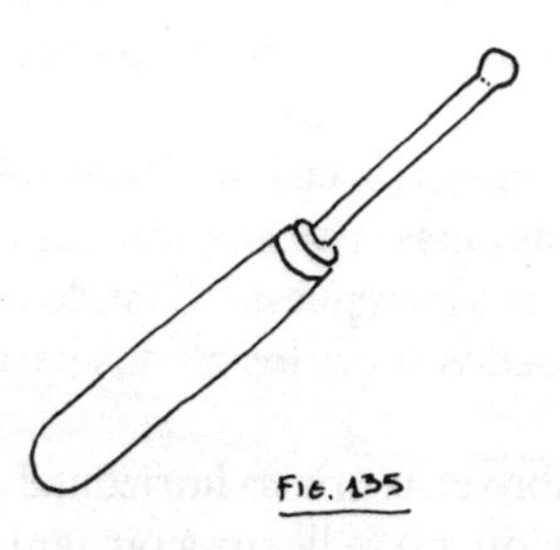

FIGURAS 134 y 135. Marcando la piel para chiflar y bola de realce.

portancia pues el siguiente paso es mojar toda la piel por ese lado de la flor, para que así, toda mojada, tome el mismo color. También habrá que mojarla si la lomera no lleva nervios, pues ése es el modo de que, si luego sale algo de humedad en el proceso de trabajo, no deje señal sobre la piel. Las pieles claras y las rojas tendrán tendencia a hacer unos halos característicos de la humedad. Las pieles oscuras no suelen alterar su color.

3. Una vez la flor mojada, se coloca la piel sobre un papel que no manche, se le da engrudo para que se empape bien, se deja 2 ó 3 minutos y se le da otra mano, procurando que no quede mucho engrudo.

4. Se toma el libro, y se da engrudo en las tapas y cerca del cajo, de la cabeza al pie, para que el cartón tenga asi un poco de humedad y no la chupe de la piel, con lo que evitaremos que se pegue demasiado rápidamente.

5. Sobre la piel se coloca la lomera en las marcas señaladas. Si el libro tiene la lomera incorporada, ha de comprobarse si tiene las señales puestas, que son las que han de venir en la línea de la mitad A B de la piel.

6. Se toma la piel por debajo, y con los lados de la lomera entre los dedos índice y pulgar de la **mano izquierda.** Cuando se sienta la lomera, se toma el libro con la **mano derecha,** y se coloca entre los dedos índice y pulgar de la **mano izquierda,** se notan entonces los cajos y las tapas a través de la piel. La lomera estará a la altura de la tapa por cabeza y pie y bien centrada.

Si no lo está, se despega (lo cual será fácil, pues para eso se puso engrudo en las tapas) y se empieza otra vez, comprobando si la lomera está bien puesta. Cuando esté en su sitio, se aprieta con los dedos sobre los planos para mantener la piel fija ahí.

7. Se coloca el libro en la prensa horizontal y se aprieta en los cartones (atención, no se llegue a pinzar la piel). Se humedecen los pulpejos de las manos y apoyando éstos en la

piel del lomo a cada lado, se aprieta hacia abajo (hacia las teleras), para que la piel encaje bien en la lomera y en los huecos hechos para que entren los nervios. No debe tirarse mucho hacia los cortes de cabeza y de pie.

Pensemos que la piel estira con la humedad y que, además, necesitaremos más piel que sobresalga por encima de los nervios.

Es mejor que, al contrario, se empuje ligeramente la piel por el lomo y hacia el centro.

8. Se empieza marcando con el borde de las plegaderas y con suavidad la forma de los nervios.

Si la piel se ha secado, se rehumedece el lomo con la esponja o con el dedo, y así es más fácil seguir dándole forma a los nervios.

Éstos no se terminarán, totalmente, pero se humedecen para así poderlos terminar después.

9. Es conveniente revisar si la piel está de acuerdo con las marcas interiores. Si es así, se coloca el libro entre tableros cubiertos de paño y se le da un apretón en la prensa. Justo lo necesario para que la piel quede afirmada en los planos y en su sitio. Se saca de prensa.

10. Se lleva el libro a un tablero cubierto con un paño que no deje señal de su trama ni de su urdimbre. Se coloca el tablero al borde de la mesa, con el lomo del libro dispuesto perpendicularmente a ese borde y con los planos caídos a cada lado del libro.

Con el pulgar y el índice de la **mano derecha** se vuelve el reborde de piel y se ayuda con la plegadera para que pase entre la lomera y la cabezada.

No debe llenarse la cabezada de engrudo o cola cuando se vuelve la piel en ese sitio, pues se mancharía. Luego se tira de la piel un poco en el centro, dejándola sobresalir unos 2 mm. Con la plegadera se ayuda a tirar y se colocan en su sitio las señales hechas con el bolígrafo. En los contraplanos, no debe tirarse mucho, pues la piel ha quedado muy tensa y, al secarse, arquearía el cartón, lo cual afearía considerablemente.

Se pasa al otro borde y se hace lo mismo. Una vez estén los dos lados con los rebordes cubiertos, se abre una tapa y, sujetando la piel con los dedos, se empuja con la plegadera en la bisagra, para facilitar la apertura. Se coloca el libro con el lomo hacia el operario y, con el pulgar y el índice de **cada mano** en la entrada de los cajos, se aprieta y se mueve para que no haya tirantez sino un libre juego de la bisagra.

11. Se revisa que los dos planos estén iguales, estirando las posibles arrugas a las entradas de los nervios.

12. Se aprietan los cortes de cabeza y pie de las bisagras. Con la plegadera se marcan profundamente las esquinas entre las cabezadas y los planos.

13. Se toma la cuerda con el lazo y se sujeta éste en el pulgar de la **mano izquierda,** se da una vuelta al dedo corazón y dos vueltas a los otros. Ello deja libre el índice. Se coloca la cuerda en las señales que se acaban de hacer en las esquinas (punto 12) y se aprieta hacia abajo.

14. Se coloca el libro con la canal hacia el operador y el canto de pie apoyado en el tablero entelado y la cuerda como hemos dicho en el punto 13. Con la punta de la plegadera en la **mano derecha,** se aprieta la piel delante de la cuerda para que entre en el hueco del plano.

Luego se toma la plegadera como si fuera un puñal. Se coloca la punta entre la piel y la cabezada, con fuerza pero sin que rompa la piel. Así se lleva hacia las cuerdas.

Con la punta del dedo índice de la **mano izquierda** se aprietan los bordes de la lomera y la punta del lado derecho y (mientras con la punta de la plegadera se lleva la piel hacia las tapas), se hace lo mismo con el lado izquierdo, pero con el **pulgar** y la plegadera, siguiendo las flechas (FIG. 136).

Al quitar la cuerda de la cabeza del lomo, se notará que la presión dada ha dejado un surco en la piel y que ésta ha quedado mal en los puntos A y B (FIG. 137). Se empuja la

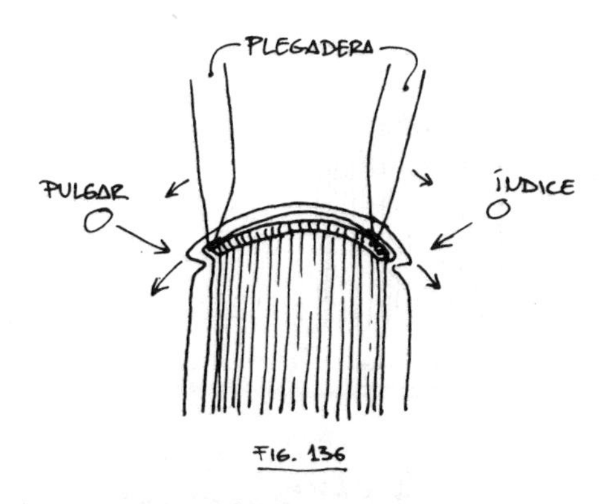

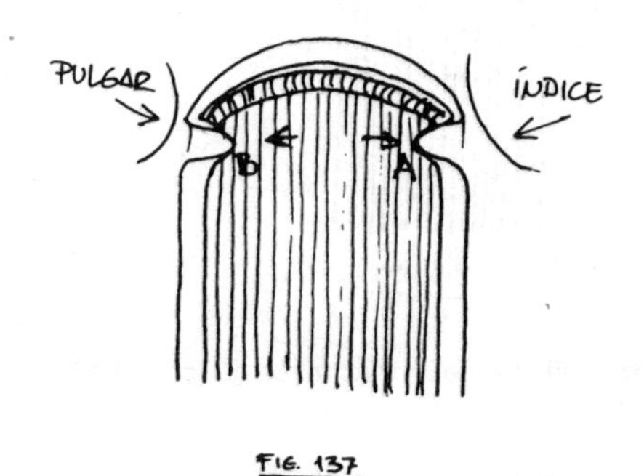

FIGURAS 136 y 137. Arreglo de lomo y confección de la gracia.

piel desplazada de su sitio con la punta de la plegadera y según se ve por las flechas, y se sujeta por fuera con la yema del dedo pulgar o del índice, ya sea izquierda o derecha (FIG. 137).

15. El sobrante que se dejó de 2 mm sobre la lomera, se aprieta sobre la cabezada y se le da el aspecto de un casco de luna (FIG. 138).

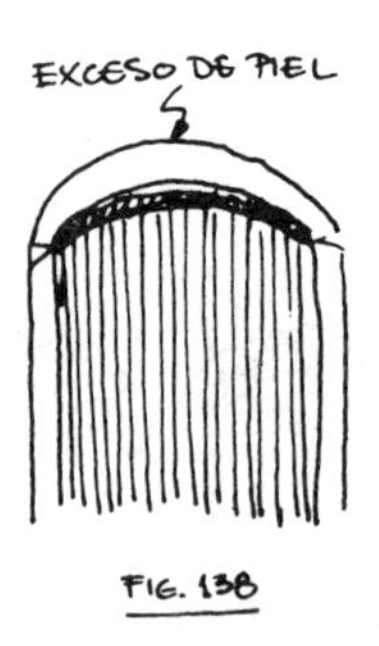

FIGURAS 138 y 139. Cómo cubrir con piel del lomo la cabezada.

Para ello con el plano de la plegadera se irá forzando hacia abajo y se le da forma igualando los dos lados (FIG. 139).

Con una placa de cristal, se aprieta sobre los cantos y sobre la piel de la lomera y, mientras, se pasa la plegadera por el borde del lomo, lo que hace que la piel quede recta y no curva al final del lomo por la cabeza y por el pie, pues de quedar curva afearía nuestro trabajo según vemos en la FIG. 140.

Evítese arañar la piel. Si en el transcurso del proceso quedó sobre la plegadera algún grumo de engrudo, éste se habrá endurecido y es posible que raye la piel. Se puede evitar

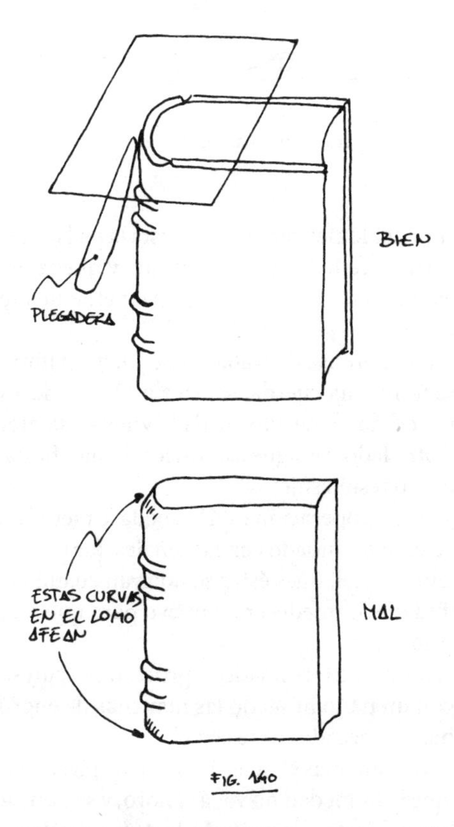

FIGURA 140. Cómo usar placa de cristal para redondear el lomo.

revisando continuamente la plegadera con la punta de los dedos.

16. Se vuelve a poner el libro en la prensa horizontal y, si los nervios continúan húmedos, debe seguirse apretando y moldeando la piel con las tenazas de apretar los nervios, hasta que se vaya secando y quede fija y segura allí (FIG. 141).

FIGURA 141. Piel separada en los nervios.

17. Si por cualquier causa imprevista la piel no se acomoda en su sitio alrededor de los nervios y queda levantada como se ve en la FIG. 141, hay que utilizar el siguiente procedimiento.

Se toma una prensa de trabajo y se sujeta el libro fuertemente. Se toma una cuerda, se hace un lazo y se aprieta la cuerda al lado de un nervio. Se da la vuelta a la prensa y se aprieta el otro lado. Se sigue así con los demás, hasta que todos los nervios estén sujetos.

Si al hacer esta operación está húmeda la piel, el resultado será más efectivo; cuidado con las señales que puede dejar la cuerda sobre la piel, pues éstas se notarán cuando estén secas, y habrá que humedecer de nuevo para que así puedan tratarse y quitarse.

18. Cuando esté terminado el proceso procúrese lavar y limpiar con un paño húmedo las manchas de engrudo que puedan haberse secado sobre la piel.

19. Se colocan unas chapas de cinc o de plástico por dentro para que la humedad no vaya al libro, y se pone todo entre tableros cubiertos de paño. Se le da un apretón durante unos minutos y luego se deja secar bajo peso, tal como estaban, durante 12 horas.

Colocación de las puntas

Como las puntas están relacionadas con el modo de encuadernación que se ha decidido y con el tamaño del libro, se verá que sus medidas en los libros normales están entre 4 y

8 cm de lado de ángulo recto. Esto nos da 5 tamaños de puntas: de 4, 5, 6, 7 y 8 cm de lado (FIG. 142).

Pensemos que si el tamaño que vamos a cubrir en el libro es, pongamos el caso, de 6 cm, en realidad la punta de piel que necesitaremos será de 8 cm de lado (FIG. 143), y así tenemos 2 cm de más para volver en la contratapa.

Ya hablamos de las plantillas de puntas. Véase el capítulo 5.

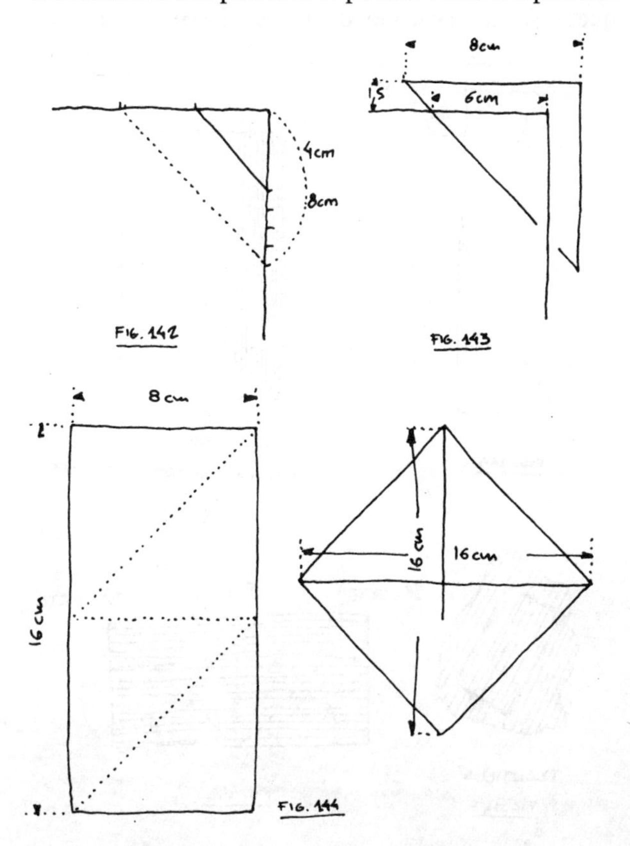

FIGURAS 142, 143 y 144. Medidas y plantillas para puntas de piel.

Pero estas nuevas plantillas se pueden hacer de dos formas: la rectangular y la cuadrada (FIG. 144). Así, con estas dos plantillas, podemos decidir a conveniencia cuál de las dos utilizaremos.

Atención: donde no cabe aprovechar, usando, plantillas, es: 1.°, en las pieles que tengan rayas o dibujo como, por ejemplo, los rombos de la piel de Rusia; y 2.°, en las puntas que tengan desiguales los dos lados del triángulo (FIG. 145).

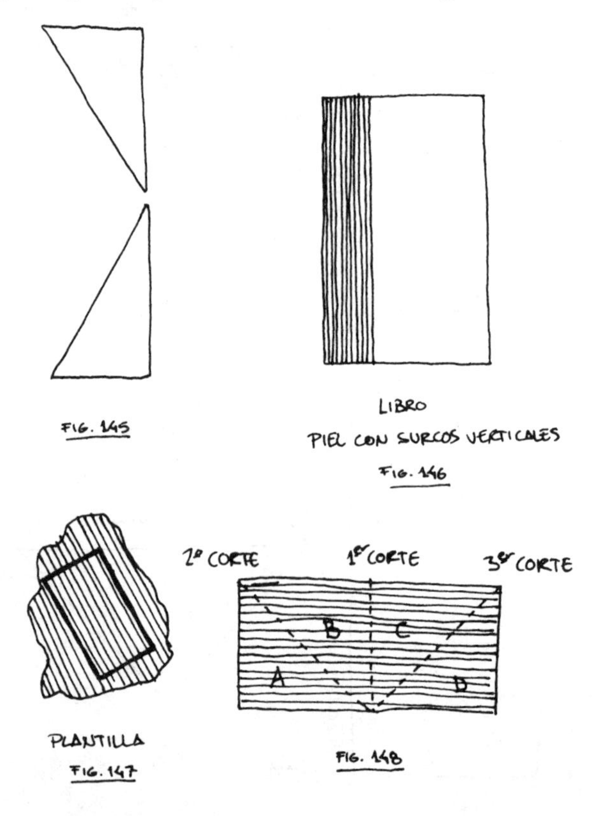

FIGURAS 145, 146, 147 y 148. Formas de cortar puntas de piel.

Para estos casos especiales ha de tenerse mucha precaución. Veamos el primer caso:

Deseamos naturalmente que las puntas lleven sus líneas en el mismo sentido que la piel que cubre el lomo. Por eso no se puede emplear la plantilla cuadrada, sino la rectangular, colocada en la piel que se va a cortar, al mismo hilo que lo está la piel del lomo (FIG. 146).

Se observan las líneas del lomo, se coloca la plantilla como la figura indica, se corta y, para cortar también las puntas, se procede de la siguiente manera (FIG. 147):

Hay que cortar en V, se hace el primer corte en medio, verticalmente y, sin mover los dos trozos, se coloca la regla y con la punta se hace el segundo corte y, luego, sin mover, el tercero (FIG. 148). Así se ha hecho la V y se tendrán los triángulos A y D para un plano y B y C para el otro.

Lo mismo ocurrirá para la piel de Rusia y si se quieren utilizar puntas desiguales, que es el caso segundo. Debe efectuarse el corte como antes, en V (FIG. 149), lo que indica cómo hacerlo. Igualmente nos dará A y D en un plano, y B y C para el otro.

Una vez cortada la piel a su medida y chifladas las 4 puntas, debe encolarse en las tapas.

Para ello, lo primero es tomar medidas en las tapas. Como sabemos el tamaño de las puntas de piel, sabemos el tamaño de lo que deben cubrir en el libro y por lo tanto podemos utilizar la plantilla que hicimos. Véase cap. 5. «Plantilla de puntas».

Para ello emplearemos la plantilla de 6 cm que colocamos sobre el libro, haciendo que la línea A C coincida con el borde del libro y que B D coincida con el otro lado. Nos queda así un triángulo de 6 cm de lado y, una vez descubierto, trazamos con un bolígrafo o lápiz apoyado sobre el borde A B y marcaremos así en la tapa la línea donde ha de ir el triángulo de piel que teníamos cortado y que era de 8 cm de lado (FIG. 150).

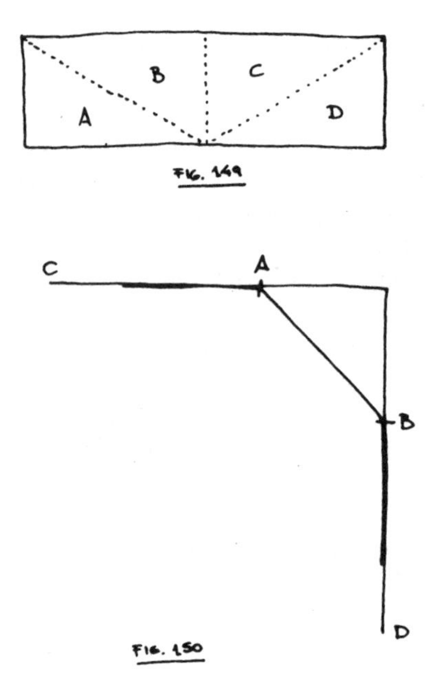

FIGURAS 149 y 150. Cómo marcar las puntas en la piel y en las tapas.

Se presenta la piel sobre la línea, se corta el sobrante de la punta y se chifla la piel de ese corte muy fino.

Ha llegado el momento de pegar las puntas. Para ello se les da engrudo, si son de piel, y cola blanca si son de guáflex o tela. Se colocan en la punta, de forma que sobre lo mismo por cada lado.

Al volver la piel en la contratapa, la forma de acomodo de la punta puede ser hecha de varias formas.

1.ª La forma más normal de volver las puntas es como se indica a continuación, y así con todas las clases de materiales (FIG. 151).

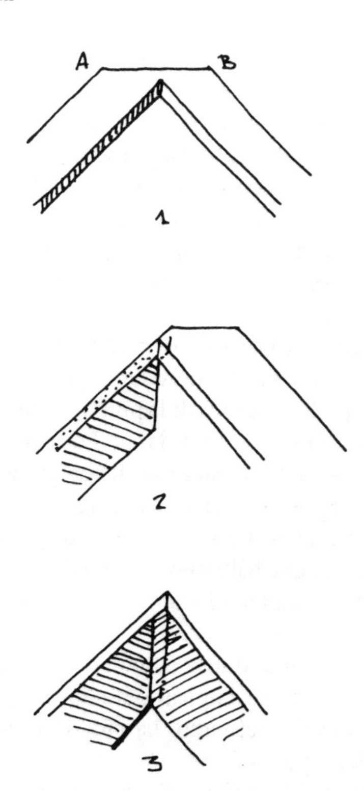

FIGURA 151. Forma normal de volver las puntas.

El corte A B se da con la tijera, con la punta ya pegada a la tapa (si es piel, ha debido chiflarse antes muy fino) y a 2 ó 3 mm además del grueso del cartón que se ha usado en el libro. Deben seguirse los pasos que se indican (FIG. 151).

Una vez colocadas las puntas, con un martillo se golpea en plano la punta sobre la unión de las pieles. Los cantos se aplastan con la plegadera para que no quede nada en hueco, con aire o despegado, entre la piel y el cartón.

2.ª Para las pieles se suele emplear estos dos procedimientos:

a) Chiflar muy fino toda la punta, de la que se habrá cortado sólo un poco. Una vez puesta en su sitio, se procede como se ha dicho antes, se cubre la contratapa y, al llegar a la punta, se procede así con todo ese resalte de piel que ha quedado. Con un punzón de hueso o marfil, o con la punta fina de la plegadera, se va amoldando la piel tirando de ella en diagonal, y después se aplasta con un martillo también cuidadosamente limpio. (Véase en la FIG. 152 la dirección de las flechas.)

b) La otra manera de acomodar es por medio de una lengua o tira de piel que se saca de la punta, cortando unos 3 mm de ancho por unos 12 ó 15 de largo. Los cortes han de estar perfectamente medidos para que, al doblar cada uno de ellos por su lado, lleguen a besarse en la diagonal de la contratapa. Luego, sobre ambos lados y para que no se vea esa unión, se monta la lengua que habíamos sacado de la punta de la piel.

Es un procedimiento difícil y engorroso de hacer.

3.ª Para las puntas que se cubren con tela, aparte del método primero se suele emplear para libros de mucho uso el procedimiento del refuerzo. La FIG. 153 mostrará mejor cómo seguir los pasos.

Este método debe su fuerza a que no se ha cortado la tela de la punta sino que se la ha doblado. Luego se la aplasta para hacerla más fina y se amoldan los cantos para que no sobresalgan esos dobleces que son los que le darán consistencia frente al uso.

Holandesa, o media pasta y papel

Es la encuadernación que acabamos de exponer con todo detalle, pero no hemos hablado más que del lomo y de las puntas. ¿Y qué decir de los planos?

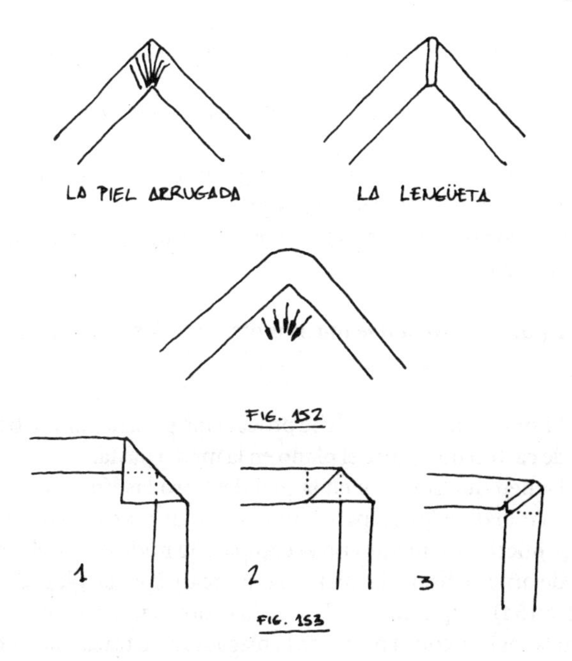

FIGURAS 152 y 153. Otras formas de volver las puntas de piel.

Éstos los podemos poner de lo que queramos; la fantasía de cada encuadernador es ilimitada y todo es válido para poner en las tapas, sin más freno que el que sea compatible con el lomo y el buen gusto artístico en la combinación de colores.

Para la encuadernación de un libro destinado a una colección particular o para el mismo encuadernador, que es quien se hace sus libros, se puede sustituir el antiguo papel liso por cualquiera de los siguientes:

- Por un papel fuerte pintado a mano, que entone con la piel del lomo.

- Por un papel de empapelar paredes, pues los hay muy aprovechables.
- Pueden usarse trozos de piel, tela de tapicería, tela de cortinajes.
- Pueden usarse trozos de pergamino de libros viejos o pieles de encuadernaciones antiguas.
- Puede pintarse la piel o trabajarse el cuero y encuadernar con ellos.

Y pueden inventarse muchos otros modos de cubrir esas tapas aún descubiertas.

Ahora veamos cómo debe procederse para llenar ese trozo de cartón que cubre el plano en la media pasta.

Tienen que trazarse en la piel del libro las líneas donde van a ir los bordes del papel (pongamos por caso), así es que lo primero será medir con el compás. Se mide desde el corte delantero hasta la piel y se marcan con la plegadera (FIG. 154) los puntos A y B, y en la otra tapa, igual. Se unen con la regla y, con la punta de la plegadera, se traza una línea recta de canto a canto.

Con respecto a las puntas, ya hemos hecho una plantilla (cap. 5) para saber dónde teníamos que pegarlas. ¿Por qué no usamos el otro lado de la plantilla, que nos señala hasta dónde debe llegar la tapa de papel?

Por eso en la plantilla, enfrentada al lado de una punta de 6 cm hay otra de 5,5 cm que, colocada en su sitio, nos permite trazar con la plegadera, sobre la piel, las líneas de las puntas C D y C' D' (FIG. 155).

Ya tenemos los límites trazados en el libro. Seguidamente se trasladan al papel de la siguiente forma:

Se corta un rectángulo del papel elegido, que tenga 3 cm más de alto y 1,5 más de ancho. Se coloca el lomo hacia el operador y sobre la línea A B se centra el papel para que sobre 1,5 cm por cada lado (FIG. 156).

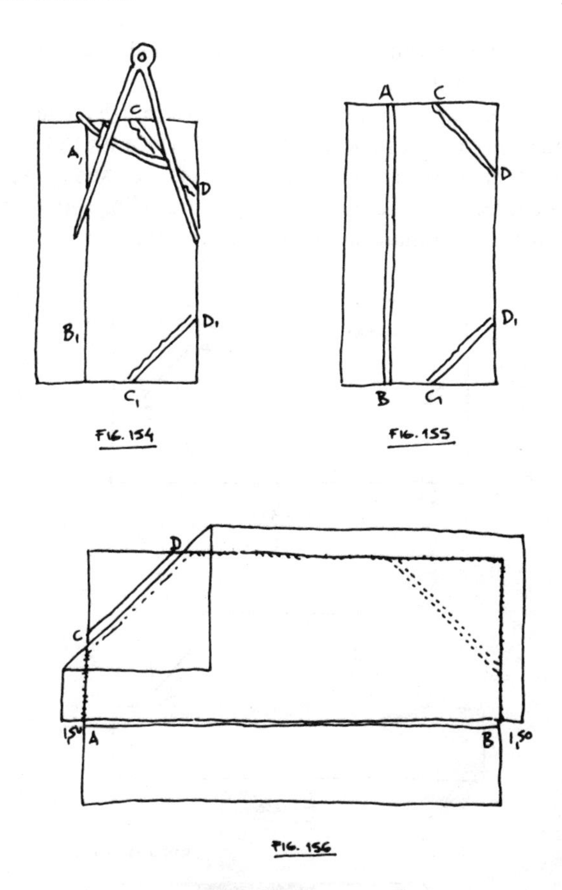

FIGURAS 154, 155 y 156. Forma de cubrir con papel.

Se sujeta firmemente el papel para que no se mueva de esa línea y se dobla la punta hasta que el doblez coincida con la línea C D. En los puntos del borde del plano se marcan sobre el papel esas señales C y D. Se hace igual con la otra punta, naturalmente sin mover el papel de su sitio.

Cuando se levante, tendremos en la vuelta las marcas, como se ve en la FIG. 157, izquierda.

Con el escalpelo se corta de C y D (FIG. 157, derecha). Así quedará el trozo de papel como se ve en la FIGURA 158.

A este trozo se le da cola blanca por el revés, se sujeta por las solapas F y G y se coloca y pega sobre el libro en el sitio del que se han tomado las medidas indicadas.

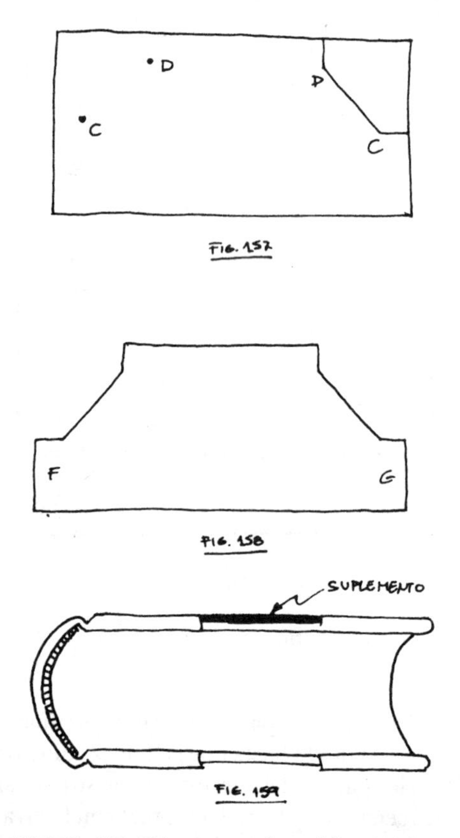

FIGURAS 157,158 y 159. Cómo cortar el papel de cubrir las tapas.

Puede darse el caso de que la piel por ser muy gruesa, deje un arcén sobre el papel, lo cual puede subsanarse si se coloca una cartulina en ese hueco (FIG. 159). Elevaremos así el grueso del cartón para que pueda colocarse el papel y quede a la altura de la piel.

Si en lugar de papel se utiliza otro material cuyo grueso supla al de la cartulina, se pega éste directamente, sin nada suplementario.

En pasta o piel entera

El procedimiento es el mismo y con idénticos preparativos.

En el momento en que se va a cubrir (después de haber puesto el engrudo, y para que no moleste la piel colgando por los dos lados y posiblemente manchando) se doblan los laterales sobre la misma piel, engrudo con engrudo y sin llegar al sitio de la lomera. Así se podrá apretar la piel sobre el lomo (FIG. 160) cuando esté sujeto en la prensa horizontal.

Hay que vigilar con más cuidado las señales marcadas en la parte de la carne para que al secar no quede muy tirante y arquee los cartones.

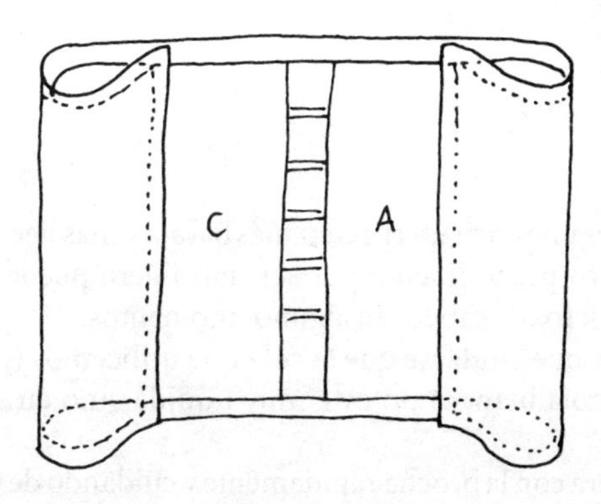

FIGURA 160. Doblar la piel al cubrir con piel entera.

Para que el encolado sea más lento, debe ponerse también en las tapas un poco de engrudo.

Debe cuidarse que las puntas vayan a su sitio marcado, ya que de no ser así tendríamos dificultad en voltear la piel, pues no caería lo chiflado en su sitio.

Debe también cuidarse, al lavar la piel, que no queden manchas de humedad, halos, etc., señales de la plegadera, arrugas, ni golpes o arañazos, pues ahora con la piel húmeda, pueden corregirse y eliminarse muchas señales que luego, cuando seca, sería imposible enmendar.

Siempre que no se esté trabajando en el libro cubierto ya con la piel, éste debe estar entre tableros y bajo peso.

Cuando a las 24 horas la piel esté completamente seca, puede procederse a la apertura de los planos.

Éstos deben abrirse con cuidado y poco a poco. Con la punta del dedo húmeda, se pasa por la bisagra y, con ésta ya humedecida, se empieza con cuidado moviendo, abriendo y cerrando, hasta que la tapa quede horizontal al libro y al cerrarla permanezca en su sitio y sin levantarse por el corte delantero. Se hace lo mismo con la tapa de detrás.

Esto se debe hacer antes de pegar la guarda pintada, para evitar que una mala construcción rasgue esa guarda por la bisagra.

Tela

La tela es una encuadernación más barata y más ligera que la piel, pero precisamente por ser más ligera puede darnos quebraderos de cabeza en algunos momentos.

Tiene que cuidarse que la cola que utilicemos (normalmente cola blanca) no esté muy líquida sino en su justo medio.

Se dará con la brocha rápidamente y cuidando de no sujetar el trozo por el centro, pues puede deformarse. Es mejor sujetar la tela por los bordes, así encolarla y después llevarla rápidamente al libro y colocarla en su sitio sin tener que retocar o levantar por mal colocada que esté, pues ya no tendría arreglo.

Por eso recomiendo que para cubrir con tela unas tapas es preferible usar el procedimiento indirecto, es decir, dar la cola al cartón de la tapa y, con un pincel encolado, darle a las vueltas y pegarlas en la contratapa.

Siempre que vaya a presionarse sobre una tela encolada, se hará a través de un papel puesto entre la tela y la mano, pues la tela al humedecerse, se puede adherir a la mano y ésta con la presión arrastrar la tela, lo que sería un desastre.

Hoy día con las telas que tienen el revés o pie de papel, muchos de estos inconvenientes se han eliminado. Pero es recomendable seguir manteniendo ciertas precauciones, que la práctica irá indicándonos.

Papel plastificado

Se llama «guáflex» al papel plastificado.

El guáflex tiene muchas ventajas y, si está bien hecho y es de calidad, da buenos resultados, pues se asemeja de alguna forma al cuero.

Se trabaja muy bien, se encola sin deformarse y se puede lavar con agua, perdiendo las manchas de cola y engrudo sin que por ello se perjudiquen sus cualidades.

En encuadernación es un buen sustituto de la tela, a la que prácticamente ha desbancado.

18. Guardas sueltas

Si por conveniencia, por olvido o por cualquier otra circunstancia no se pegaron las guardas de dibujo a las hojas blancas en el proceso de montaje, ahora es el momento de colocarlas, cuando ya están las tapas cubiertas.

Para ello, lo primero es ver cómo está la contratapa, pues sería mucha casualidad que los trozos de piel, de guáflex o de papel de los planos que se han vuelto estuviesen todos igualados (FIG. 161).

Tenemos que alinearlos y rellenar ese desnivel con el cartón, mediante un papel de estraza o un papel secante. Para ello hay que cortar con la punta o escalpelo por la línea señalada (FIG. 161), y quitar las desigualdades.

Cortaremos un trozo de papel conforme a estas medidas, y lo pegaremos, dejando secar bajo tablero y peso, y con chapa que impida el paso de la humedad a las otras hojas.

Las guardas se pueden pegar en la contratapa cuando ésta esté preparada de cualquiera de las cuatro formas que se indican (FIG. 162):

1.ª Que es la normal.
2.ª Que entra en diagonal.

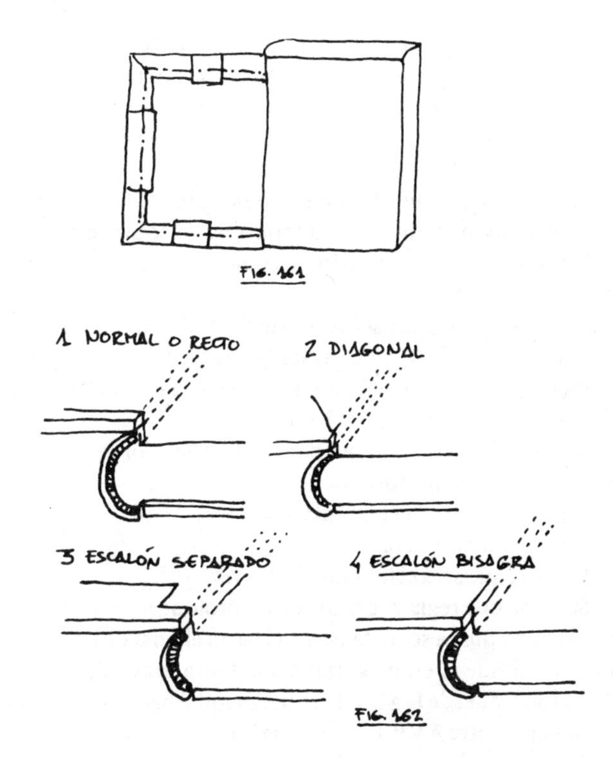

FIGURAS 161 y 162. Formas de pegar la guarda a la contratapa.

3.ª Que hace un escalón.

4.ª Que hace igualmente un escalón.

La 2.ª, 3.ª y 4.ª se emplean en encuadernaciones a toda piel, cuando se desea dorar el borde de la contratapa (para lo que se dejó más piel, al doblar la contratapa), porque así hace más lujoso.

Para proceder en el primero de los casos (y por extensión se comprenderán los otros tres), se actúa de la siguiente forma:

1. Las guardas se cortarán de un tamaño 2 cm mayor que el libro con las tapas abiertas, al alto y al largo (FIG. 163).

Una vez cortadas estas dos guardas se continúa de la siguiente forma:

2. Se coloca la guarda con el dibujo sobre la mesa de trabajo, y se sitúa el libro con la tapa abierta sobre la guarda cuidando de que esté en todos los sentidos con el mismo sobrante (FIG. 164).

Sujetando la tapa A sobre el papel, se marca con un lápiz alrededor de toda la tapa, hasta llegar de cajo a cajo y, sin manchar las hojas, se señalan del cajo hacia la canal, por los dos lados, las líneas C E y D F (FIG. 165).

3. La hoja de guarda quedará (FIG. 166) por la parte de atrás, de la siguiente forma:

A B C D, que será la plantilla de la tapa.

C D, que será el cajo.

C D E F, que será el tamaño del libro.

Se toma una regla y se coloca en la prolongación de C E.

Con una punta se corta desde C hasta el final de la guarda por A y desde C en diagonal hacia fuera, línea de puntos (FIG. 166), y desde D a B y de D en diagonal hacia fuera. Luego se corta entre A y B a 2 mm de la línea hacia dentro.

4. Nos queda una guarda cortada (FIG. 167). Se verán las marcas de lápiz entre C E y D F.

5. Se colocan unos tableros del grueso del libro, se abre la tapa y se vuelve sobre los tableros.

Sobre la contratapa se presenta:

a) Que A B tenga el mismo tamaño de las hojas del libro y C y D caigan en el cajo.

Si es así.

b) Hay que igualar las cejas en la contratapa y procurar que la delantera esté paralela al borde. Ya conseguido ello, se marca un punto en cada esquina con la punta de un lápiz.

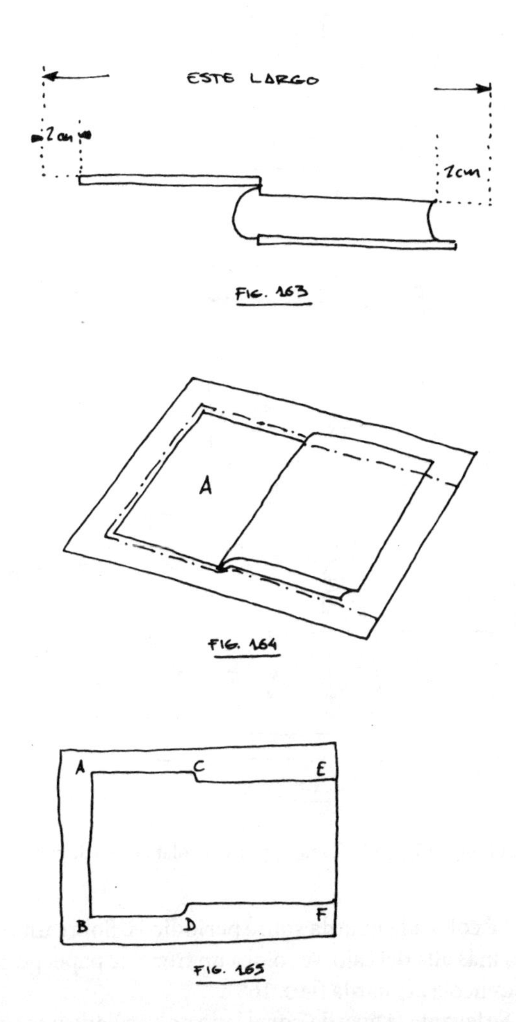

FIGURAS 163, 164 y 165. Cómo trazar la forma de la hoja de guarda.

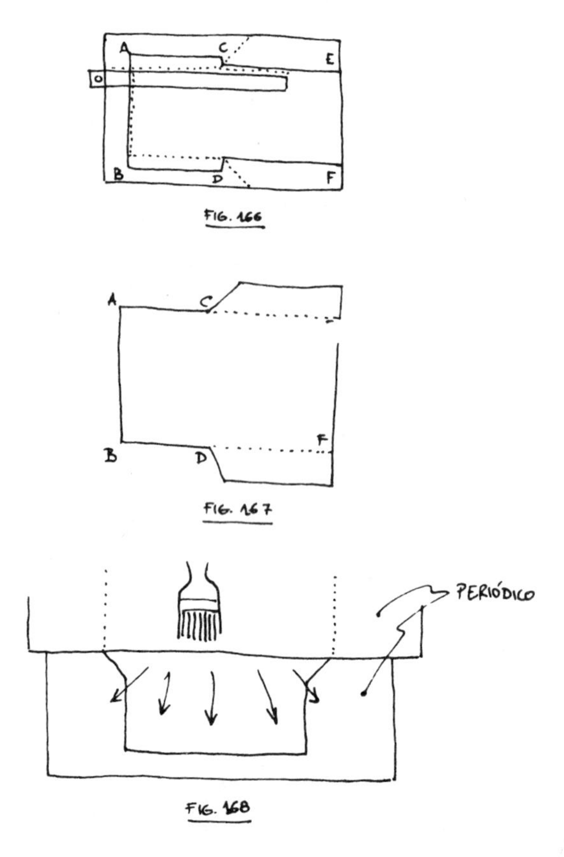

FIGURAS 166, 167 y 168. Cómo cortar y encolar la hoja de guarda.

6. Se coloca la guarda sobre periódicos. Sobre un centímetro más allá del cajo, se coloca un trozo de papel periódico y se encola la guarda (FIG. 168).

7. Se levanta la guarda por el lado no encolado y se coloca en los puntos señalados. Se cuida de que las cejas sean iguales, y se coloca toda la guarda encolada. Con un papel blanco

sobre ella, se frota hasta que esté perfectamente pegada, sin bolsas ni arrugas.

8. Sujetando la guarda con la **mano derecha**, se levanta hasta el cajo y, con los dedos de la **mano izquierda**, se va llevando la guarda hasta el fondo de ese cajo. Luego, y a través de una hoja de papel blanco interpuesta, se frota para que quede bien pegado. Se dobla la tapa para ver si está bien encolada. Si se levanta con arrugas, se vuelve a frotar con el papel blanco de por medio y, cuando se crea que el engrudo ya ha prendido bien, se deja secar abierto.

9. Se encola la guarda blanca y se aprieta sobre ella la guarda de color. Luego, con una hoja limpia encima, se frotará para que las dos hojas de guarda queden bien sujetas, sin bolsa ni arrugas. Se deja secar.

10. Cuando la guarda esté perfectamente seca y delante de la contratapa, se coloca bajo ella una chapa de cinc. Luego, con la punta y la regla se va cortando el exceso de guarda de color que queda a cada lado.

11. Se prensa y se repasa la posición del libro y de los planos.

19. El dorado

Introducción

Condensar en unas pocas líneas el procedimiento para dorar un libro es tarea bastante difícil, y ello se admitirá mejor si añado que, en muchos países, el «oficio» de dorar el cuero (ya sean tapas o cortes de libros, cubiertas de piel de escritorios, estuches, etc.) es independiente del de encuadernar. Y en un taller completo son siempre los mismos operarios, y sólo ellos, quienes se dedican al dorado.

¿Por qué? Porque el dorar un libro requiere una continua práctica, una concentración y un cuidado especial.

Se dice, y es cierto, que para aprender a dorar bien se necesitan diez años de práctica y que el dorador no sólo esté entusiasmado con lo que hace sino que busque la manera de enriquecer su experiencia, pues la técnica avanza cada día, y cada día surgen nuevos materiales que pueden en muchos casos, por unas causas o por otras, sustituir por su mayor facilidad o belleza a los que estamos empleando. Tal ha sido el caso de la película de oro, que sustituye al oro batido o pan de oro, y la sisa llamada «Fixor», que sustituye a la sisa de albúmina.

Naturalmente se puede dorar con menos tiempo de práctica, si no magistralmente, sí de una forma aceptable para que los libros queden en nuestra biblioteca, o en otras, con un aspecto bonito y decoroso.

Y eso es lo que voy a intentar exponer en estas pocas páginas. Pero quiero insistir en que **no debemos desfallecer**, al ensayar y repetir una y otra vez, hasta que la práctica continua nos haga empezar a sentir **cierta** seguridad. Hemos de pensar que el dorador más experto también falla, pero también que tiene sus cinco sentidos abiertos a cualquier detalle que le pueda servir para rectificar su error: una piel nueva, la temperatura o la humedad, el cambio en la calidad de la película de oro, o cualquier otra cosa, le sirven, para contrastarlo con su experiencia y ver si puede ayudarlo en su trabajo. Y, cuando lo ha experimentado y le va bien, lo hace suyo.

Lo que quiero decir con esto es algo muy sencillo: que es el dorador mismo quien va a seguir las líneas generales de trabajo que iré exponiendo, pero también que es quien de todas ellas elegirá las que más le gusten, y las irá acoplando a su forma de ser y actuar, hasta hacerse su propio método de trabajo.

Por ejemplo, y porque a mí me va bien, personalmente aconsejo, para guiar la paleta o florón cuando está caliente en el momento de la impresión, guiarlo con el **dedo índice de la mano izquierda** y, para no quemarse, usar un dedil de cuero de un guante viejo; otros prefieren poner el dedo pulgar izquierdo, con el que sujetan la paleta (y lo pueden hacer porque, con el tiempo, se les ha ido formando una callosidad que les evita sentir el calor); otros la sujetan y guían con un palito; otros, con la uña del dedo pulgar. Cada uno podrá acudir al recurso para alcanzar lo que esos otros ya han conseguido. Lo **fundamental** es guiar de algún modo la paleta, florón o lo que sea, para que la **mano derecha** (que presiona la empuñadura) no se mueva y pueda dirigirse exactamente al sitio que se desea dorar y al **milímetro exacto**. Pues la ciencia del dorado, consiste sólo en:

Ser capaz de repetir la impresión con el hierro caliente, EXACTAMENTE en el mismo sitio anteriormente marcado, sin que se note en ninguna parte del florón, paleta, rueda, o componedor, una doble impresión.

Cuando la calidad y limpieza del dorado deja qué desear y no se ve claridad y resplandor en los dorados, hay que preguntarse: ¿por qué? Y ser sinceros en la respuesta, sin echarle la culpa a la clase de piel o a su sequedad o al poco o mucho calor de la paleta. La culpa es nuestra, por no haber cuidado todos los detalles, o por lanzarnos a dorar sin practicar antes sobre una muestra o recorte de la piel del libro, que nos sirva de prueba de lo que vamos a hacer.

En el dorado no hay prisas. Si hoy no es nuestro día, lo haremos mañana, somos aficionados. Es nuestra diversión.

Herramientas y materiales

Veamos nuestras herramientas de trabajo.

Florones. Como todos los que expondremos a continuación, están hechos de latón (es decir, de lo que corrientemente llamamos «metal»), y disponen de una empuñadura de madera.

Los florones o tronquillos (puesto que también se llaman así) son de muy variados dibujos, están grabados en su base y se usan para, en caliente y por presión, rehundir la piel. Esto ocasiona en ella un cierto marcado, que cuando sólo consiste en un hundido marrón se llama «gofrado», y cuando se marca sobre una finísima lámina de oro se conoce como «florón» o «tronquillo» dorado.

Los florones tienen en el astil una marca o señal, que nos permite conocer la posición del relieve.

Paletas. Pueden ser «de filetes», cuando consisten en una o varias líneas más o menos gruesas, y «de dibujos», cuando el canto que graba tiene unas decoraciones de mayor o menor ancho y más o menos complicadas.

Ruedas. Disponen del mismo dibujo que las paletas, pero hecho sobre el canto de una rueda para así poder trazar líneas largas.

Componedor. Consiste en un par de pletinas de metal, dispuestas en paralelo y cerradas en un extremo por un tope fijo y en el otro por uno móvil y que se fija mediante un tornillo. Entre esas pletinas se colocan las letras para componer los títulos, autores, número del tomo u otras indicaciones de los libros.

Prensa de dorar. Para sujetar los libros.

Compás de tornillo. Para tomar las distancias en los planos y, fijas por el tornillo, poder trasladar esas medidas al otro plano. (Se limarán las puntas para no arañar la piel.)

Plegaderas de hueso o marfil. Para señalar. (Atención: que las puntas ni rayen ni rajen.)

Reglas. Preferiblemente, una de plástico transparente y otra de madera y milimetrada.

Varios tableros de madera. Cubiertos de paño o de piel. (Ésta, por la parte de la carne, con el fin de que no arañen la piel del libro.)

Atril. Para dorar en la parte curva de los lomos.

Pesos. Para sostener la película y la regla sobre los planos, sin que se muevan.

Pinceles. Para agua o para sisa.

Cepillos de dientes. Para la limpieza de las paletas, letras y florones.

Palillos. Redondos, o cualquier otro tipo de palito fino, para limpiar con agua o con alcohol los excesos de oro al dorar.

Alcohol.

Un tazón. Para agua limpia.

Un plato. Con una esponja empapada en agua, o un trapo mojado, para enfriar los tronquillos y paletas.

Tampón. De tinta china, donde se mojan las paletas y florones, para trazar sobre un papel el dibujo que se proyecta hacer en el plano.

Muñequilla de tela. Impregnada en un poco de sebo o aceite de almendras amargas, que se pasa sobre la piel y permite así adherirle la hoja de pan de oro, que se aprieta con una bola de algodón.

Un trozo de piel pegada por la flor al cartón. Con unas gotas de abrillantador de metal, para limpiar la paleta cuando veamos que está muy sucia.

Dos lámparas flexibles. A la derecha y a la izquierda del que trabaja.

Mesa de trabajo. La que venimos usando, pero despejada de estorbos.

Las primeras materias que usamos son éstas:

Oro. En forma de láminas batidas, que se adquieren en librillos de 25 hojas. Se conoce como «pan de oro» y antiguamente las preparaban los artesanos llamados «batihojas».

Película de oro. Es una lámina delgada de plástico que por una de las caras lleva adherida otra finísima porción de oro, aunque en mayor o menor cantidad y calidad, según clases y marcas. Se coloca ese lado sobre la piel y por el otro se le aplica el florón caliente. El calor fija el oro en la piel, quedando la película vacía y transparente en ese sitio (esa pequeña porción de oro lleva en ella un componente de mordiente por lo que no hay que emplear ningún tipo de «sisa»).

Hay también películas de plata y de todos los colores. De ellos en encuadernación sólo se suele usar el negro.

Pieles. Ya las hemos descrito en el cap. 2 «Materiales».

Cinta adhesiva. La usada por los delineantes para sujetar los planos. A nosotros nos servirá en ocasiones para sujetar la película de oro, o trozos de papel, para que no se muevan de su sitio preciso.

Cómo manejar los hierros

Acabamos de exponer los utensilios y los materiales que se necesitan para dorar, pero antes de lanzarnos a comprar paletas y florones, lo que sería costoso, indicaré los que creo precisos para comenzar a practicar.

1. Ya tenemos la mesa de trabajo, pero hay que despejarla para disponer de amplitud.
2. Un hornillo de gas ciudad o butano. Se puede usar los eléctricos pero no se aconseja por su tardanza en calentar los hierros.

   Esta fuente de calor estará a la derecha del operario.
3. Un plato o cazoleta, lleno de agua, para empapar la esponja o los trapos en los que se enfrían los hierros.
4. Un tarro o vaso con agua limpia para humedecer el pincel.
5. Varios pinceles para humedecer la piel y para aplicar la sisa.
6. **Una paleta filete**, de 1 mm de grueso y de unos 6 a 8 cm de largo.
7. **Tres florones.** Dos de dibujo y uno de tipo bigotera.
8. **Una póliza de letras.** Se aconseja de 3 mm de cuerpo, y tipo romano.
9. Una prensa de dorar.
10. Una «momia» o falso libro de madera, al que se le sujeta por medio de chinchetas una piel sobre la que se practica.
11. Un par de tableros de madera de mayor superficie que un libro grande cubiertos de piel o de paño.

12. Un compás de tornillo de los de mecánico.

Sobre la mesa, los dos apliques (uno a cada lado). **Atención** a la colocación para que no nos deslumbre el reflejo sobre el oro.

Con todo esto podemos empezar a dar ya los primeros pasos. Lo que no podemos es pretender lanzarnos a dorar un libro cuando no hemos practicado nada.

Hay que practicar algo y para ello vamos a seguir el procedimiento siguiente.

Se toma un cartón grueso y se cubre con una piel de **cabra**, igual que se haría con un libro: la piel chiflada y las puntas bien puestas, se prensa y, cuando quede seca, ya está dispuesta para trabajar sobre ella.

Debe ser piel de cabra. La badana es floja y difícil de controlar en las líneas. La ternera o vaqueta es tan frágil que pueden estropearse las líneas. Y la de vaca es tan dura que resulta muy difícil trazar sobre ella y, además, el agua no la empapa bien.

Se coloca el cartón con la piel pegada sobre un paño para impedir que se arañe y se empieza a señalar el trazado de lo que será el filete que va a encuadrar el cartón.

Se toma el compás de tornillo y se marca en milímetros una distancia, que se fija: con esa abertura se van marcando los puntos A, arriba, y B, abajo (FIG. 169).

Después se siguen marcando los puntos C y D, E y F, G y H.

Luego, con la regla de plástico (pues la de hierro puede manchar la piel), y con la punta de la plegadera bien limpia, se traza una línea que quedará ligeramente marcada.

Para marcarla definitivamente se toma un pincel y con agua limpia se moja bien esa línea, y luego se repite con la regla y la punta de la plegadera.

Se toma la paleta filete y se calienta. Cuando se estima que ya está suficientemente caliente se aparta del fuego y se coloca de plano sobre la esponja que estará ligeramente mojada.

Cuando **se deja de oír el chisporroteo del agua en la paleta,** ésta estará **en su punto** para marcar la línea.

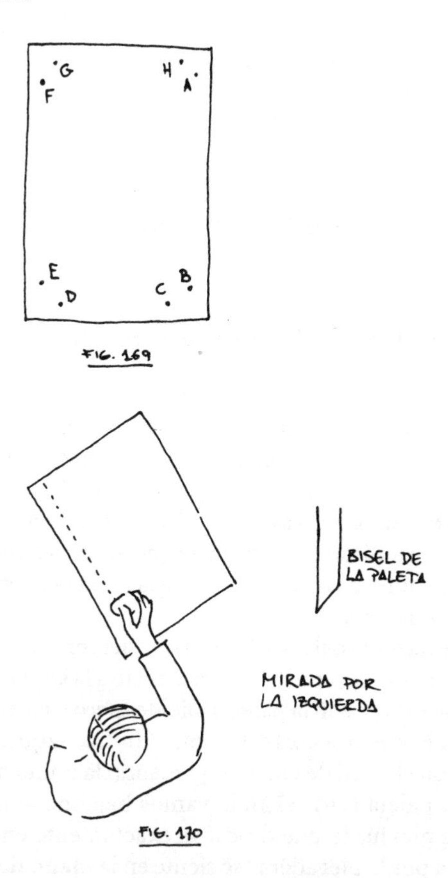

FIGURAS 169 y 170. Marcas para dorar y postura para dorso.

Se empuña la paleta, de forma que el dedo pulgar quede sobre la cabeza de la empuñadura. El plano de la paleta será como la prolongación del brazo, y el movimiento será combinado de muñeca y brazo. La cabeza y la mirada estarán sobre el trabajo, comprobando la labor desde el lado izquierdo (FIG. 170).

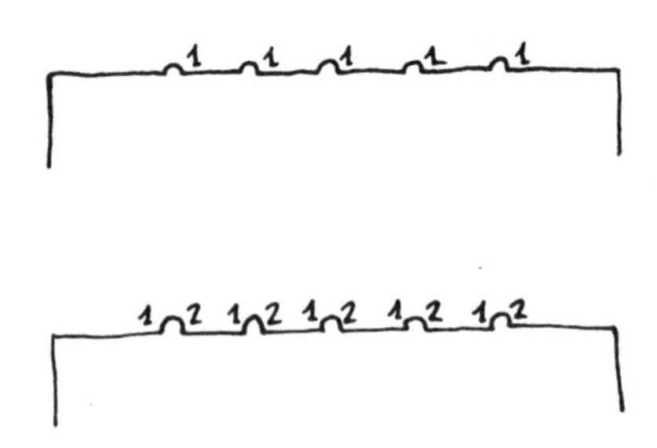

FIGURA 171. Orden para dorar los filetes en los nervios.

Esta postura será la misma si se dora con paleta, con rueda o con florón, y lo mismo para un plano que para el lomo. (FIG. 171)

(Como comprenderás, todas estas indicaciones que voy haciendo se indican como norma o regla, pero eso no quiere decir que tú tengas que hacerlo, si es que encuentras otra forma que a ti te venga mejor.)

Desde luego, la paleta debe tomarse siempre de forma que el bisel quede a la **derecha** y el trazo recto a la **izquierda.**

Dispuestos ya con la paleta caliente (pero sin **chisporrotear**) en la postura correcta, con el **índice izquierdo** cubierto con el dedil de cuero, y sujetando la punta más lejana de la paleta (FIG. 172), la vamos bajando lentamente sobre la piel hasta que descanse exactamente en la línea marcada por la plegadera (se siente en la **mano derecha** el hundido marcado por la plegadera) y entonces se presiona ligeramente (no se pica con la punta) y se prosigue así a todo lo largo del trazo (no se pica tampoco con la otra punta que se levanta antes de llegar al final de ella); se continúa cubriendo con la siguiente impresión, 2 ó 3 cm del trazado anterior, y así hasta llegar casi al final. En este momento y una vez hechos los cuatro lados, nos quedarán sin marcar las cuatro esquinas que se procurarán hacer como lo últi-

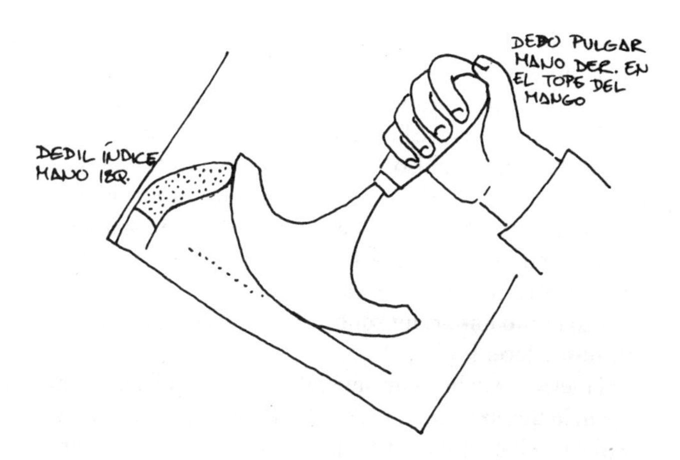

FIGURA 172. Forma de dorar con paleta.

mo del cuadro y presionando con la misma fuerza que para las líneas.

Si durante el trabajo se ha enfriado la paleta, hay que calentarla (sin chisporroteo) otra vez, y si la piel está muy seca hay que humedecer de nuevo la línea con el pincel.

Si la línea de la paleta no está brillante, debe pasarse por la piel que hemos preparado con el abrillantador de metal, hasta que la línea brille, pero no exagerar para evitar el posible desgaste.

Como al empezar se presionó ligeramente, la segunda vez se hará más fuerte, y así varias veces hasta que el hundido quede todo por igual.

Puede suceder que, por falta de cuidado, se tuerza alguna línea. Pero como se recomendó no presionar mucho al principio, ésta estará sólo ligeramente marcada, de forma que, para corregir el fallo, se moja nuevamente la piel, se pone sobre ella la regla de plástico y se señala una línea buena sobre la equivocada, y procurando no salirse de ella se coloca la paleta caliente sin **chisporroteo** y así tendremos corregida la mala impresión.

Es importante no cansarse de practicar este ejercicio hasta que con paciencia se llegue a dominar perfectamente.

Hay que tener el pulso firme o hay que valerse de la ayuda de la otra mano para conseguir **lo que nos importa: poner la paleta filete o el florón en el mismo sitio y sin salirse del trazo.** Cuando se consiga esto, se habrá dado un paso de gigante en el camino de un dorado perfecto.

Otro punto importante que debemos recordar es que hay que **humedecer la piel.**

El hierro no debe estar muy caliente, pues puede quemar la piel, lo que sería un desastre. Probemos sobre un recorte de piel y se comprenderá el mal arreglo que tiene un florón quemado sobre un lomo.

Pero si la piel es clara o roja, y el hierro está un poco más caliente de lo preciso, ya es suficiente para ennegrecer esa piel o dejarle un trazo de color marrón brillante. (En las pieles oscuras se nota menos este ennegrecido.)

Antes de seguir adelante, creo conveniente exponer o recordar algunas de las palabras usadas en el dorado y que pueden parecer contradictorias.

Hierros. Se llaman así las paletas, los florones, las ruedas y todo lo que marque la piel, porque, en un principio, se hacían de este metal para el gofrado de las pieles, cosa que ya hacían en la Edad Media los guadamecileros con estos mismos hierros que luego se emplearon para dorar, pero su uso se tuvo que abandonar porque en las pieles claras y en las de color rojo dejaban una mancha de color marrón. Se abandonó el hierro y se empezaron a fabricar de «metal» (latón), que no mancha la piel. Por tradición se siguen llamando hierros.

Paleta, florón, rueda. No sólo se llaman así a las herramientas, sino a la impresión que éstas dejan. Así se dice: «Qué florón más elegante», al señalar uno de los varios que componen el dorado de un plano.

Plancha. Se llama así a una placa de «metal» (latón) con dibujos y grecas grabados, que se sujeta a la mesa del volante o máquina que mediante una palanca aprieta esa placa sobre la tapa de un libro. Esta placa se calienta por medio de una resistencia eléctrica, provista de un reostato para mantener siempre la misma temperatura y así se puede usar con menos interrupciones. Se utiliza para grandes tiradas de una misma obra.

Volante. Se llama así a la máquina donde se colocan los troqueles y planchas para dorar o los componedores planos con las letras que deben dorarse en las tapas.

Distintos trazados

El trazado que hemos expuesto antes, utilizando la paleta filete sobre piel humedecida, era sólo un trazado provisional. De éste se pasa a los siguientes:

- Trazado con calor natural.
- Trazado con calor artificial.
- Trazado y dorado con **pan de oro.**
- Trazado y dorado con **película de oro.**

Calor natural

Se llama así a la impresión que queda cuando se presiona un hierro caliente sobre la piel humedecida. Esto también se llama «gofrado».

El cuero en general, y especialmente la badana, queda con un color marrón oscuro, por lo que debe procurarse dar el mismo tono y la misma profundidad en toda la obra.

Calor artificial

Cuando con el calor natural no se consigue que quede por igual ese bello tono marrón o negro, lo mejor es adquirir una película de color negro y utilizarla como más adelante expondremos que se hace con la de oro. Así quedará una línea o un florón marcado en negro.

Dorado con pan de oro

El pan de oro, que es oro en finísimas láminas, se adquiere en los establecimientos del gremio y se presenta en cuadernillos de 25 hojas de unos 12 cm cuadrados.

Debe trabajarse en un lugar sin corrientes de aire, respirando suavemente y nunca encima del oro, pues el menor soplo hace que la hoja vuele o se arrugue y ya queda inutilizada.

Para que el oro se afirme en la piel es necesario un apresto. Apresto que, a través de los años, apenas ha tenido cambios. Hasta hace poco se usaba la sisa de albúmina. En la actualidad está siendo desplazada por un apresto químico de albúmina que se conoce en el mercado con el nombre de «Fixor».

Para usar oro fino es necesaria la preparación que te indico a continuación.

Se marcan en la piel, con la paleta o el florón, los dibujos que hemos decidido de antemano.

Con un pincel fino de pelo de marta, se da una capa de «Fixor» al 70% y un 30% de agua pura sobre las marcas trazadas en la piel, y se espera que seque para proceder al siguiente paso. Mientras se seca, podemos ocuparnos como sigue:

Se toma el librillo de oro fino y se pone delante.

Se tienen preparadas de antemano unas hojas de papel «lito» de pocos kilos, en cuadrados de 15 cm de lado, de forma que sean 2 ó 3 cm mayores que el tamaño del librillo de oro.

Se toma una hoja de ese papel «lito» y se dobla por uno de los lados en una banda como de 2 cm. Se pasa uno mismo suavemente esa hoja de papel por el pelo, bien seco, de la cabeza. El papel tomará así un poco de la grasa del pelo. Se abre el cuadernillo por su primera hoja de oro. Casi sin respirar, se coloca sobre el oro la hoja de papel por el lado que se ha rozado con el pelo y con el doblez que se ha hecho hacia la bisagra del cuadernillo (FIG. 173).

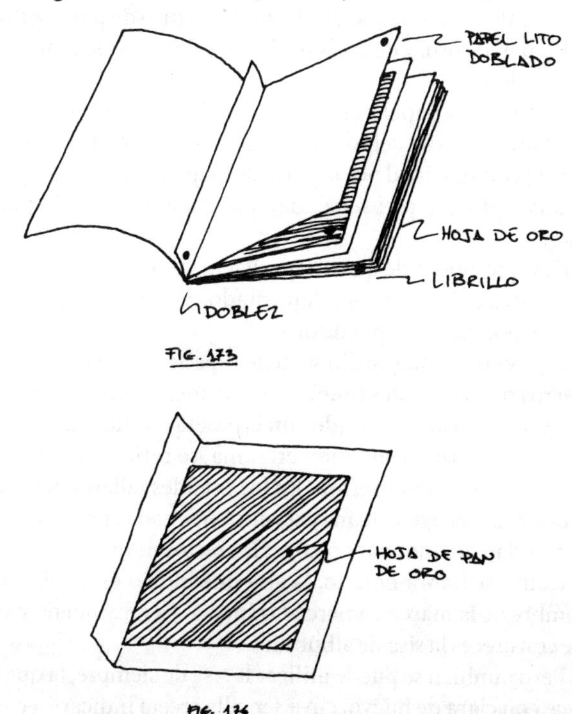

FIGURAS 173 y 174. Cómo extraer láminas de pan de oro.

Se cierra el librillo y sobre la primera hoja se pasa la plegadera plana. Esto hace que la hoja de oro quede adherida a la hoja blanca por la grasa del pelo y en el centro del papel «lito» (FIG. 174).

Por otra parte se hace una muñequilla que se unta de aceite de almendras amargas o se pasa sobre un trozo de sebo. La muñequilla así acondicionada se pasa sobre el dibujo señalado en el libro, y al que se le ha dado la sisa, que ya estará seca.

Según el tamaño del hierro que vayamos a utilizar, se corta con la tijera (a la que se le habrá pasado por el corte de la hoja un algodón mojado en alcohol) un trozo de papel «lito» con el pan de oro, y de unos milímetros mayor que el hundido en el libro.

Tomando el papel por el trozo doblado, se coloca el oro exactamente en su debido sitio sobre la piel, y con el dedo se aprieta con suavidad por la parte del papel. Así el oro se queda adherido a la piel señalada, quedando preparado para dorar.

Hay que cuidar de que no queden ni «piojos» ni rotos por la tirantez del pan de oro depositado. Si se desea más calidad, se ponen dos capas de oro.

Y si se desea más brillo se debe repetir el dorado con los hierros poco calientes (que se puedan tocar con la mano).

Nunca se frota el dorado con la paleta o el florón.

Con un trozo de algodón en rama, se retira el exceso de oro que rodea la impresión. En los grandes talleres estos algodones se recogen en una caja de donde cada cierto tiempo se mandan quemar para recoger los restos de oro.

Como se habrá notado, la sisa que indico es la «Fixor», nombre de la marca comercial francesa. Es muy buena y suple con creces la sisa de albúmina.

Pero también se puede utilizar la sisa de siempre, la que se hace con clara de huevo, cuya sencilla receta indicaré a continuación.

Se toman dos claras de huevo y se les añade un dedal de

vinagre; se baten muy bien y se dejan reposar durante 24 horas. Se elimina la espuma que sobrenada y se guarda el líquido que nos queda. (Se recomienda su conservación en una botella de cristal azul con tapón de cristal. Así dura más porque no se descompone y se pudre.)

El procedimiento para usarla es complicado y largo.

Veamos:

1. Hay que humedecer el plano con una esponja impregnada en agua fuertemente avinagrada.
2. Pasar un pincel en las señales hundidas con una mezcla de engrudo muy claro y agua.
3. Dejar secar al menos 2 ó 3 horas.
4. Con un pincel dar la sisa en las señales hundidas y sobre el engrudo.
5. Se deja secar.
6. Pasar la muñequilla untada de aceite o sebo sobre lo trazado.
7. Colocar el oro (como se ha explicado para la sisa «Fixor»).
8. Con el hierro que chille un poco, no mucho, colocarlo rápidamente en lo marcado.

ATENCIÓN: No colocar el hierro unos milímetros sobre lo marcado y tenerlo ahí unos segundos, **dudando** en ponerlo o no, pues esos segundos cuecen la sisa, y la clara de huevo pierde su poder de tomar el oro y fijarlo a la piel.

Si se quiere dar una segunda capa de oro, primero se pasa una esponja con agua avinagrada (nada de engrudo esta vez) y luego, en lo que ya está dorado, se da la sisa de clara de huevo con un pincel.

Se deja secar, se pasa la muñequilla con aceite o sebo (**sin arrastrar** sino con pequeños toques verticales), luego se pone el oro como dijimos y después los hierros un poco más calientes (no mucho).

Este procedimiento hecho con pan de oro, dado su costo y lo complicado, está un poco en desuso.

Dorado con película de oro

Es el procedimiento que más se usa hoy en día, aunque es también el que produce más problemas al principiante.

Es tal la ventaja de esta forma de dorar, comparada con la de oro fino, que todavía quisiéramos exigirle, o poco menos, que lo corriente y normal fuese poner la película, apretar el florón sobre ella y que nos salga un dorado perfecto.

Y nos olvidamos que para llegar a este resultado necesitamos una serie de factores que se conjuguen y de pasos bien dados.

Influyen en el resultado

1. La temperatura y la humedad del ambiente.
2. La calidad de la piel, pues es más fácil dorar un marroquín, que una badana, con la que hay que tener mayores cuidados.
3. El dibujo más o menos usado del hierro o la paleta. Un hierro con los bordes del dibujo rectos (es decir, nuevo) no dejará señales alrededor de su propio dibujo, cosa que ocurrirá si los bordes están redondeados por el uso, pues entonces es lógico que produzca un empastamiento.
4. La calidad de la película es otro factor importante, aunque cada día se va mejorando esta calidad, pero nos conviene saber cuál de ellas es la más apropiada para el trabajo sobre una determinada piel y qué cantidad de calor necesita. Las hay de oro fino o verdad, y de «similor» en varias tonalidades.

Es preferible un dispendio mayor, si el resultado es proporcionadamente mejor, pues éste sólo se obtiene con la buena calidad

5. Sabemos que la película está formada por el soporte y el metal o el color; en nuestro caso, el oro. Este soporte puede ser más o menos grueso, y la parte de metal que con el calor se desprende deja ese soporte transparente al depositar el oro sobre la piel; ese oro o color lleva también incorporado un apresto para que el oro agarre sobre la piel, pero cuando vayamos a dorar es importante que, además de ese apresto, que lleva en sí la película, le demos una sisa diluida donde va a ir el dorado (ya sea sisa de Fixor o sisa de albúmina). Esto es muy conveniente y necesario, porque, además, humedece la piel y facilita el agarre.

Pero veamos la técnica del dorado.

Hay una serie de puntos generales que son:

1. El hierro ha de estar limpio.

Si no lo está, hay que limpiarlo, lavarlo y frotarlo sobre la piel con el abrillantador limpia-metales, y luego limpiarlo con un cepillo de dientes viejo, lavarlo con agua clara y secarlo.

Siempre que un florón, paleta o cualquier hierro, se impregne con tinta para reproducir su dibujo en un papel, hay que limpiar enseguida, pues esa tinta del tampón se puede secar en los intersticios del relieve en el hierro y, si sucede esto y no se limpia, los dorados que se hagan saldrán empastados.

Se limpiarán con disolvente, o con gasolina que disuelve y limpia perfectamente la tinta del tampón. (Ojo con las cercanías del fuego.)

2. Cuando aplicamos el hierro sobre la película, se presiona firme y rápidamente, sin dejar el hierro caliente sobre el trazo ya dorado, lo que perjudica el brillo y la limpieza. El hierro estará sobre la piel sólo el tiempo preciso para dorar.

Y, naturalmente, como ya se ha dicho con el hierro limpio y brillante, lo mismo puede decirse con respecto a las letras de las pólizas.

Cómo hacer la impresión de las películas

Hay dos métodos para dorar y debemos conocerlos los dos, pues cada uno de ellos se aplica según las circunstancias.

1.º Dorar la totalidad del tronquillo de una vez.

2.º Dorar por trozos: en 2 ó 3 veces se hace la totalidad del dorado.

1.º Dorar de una sola vez. Se emplea cuando va sólo un florón en el lomo o una paleta de dibujo sobre los nervios o junto a ellos, o cuando los florones están sueltos en el plano.

Es el mejor procedimiento, pues la película recubre todo el trozo de piel donde va a ir el dorado y por consiguiente cubre el hundido (que se recomienda sea muy leve), pues un error al marcar con el oro porque no se haya acertado con el hundido, sería un desastre, mientras que, si se ha hundido poco, apenas se notará.

Por eso, si sólo va un florón debe cuidarse su centrado, y confiar en la práctica y en la precisión como en un sexto sentido para saber la temperatura justa para ese dorado.

Es conveniente practicar en un trozo de la misma piel a la que se da ese tratamiento.

2.º Dorar por trozos. Esto es más fácil si se tiene la práctica, en la que tanto insisto, de repetir la colocación del hierro en el milímetro exacto marcado con anterioridad.

Este procedimiento se emplea cuando se tiene un plano cubierto con filetes y tronquillos que han de ir unidos y en el lugar justo y adecuado.

Aquí la impresión dorada no puede salirse ni un milímetro de su sitio.

Para dorar de esta forma es conveniente tener en el marcado un hundido algo mayor que en el procedimiento anterior y que ese hundido sea uniforme en todo el dibujo, aunque éste se componga de varios tronquillos y paletas.

¿Cómo hacer más fácil redorar en el mismo sitio?

Cada florón o paleta tendrá, o le pondremos, una señal o marca que nos indique un punto determinado: el más saliente de la paleta o, en los florones, el más alto A, y el más a la izquierda B. (Puede marcarse el más bajo y el de la derecha, pero de forma que conozcamos esas marcas.)

Basándonos en eso (FIG. 175):

a) Sobre huella del trazado al calor natural, se coloca un trozo de película que deje libre los puntos A y B, que se verán. Con el hierro a la temperatura debida (**sin chisporroteo**), se coloca con precisión y rapidez el hierro en esos dos puntos con la certeza y confianza de que el hierro caerá en su sitio. Así nos queda dorada la parte derecha y baja del florón.

b) Se da la vuelta al libro y así tendremos los puntos claves C y D, que eran antes los más salientes abajo y a la derecha y que ahora, al dar la vuelta, serán los de arriba y a la izquierda.

Se coloca un trozo de película que cubra lo que aún no está dorado y que deje ver los puntos C y D. Con el hierro caliente como sabemos, y dándole **media vuelta**, se marca en lo ya dorado. Así se dorará lo que antes no se hizo.

Naturalmente si lo hacemos con la seguridad que da la práctica y el cuidado de fijarse en la impresión precisa y repetir en lo antes hundido, el dorado será perfecto.

Se le puede reprochar que hay un pequeñísimo trozo dorado doblemente; pero si se hace bien, apenas se notará.

Hay que tener cuidado, en este procedimiento, de usar el mismo tipo de película, la misma calidad, pues el color pue-

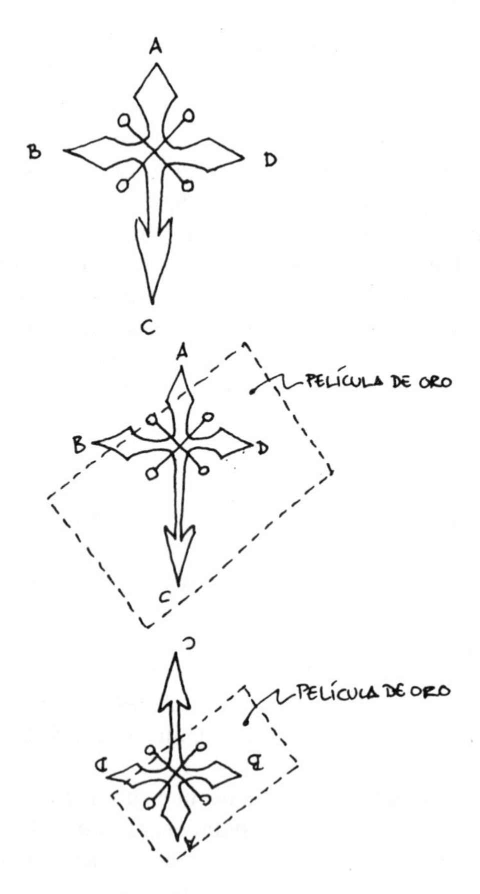

FIGURA 175. Dorando un florón por trozos.

de variar entre dos clases o marcas distintas. Si el florón se dora con sólo dos trozos de película, el resultado será perfecto, si se han cumplido las restantes condiciones ya dichas.

Si se emplean más trozos de película, el florón puede quedar empastado, y descascarillarse el oro y quedar sucia la impresión. Pero a veces no hay más remedio porque no ha sido posible conseguir un buen dorado.

Dorado con plancha y prensa o volante

Para dorar con plancha y prensa de palanca o de volante, que también así se llama, es necesaria una máquina especial, consistente en una prensa vertical en la que los dos planos se aprietan por medio de una gran palanca.

Estos dos planos o platos son especiales. El de abajo, que es movible, sube gracias a esa palanca y en su superficie hay unas guías con las que se puede enmarcar el plano del libro o lo que se desee dorar.

Al plato de arriba se le puede separar una bandeja metálica. A ella y por medio de cola de contacto («Supergen»), se puede sujetar la plancha de latón o metal que está grabada y que es la que va a dorar y cuyo tamaño estará naturalmente de acuerdo con el del libro. También, si se desea, con póliza especial se puede componer el título de la obra, el nombre del autor y todo lo que se quiera.

Elegida la plancha que se quiere reproducir, o el título compuesto y sujeto con cola a la bandeja, se coloca en el plato de la prensa y éste se hace firme en la máquina.

Se calienta la pletina o plato mediante una resistencia eléctrica y se gradúa la temperatura deseada por medio de un reostato, de manera que esa temperatura se mantenga durante todo el tiempo que dura el trabajo.

En el plato de abajo se coloca la tapa, ya pegada a ella la piel que se desea dorar y sobre la piel se coloca el oro fino o la película de oro (naturalmente con la preparación que en cada caso lleva consigo para que se sujete).

Luego se baja la palanca, y por la presión así conseguida queda perfectamente dorado el plano. Lógicamente se habrán hecho dos o tres pruebas, sobre cartones, para regular la temperatura adecuada y para calcular la presión; ni mucha porque hundiría exageradamente la piel y el dorado, ni tan poca que no llegase ni apretar la película de oro sobre la piel.

En verdad, es mucho más larga la preparación de la máquina y las pruebas consiguientes que el momento de bajar la palanca y hacer el dorado. Por eso este tipo de máquina es característico de las empresas editoriales, que son las que hacen esas tiradas de miles de libros encuadernados en «cartoné» que nos sorprenden con sus lomos y planos cubiertos de dorados. (Véase el cap 21. «Cartoné».)

En la máquina, una vez salga el primer plano bien hecho, los demás saldrán también bien.

Pero, como se comprenderá, esto ya deja de ser artesanía y, por lo tanto, se sale de este libro.

Consideraciones generales

Si se está dorando un plano con líneas rectas, hay que tener cuidado, pues la película se mueve y se abarquilla cuando se calienta por la paleta o por la rueda, y a veces se suele salir del sitio preciso y, al no tener película de oro, la rueda no puede dorar.

Por eso es conveniente emplear un pequeño truco que facilite la colocación de la película en su sitio y que no se mueva de él durante el dorado.

Para ello se debe tener a mano un rollo de cinta adhesiva de la usada por los delineantes, que no daña el papel ni la piel.

Imaginemos que se ha de dorar el plano que vemos en la FIG. 176. Antes, en un papel del tamaño del libro, hemos dibujado la figura que queremos, y hemos pasado los puntos más importantes al plano, lo hemos marcado y vamos a dorar.

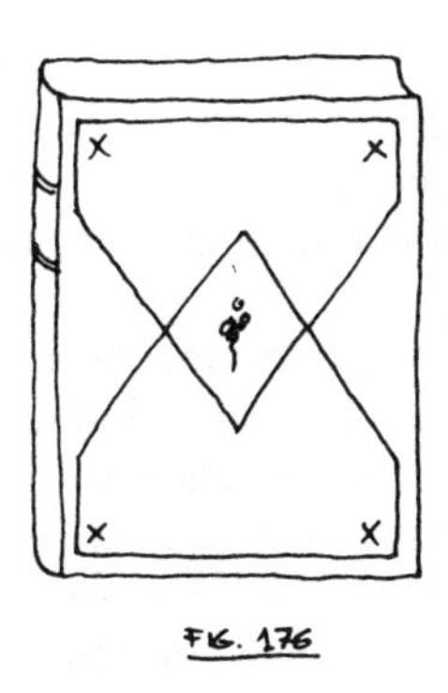

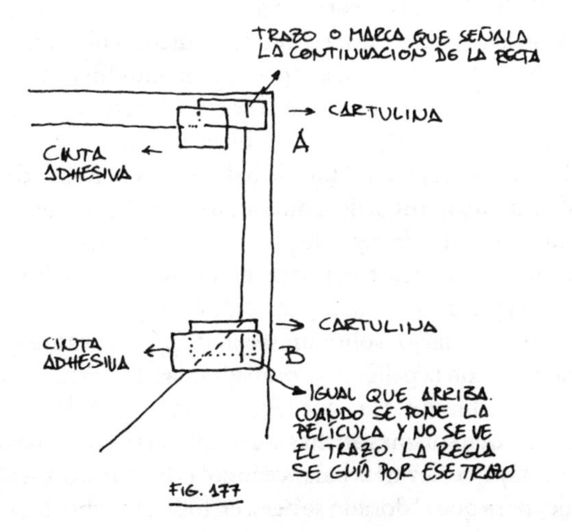

FIGURAS 176 y 177. Forma de dorar un plano.

Ya sabemos todo lo que tenemos que hacer con respecto a la humedad, a la «sisa», y cómo sujetar paleta, rueda o el hierro que sea.

Ahora veremos cómo proceder. Vamos a utilizar la rueda filete desde A a B, y para no pasarnos de esos dos puntos (pues con la película de oro no vemos ni el principio ni el fin de la línea), colocamos, al principio de esa línea, un trozo de cartulina sujeto con un pedacito de cinta adhesiva, e igual hacemos para tapar el fin de la recta que vamos a dorar.

Para nuestra comodidad (FIG. 177), colocamos la regla de plástico para ver dónde va la línea que vamos a dorar, y señalamos con lápiz en la cartulina las prolongaciones de esa línea; quitamos la regla y cortamos un trozo de película de oro unos milímetros más larga que lo que vamos a dorar, **pero que ya colocada nos deje ver las señales de lápiz o bolígrafo hechas en las cartulinas.**

Con la película puesta como se ha dicho, colocamos la regla de plástico, de señal a señal, le ponemos un peso encima para que no se nos mueva de ese sitio, calentamos la rueda como ya sabemos que se hace con los hierros y, sujetando **la punta del mango en el hombro derecho y la mano derecha sobre dicho mango**, llevamos la rueda rodando sobre la película y pegada a la regla de plástico sin separarse de ella: con suavidad y sin arrastrar por un exceso de presión de la rueda sobre la película, lo cual sería un desastre.

Si es necesario, sobre un trozo de piel sobrante se debe practicar con la película y cómo girar las distintas ruedas, filetes y de dibujos. Hay que tener cuidado, pues las ruedas, a medida que son más anchas son también más difíciles al dorar y hay que llevarlas balanceándolas ligeramente de lado a lado, para que el dorado se haga en todo el ancho de la rueda y por igual.

Cuando terminamos de pasar la rueda nos encontramos un filete dorado perfectamente desde A a B y con el hundido en su sitio.

Se sigue así hasta terminar todo el dibujo. Luego se revisa cuidadosamente. Sobre todo hay que terminar bien las uniones, para que se vea un trazo continuo.

Títulos

Normalmente el título se pone en el lomo, en sentido horizontal o bien en algunos casos en el vertical si el libro es muy estrecho. Entonces se pueden poner horizontalmente las letras o «tipos» unas sobre otras, leyendo de arriba a abajo, o con el título verticalmente seguido desde el pie a la cabeza. También hay libros con sólo ornamentación en el lomo y con el título en la tapa.

Los títulos del lomo se ponen con una póliza y un componedor.

El componedor y la póliza

Como ya dijimos, el componedor está constituido por dos pletinas de metal separadas por el ancho del cuerpo de las letras que vamos a usar (cada póliza tiene su componedor) y provista de unos topes en cada extremo. Uno de esos topes está atravesado por un tornillo que permite apretar esas letras del título que hemos **compuesto** (de ahí el nombre de **componedor**). Entre las palabras del título, a fin de separar unas de otras, se colocan **separadores.**

Cada póliza se tendrá en su cajón, con sus tipos (letras y signos) en sus respectivos casilleros, los separadores en su hueco y el componedor correspondiente en su espacio. Así se tiene todo reunido y en orden.

Tanto las letras como el componedor merecen un cuidado especial, sobre todo el de evitar su caída al suelo, pues un golpe en una letra casi siempre ocasiona su rotura o al menos su deformación, lo que la hace inservible.

Para componer se acostumbra a empuñar el componedor por su astil con el tornillo a la izquierda (FIG. 178), y se van colocando las letras de derecha a izquierda. Cuando ya está compuesto el título, éste podrá leerse reflejado en un espejo, como ocurre en los sellos de caucho.

FIGURA 178. Disposición de tipos en componedor.

Hay que cuidar que todas las letras estén en su sitio y que sobresalgan a la misma altura y que queden alineadas. Debe revisarse que todas tengan el «cran» (muesca en el tallo de la letra) justo en el mismo lado (FIG. 179).

Cuando vaya a adquirirse una póliza es fundamental cerciorarse de que sea especial para encuadernación, no de imprenta. Las letras de encuadernación son de latón o de bronce (no de plomo antimoniado, como las de imprenta), están fundidas o grabadas «a su propio cuerpo», es decir, están hechas con sus bordes en línea con el grueso y con el cuerpo de ellas y por lo tanto se ven sus relieves por arriba y por abajo.

Al poderse ver las puntas de las letras, el dorador puede dorar en el sitio justo, e incluso redorar un título si el primer dorado no le salió bien. Pues, al **ver**, sabe dónde poner el componedor.

Como las letras están hechas de metal (latón) o bronce, pueden calentarse y guardar el calor cierto tiempo.

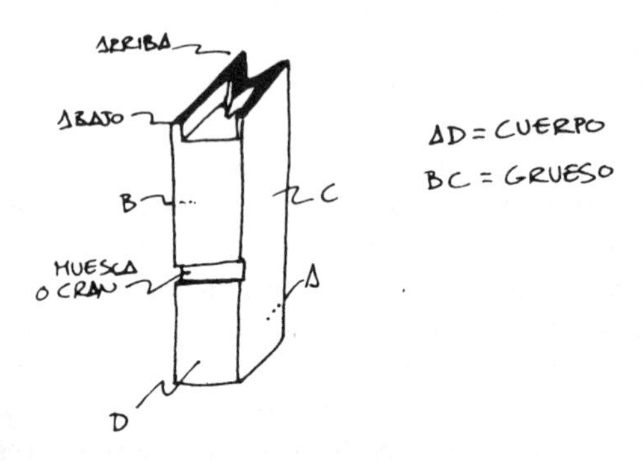

FIGURA 179. Características de un tipo de dorar.

Los fundidores o grabadores facilitan muestras de los tipos o letras que hacen, así como de sus distintos tamaños o cuerpos. Lo mejor para el aficionado es comprar una póliza restringida, con tres o cuatro tamaños o cuerpos de una misma familia pues con ello será suficiente. (Un profesional necesita mayor número y variedad de letras.) A continuación indico la composición de esa póliza restringida, pero que puede modificarse a gusto de cada uno y pedirse así al grabador.

Para esta relación que indico a continuación se ha tenido en cuenta la frecuencia de aparición e incluso la insustituibilidad, como en el caso de la ñ o la w, de esas letras en nuestra lengua.

Póliza de tipo de encuadernación
(restringida y para mayúsculas)

Tipo	Unidades	Tipo	Unidades	Tipo	Unidades
A	6	K	2	T	4
B	3	L	4	U	5
C	4	M	3	V	3
D	4	N	4	W	2
E	6	Ñ	2	X	2
F	3	O	6	Y	2
G	3	P	3	Z	2
H	3	Q	2	.	2 punto
I	6	R	5	–	1 guión
J	3	S	5		

Total: 100 letras y signos.

Hay que tener cuidado al dorar los títulos de los lomos o al colocar las líneas de las paletas de dibujos o la de los filetes. Por ello es aconsejable:

1. Cortar uno o dos milímetros de película más ancho que el de la paleta que se va a dorar, y cortar la cantidad de tiras de ese ancho que se crea necesario, para lo que se va a dorar.
2. Se corta la película con la punta del bisturí pasada junto a la regla metálica y sobre un trozo de cartón del que va quedándonos de recortes.
3. Se coloca la tira de película con la **mano derecha** sobre la línea que se va a dorar (sea orla, filete o línea de letras), se sujeta con **el dedo corazón de la mano izquierda** y con el **dedo pulgar de esa mano** se pone y se mantiene tirante. Esto supone tener esta tira perfectamente perpendicular a los bordes del lomo del libro, y por lo tanto horizontal y paralela a la cabeza y al pie, y a los nervios si los hay (FIG. 180).

En esta situación nos queda libre el **dedo índice de la mano izquierda, con su dedil de cuero puesto, y que recibe la punta de la paleta** como punto de apoyo y, desde ahí, ir a descansar en el principio, donde se empieza a dorar.

Marcando así, estamos casi seguros de un dorado perfecto en cuanto a su horizontalidad, por muy poco que hagamos para conseguirlo. Esto hay que cuidarlo mucho con los títulos de los libros.

Los títulos deben ponerse unos milímetros más hacia la cabeza, pues en las estanterías suelen mirarse desde abajo hacia arriba, y si el dorado está en el centro del tejuelo, la sensación es que están más bajo que su posición real.

Antes de dorar y con el componedor aún frío, es conveniente marcar los títulos sobre la piel, para ver el espacio que ocupan y así saber dónde debemos empezar y a qué altura. Muchas veces, por no probar, los títulos se nos salen del tejuelo.

Si el título de la obra es muy largo, será preciso resumirlo y poner sólo la palabra o palabras claves para que se sepa de qué se trata. Si el título es, por ejemplo, «El Ingenioso Hidalgo Don Quijote de la Mancha» con colocar «El Quijote» será suficiente.

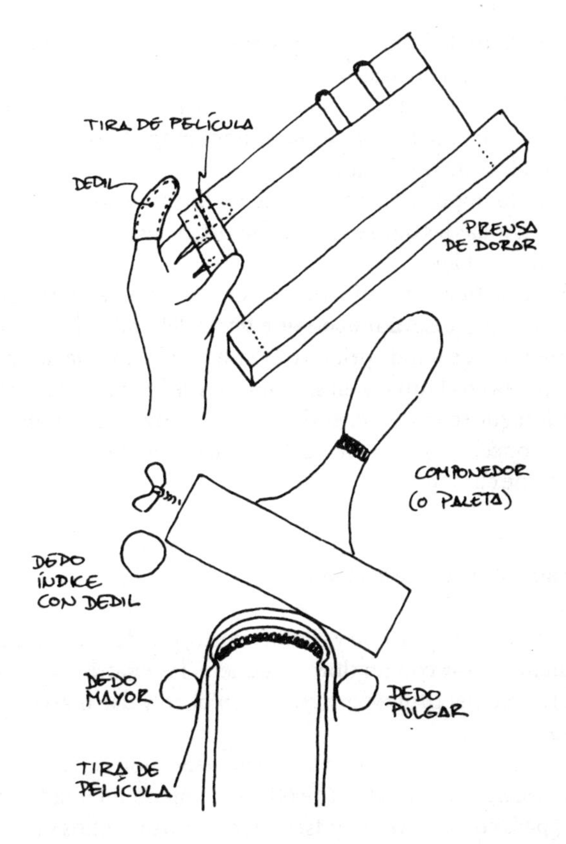

FIGURA 180. Cómo dorar títulos en el lomo.

Pero hay otros títulos menos conocidos, y al buen saber del encuadernador (salvo que reciba instrucciones concretas) se deja la rotulación que debe poner para que por ella se sepa la obra de que se trata.

Normalmente se quitan los artículos y, si el título va a ocupar dos o tres líneas, se ponen las palabras más representativas, pero de forma que éstas queden como un dibujo simétrico en el centro del tejuelo.

Lo mismo sucede con el nombre del autor: si es muy largo, se suprime el nombre y sólo se pone el apellido por el que habitualmente se le conoce.

Pero lo importantísimo es que las líneas de los titulares, que son todas las que se ven en el lomo, estén paralelas entre sí y a los nervios.

Si no se tiene ese cuidado, el aspecto total del libro será desastroso y dejará mucho que decir del encuadernador. Pensemos que donde primero se va a fijar la mirada del que lo tome es en el título y en su dorado. Y la buena o mala impresión que se saque dependerá de esta mirada, que influirá en el concepto que se forme del encuadernador y del libro que tiene en la mano.

Ornamentación de los lomos

Si el libro es muy grueso y el título corto, puede que sea conveniente dorar con un florón pequeño las cuatro esquinas del tejuelo del título, para cubrir un poco y dar mayor belleza.

Si se desea darle al lomo una ornamentación cerrada, hay que hacerse con un atril (de 60°) y un plano inclinado (de 30°) para colocar el libro y así ponerle los tronquillos y la paleta filete de manera vertical sobre ese trozo del lomo que se desea dorar (FIG. 181).

Lo mejor es hacerse de un atril y un plano inclinado en el mismo aparato. Este atril tendrá las medidas que se indican en la FIG. 182. Con él se podrán hacer las líneas de cabeza a pie que requiere este tipo de ornamentación.

En el dorado del lomo y de los planos cabe la mayor fantasía, que desde luego debe estar unida al sentido artístico del encuadernador-dorador.

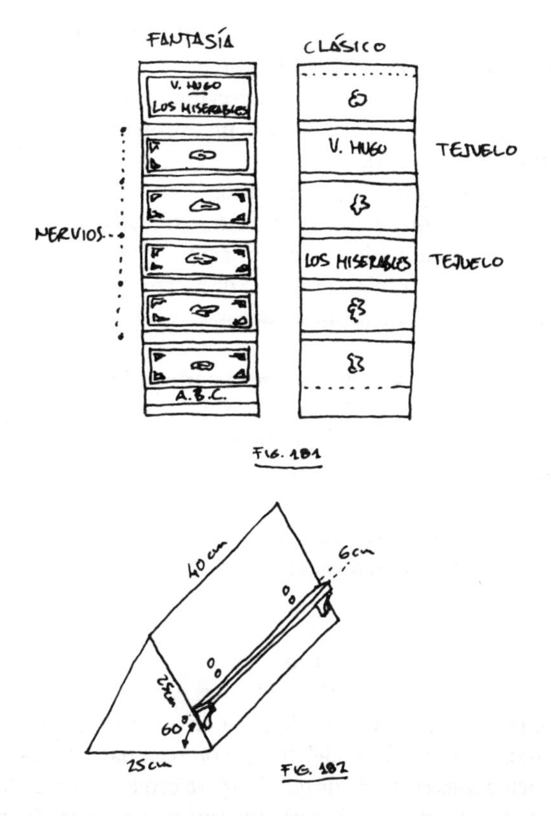

FIGURAS 181 y 182. Ejemplos de lomos dorados y atril para dorar.

De ahí la conveniencia de adquirir cuanto se encuentre sobre los libros encuadernados por los grandes maestros de todos los países y que pueda servirnos como modelos para nuestras futuras obras.

En el embellecimiento del lomo caben muchas ideas, como:

- Dorar los nervios con una paleta bien elegida.
- Pintar los nervios con tinta china.
- Dorar los nervios pintados, con una orla.
- Pintar con color el centro de un florón (se recomienda pintura de cerámica).
- Mezclar «gofrado» con dorado.
- Teñir los entrenervios (sobre todo si es zumaque).
- Si es zumaque la encuadernación, pasar por todo el canto una muñequilla con sulfato de hierro y teñirlo todo de negro, así como la ceja por dentro.

En fin, esto es sólo una pequeña parte de lo que la imaginación del artista puede hacer en el dorado de un lomo. Déjala volar, para hacer lo que quieras.

Pero la clave del dorado es:

EL CALOR DE LA PALETA Y REPETIR
LA IMPRESIÓN EN EL MISMO LUGAR.

Cómo limpiar el exceso de oro

Muchas veces, por exceso de calor en el florón o paleta, se quedan los alrededores del dibujo como empastados de oro. La forma más cómoda de eliminar ese oro es tener cuidado con la temperatura y, si es poco lo que está empastado, frotar con la crema especial «Johnson Wax» (original-with beeswax). Esta crema da excelente resultado y deja los dorados limpios y perfectos. Se puede sustituir por la crema «Alex» blanca o amarilla usada para el entarimado.

Y si esto no da resultado, con la punta de un palito fino, mojado en alcohol, se pasa y refriega por el exceso de oro o por donde no debe de estar. Así se quita el oro inoportuno. Y luego se da la crema indicada.

EL NOMBRE DE LA ROSA APOSTILLAS
DIARIO DE COLON
VERSOS
RIMAS
VICTOR HUGO LES MISÉRABLES 1
VICTOR HUGO LES MISÉRABLES 2
MALAGA
UMBERTO ECO
EL PENDULO DE FOUCAULT
MICHAEL ENDE
ANTONIO MACHADO
CANTES FLAMENCOS
DMITRY MEREJKOVSKY
UMBERTO ECO
EL NOMBRE DE LA ROSA APOSTILLAS
DIARIO DE COLON
CLIVE CUSSLER
CYCLOPS
CLIVE CUSSLER
DRAGON
CLIVE CUSSLER
CLIVE CUSSLER
WALTER SCOTT
IVANHOE
LEWIS WALLACE
BEN-HUR
R. COOK

Detalle de la decoración de los cortes de cabeza de varios libros.

Detalle de dorado de título en el lomo con y sin tejuelos.

«Dorure et decoration des relieures» de Yves Devaux encuadernado en piel entera «pasta española» con dos nervios y tejuelo en el lomo y estampación dorada en tapas y lomo.

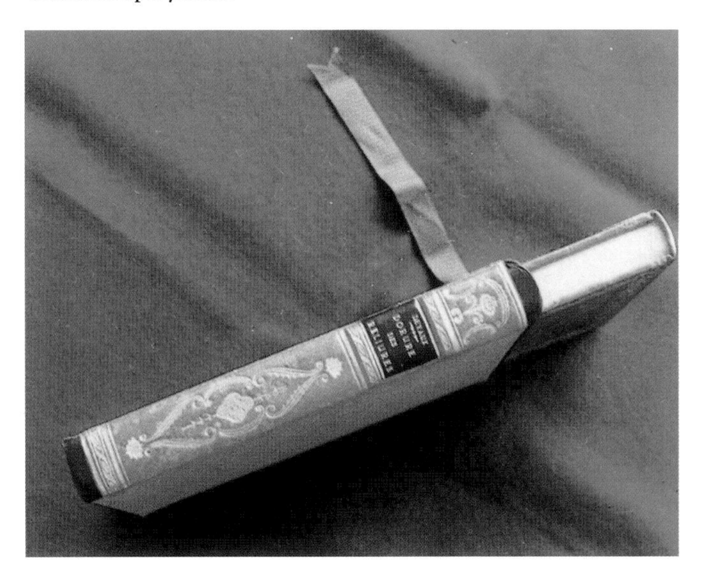

Estuche para el libro de la figura anterior con estampación idéntica en oro simulando el lomo de un libro de formato vertical.

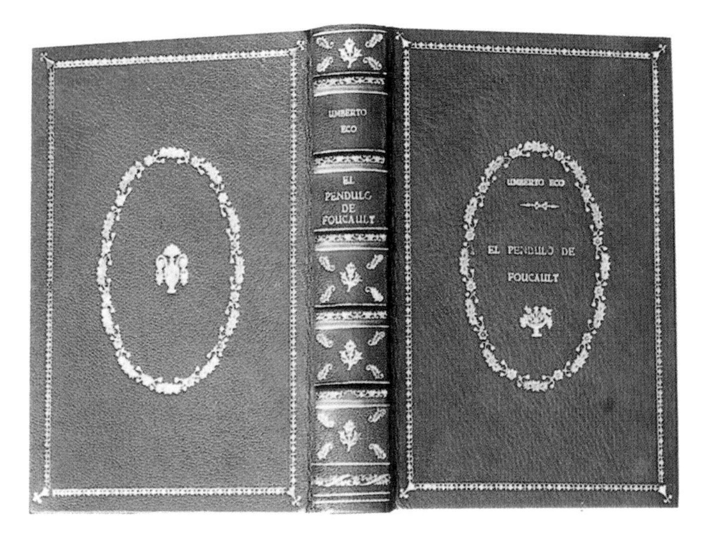

«El péndulo de Foucault» de Umberto Eco encuadernado en piel marroquín verde con cinco nervios y estampaciones de oro en tapas y lomo.

«El nombre de la rosa» y «Apostillas al nombre de la rosa» de Umberto Eco encuadernado en un solo tomo en piel changrín verde con cinco nervios y estampaciones de oro en tapas y lomo.

«Málaga» de Andrés Oliva, encuadernado en piel marroquín marrón oscuro con cuatro nervios y estampaciones de oro en tapas y lomo.

«El alma de Andalucía» de Francisco Rodríguez Marín encuadernado en piel changrín rojo burdeos con cuatro nervios y tejuelos rojo y verde, lomo gofrado y estampado en oro y tapas estampadas en oro.

Plano de un libro cubierto con piel de badana teñida por el autor. Cinta registro en seda roja y gualda.

«La Gatomaquia» de Lope de Vega encuadernada en piel entera «pasta española» con cuatro nervios. Título y adornos estampados en oro en la tapa.

«Couleurs et Vernis» de Georges Halphen encuadernado en piel de badana verde jaspeada con cinco nervios, tejuelos rojo y negro y tapas y lomo estampados en oro.

«La historia interminable» de Michael Ende encuadernada en piel changrín marrón con cinco nervios, tejuelos verdes y rojo y tapas y lomo estampados en oro.

«Rimas» de Lope de Vega encuadernado en piel de badana carmesí jaspeada con cuatro nervios y tapas y lomo estampados en oro.

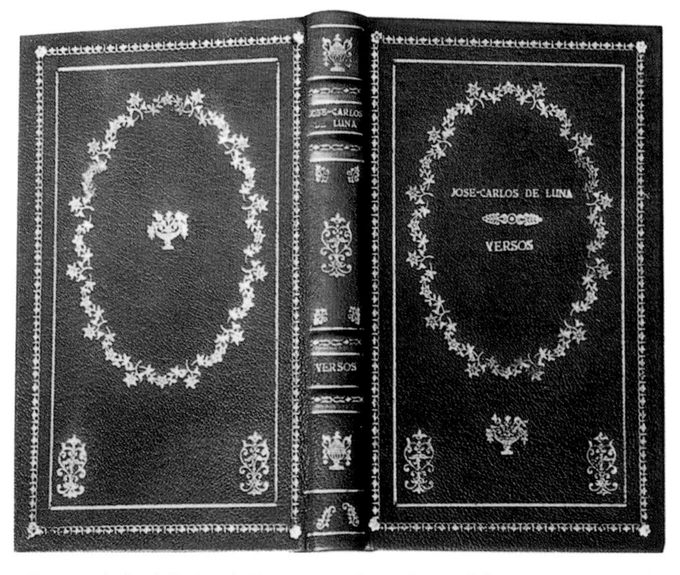

«Versos» de José Carlos de Luna encuadernado en piel marroquín marrón oscuro con cuatro nervios y tapas y lomo estampados en oro.

«Diccionario mitológico» de Pierre Grimal encuadernado en piel changrín negra con cuatro nervios, tejuelos azul y rojo y tapas y lomo estampados en oro.

«Cantes flamencos» de Antonio Machado encuadernado en piel marroquín marrón oscuro con cinco nervios y estampaciones de oro en lomo y de «abanico» en oro en tapas.

«Diario de Colón» encuadernado en piel changrín con cinco nervios y estampaciones en oro en lomo y tapas.

«Los pilares de la tierra» de Ken Follet encuadernado en piel changrín carmesí con cuatro nervios y estampaciones de oro en lomo y tapas.

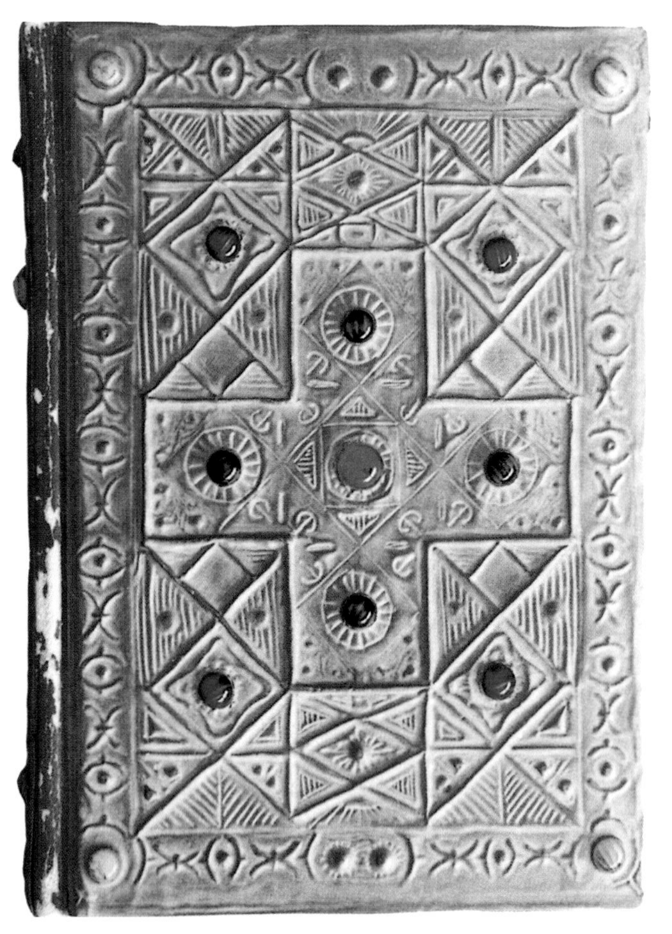

«El cantar de Mio Cid» en encuadernación gótica con tapas cubiertas por chapa de estaño cincelada con cabuchones.

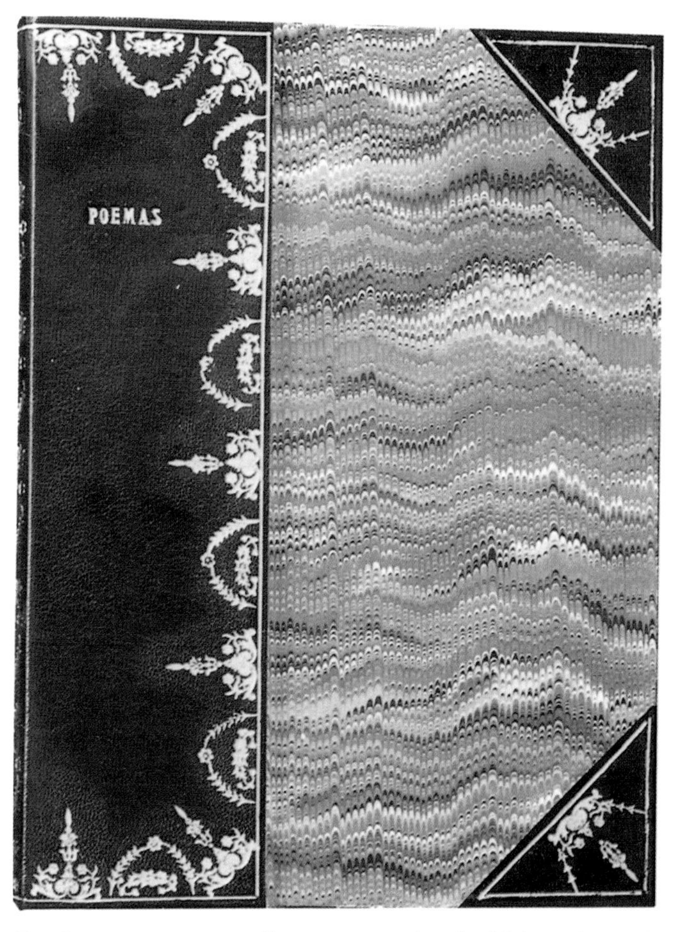

Estuche para poemas en medio pasta con esquinas de piel changrín marrón oscuro estampadas en oro y papel jaspeado.

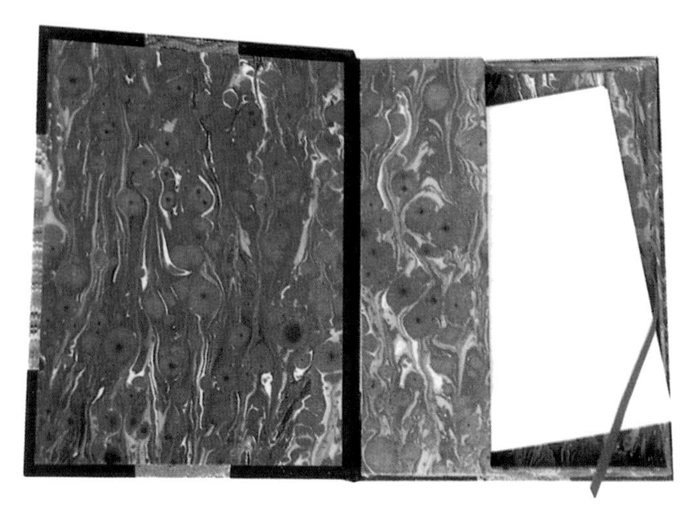

Interior del estuche para poemas de la figura anterior. La cinta de seda roja facilita la extracción de los poemas en hojas sueltas.

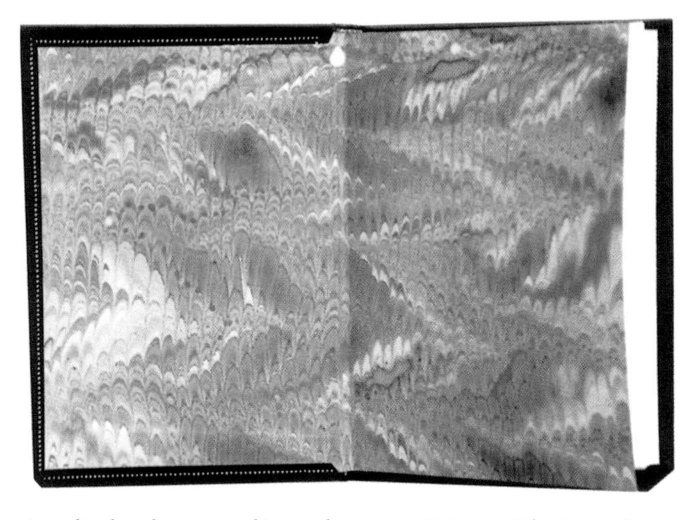

Guardas de color en papel jaspeado a mano. Cejas en piel estampadas en oro.

«Libro del ascenso y descenso del entendimiento» de Raimon Llull Mallorquín cubierto en media pasta con esquinas en piel de changrín verde estampadas en oro y papel jaspeado, siete nervios y tejuelos rojo y marrón.

«Gitano de la Bética» de José Carlos de Luna cubierto en media pasta con esquinas en piel de borrego marrón oscuro y papel jaspeado, lomo con cinco nervios y tejuelos naranja y azul estampado en oro.

«Cuentos de la Alhambra» de Washington Irving encuadernado en piel de cabra azul marino con cuatro nervios y tejuelos rojo y naranja, lomo y tapas estampados en oro.

Guardas de muaré de seda del libro anterior, con charnela de piel y cejas de piel estampadas en oro.

20. El acabado

Durante el proceso de trabajo y en sus distintas etapas hasta llegar a este momento, hemos manejado diversas colas y pegamentos, además de varias herramientas que posiblemente han dejado algunas señales en el libro.

Señales de cola o marcas sobre la piel. Las mismas uñas se marcan sobre la piel húmeda, y una plegadera o el canto de la mesa, o un trapo sucio y con cola seca pegada, pueden dejar una señal.

Esto debe corregirse. Para ello lo primero es **lavar** el libro: con un trapo blanco limpio, ligeramente mojado, hay que ir humedeciendo la piel y lavando esmeradamente las manchas para que no queden restos de cola ni en los planos por fuera ni en las contratapas.

Cuando esté limpio de manchas de cola, hay que observar si la piel ha virado de color por la humedad o por las presiones a que ha sido sometida, especialmente en los alrededores de los nervios, en la gracia, en las bisagras o en las puntas. Si es así, se puede humedecer toda ella por igual, para que esa piel tome el mismo color. En las pieles oscuras se obtienen buenos resultados, pero en algunas claras hay más dificultad. El defecto proviene de no haber mojado la flor de la piel antes de cubrir.

Si la piel es de grano marroquín y se le ha señalado una raya de la plegadera, de las uñas o algo parecido, entonces, cuando esté húmeda, con la punta limpia de la plegadera se le dan masajes por todo su alrededor hasta eliminar la señal. Si es necesario, puede uno ayudarse con la punta de un alfiler clavado de costado en la parte hundida, y luego se va levantando cuidadosamente. Esto siempre se hace con la piel húmeda.

Éste es el momento de revisar si las tapas se abren como es debido. Para ello se van abriendo las tapas y, si hay dificultad, se humedece la piel por el lomo a todo lo largo de la bisagra. Se va abriendo y cerrando una y otra vez, cada vez un poco más hacia la horizontal, hasta que lleguen a ella perfectamente. Del mismo modo deben luego cerrar perfectamente y quedar ajustadas al libro. (Esto es importante.)

En un libro bien encuadernado, si se sostiene cada tapa con una mano, distanciada de la otra de manera que todas sus hojas queden colgando hacia abajo y entonces las manos se unen por arriba, al volver a poner el libro en su posición normal éste deberá quedar perfectamente cerrado como si no se hubiera acabado de abrir .

Esto se puede hacer en un libro compuesto de cuadernillos; en un libro impreso en hojas sueltas, no es aconsejable después de su nueva encuadernación hacer esta prueba.

Cuando esté limpio, se deja secar.

Revisar

Ya terminado el libro, se registra si las hojas están bien y los cuadernillos en su sitio; si la piel queda con defectos, si los tejuelos están bien pegados, y si los cartones no están arqueados.

Si se ha cometido alguna falta que se pueda arreglar, hay que proceder a ello. Si no tiene arreglo en ese estado, hay que deshacer hasta donde esté el defecto, para corregirlo.

Prensar

Al libro terminado y perfectamente seco se le pone una cartulina entre las guardas de color, se le dispone entre dos tableros con paño y se deja en prensa durante 12 horas (una noche). Con media presión.

Pulir

Una vez el libro fuera de prensa, se debe pulir. Esto hace que el grano de la piel se vaya aplastando sin casi perder su aspecto y ganando en belleza y en dureza, pues el pulido hace más difícil que se señale con cualquier roce.

Se puede pulir en seco, con un trozo de un hueso cilíndrico con el que se va frotando, o con una plegadera o un trozo de ágata, etc. Y se puede pulir en caliente con una plancha de encuadernar.

Esta plancha debe tener la temperatura **ideal**. Se hacen círculos con ella, que se van montando unos sobre los otros, muy suavemente al principio y luego con más presión, y así se le va dando a toda la piel.

Para darle al lomo del libro se sujeta en la prensa de dorar protegiéndolo con un paño, y se le va dando a los entrenervios. Si el lomo ya está dorado, el calor de la plancha debe ser bajo, pues de ser más fuerte podría borrar el brillo del dorado.

Cuidado con planchar la piel **húmeda**, ya que nos encontramos con la sorpresa de ennegrecerla, y cuidarse de mantener la plancha vertical, pues de no ser así, se le pueden señalar los bordes de la plancha a la piel y esa señal en caliente es casi imborrable.

Se termina planchando los cantos y las curvas de los lomos con su gracia, y luego dándole suavemente de arriba abajo a la piel en todo el plano.

Tanto la superficie del hueso de pulir como la de la plancha deben estar perfectamente limpias y brillantes, pues, como se comprenderá, cualquier señal o dureza que tenga pegada marcará la piel.

Último toque

El acabado del libro es muy importante para que éste conserve toda su prestancia. Si está encuadernado en piel, después de tanto lavado hay que darle grasa otra vez para su mejor aspecto, brillo y conservación.

Ya indiqué la importancia de la cera «Johnson Wax» («original-with beeswax»), o la cera «Alex» transparente o amarilla, para dar nitidez y limpieza a los dorados, eliminando esa suciedad y emplastamientos producidos alrededor de las letras por un exceso de calor en el componedor.

Pero como además es necesario revitalizar el cuero, para ello lo mejor es buscarse también una buena marca de grasa de cuero o una crema de zapatos incolora. Citaré la «Kiwi», que considero la mejor, y la «Nugget», también incolora. Estas cremas, untadas y frotadas en la piel, la protegen de microbios, la limpian de polvo y le dan nuevo brillo.

No es aconsejable el barniz, aunque puede utilizarse, pues con el tiempo cambia de color, se reseca y saltan como escamas y partículas amarillas, quedando el libro afeado por esas faltas.

Después de dar la crema se saca brillo con una bayeta, que dedicaremos exclusivamente a ese uso.

Defectos y correcciones

Vamos a ver cómo solucionar posibles errores y reconocer honradamente los que no tienen solución.

Cuadernillo que no está en su sitio. Hay que desarmar y rehacer de nuevo (con el cuadernillo en su sitio).

Pliego que no está en su sitio. Se abre el libro enteramente por ese sitio, se humedece un trozo de hilo y se pone en lo más profundo de la bisagra; se cierra y se abre de nuevo; se quita el hilo y se tira de la hoja mal colocada, que se rasgará por donde el hilo la humedeció. (Si no ocurre así vuélvase a repetir el hilo con agua.) Se deja secar, se le da en ese borde una línea de cola y se pega en el sitio que le corresponde.

Si el papel guarda hace bolsas. Si está todavía húmedo, se coloca entre chapas de plástico y se mete en prensa un poco fuerte. Si está seco, se pincha con una jeringa llena de engrudo (aclarado con agua), déjese un poco dentro, se pone sobre el sitio de la bolsa un papel blanco y se da un ligero masaje apretando, hasta estar seguros de que la bolsa ha desaparecido, se coloca una chapa de plástico y se deja bajo peso.

Si la guarda de color al pegarse en el cartón hace bolsas o arrugas. Seguir el mismo procedimiento anterior, insistir sobre la bisagra.

Si los cartones se separan del corte delantero. Con la plancha caliente y con un papel blanco por en medio, se calienta el cartón junto al cajo, dándole con la plancha desde el cajo hacia la mitad. Esto hará que el cartón se arquee hacia la canal.

Pero para evitar esto se ha debido prever antes. Cuando todavía estaba húmeda la piel del lomo, y para que los cartones quedasen bien pegados al libro, lo mejor hubiera sido ponerle junto al cajo unas cartulinas del mismo alto que el libro y meterlo en prensa hasta que quede seco. Esto mismo se puede hacer ahora y, si no da resultado en seco, se humedece la piel del lomo por la bisagra. Ya así estira algo, y más si le ponemos las cartulinas y lo dejamos secar bajo prensa.

Debe ayudarse también con la presión de las dos manos, doblando el cartón hacia la canal delantera.

Nota sobre la limpieza de la piel.

Hace unos días me dijeron que uno de los procedimientos mejores para quitar las manchas de las pieles era frotar esa mancha con crema limpiadora del cutis, esa crema que usan las mujeres para eliminar los restos de crema y pintura que se han puesto en la cara.

Hace días lo puse en práctica: efectivamente da unos resultados estupendos, pero, primero, es un poco caro; segundo, si no es caro porque se coge la de la mujer, hay bronca.

21. Estilos de encuadernación

Cartoné

El cartoné (del francés *cartonée,* de *cartonner,* «encartonar») en su principio no era una verdadera y completa encuadernación sino una forma transitoria de proteger un libro de cierto valor, encartonándolo, hasta que se le diera su encuadernación adecuada y propia. Porque si lo examinamos bien, al principio sólo se componía de un par de cartones unidos entre sí por una tela pegada al lomo del libro, que, naturalmente, estaba en «rústica»: no se le había hecho nada, pues hasta se mantenía el mismo cosido de fábrica.

Después, los encuadernadores, al ver que los clientes le pedían «esa encuadernación tan ligera y tan barata, esa de los cartones», la del «cartoné», tuvieron que empezar a ejecutarlas. Al principio, mal; luego un poco mejor; después le fueron añadiendo etapas del montaje: ahora el cosido (el que venía de la editorial no era muy bueno); luego el redondeo, el cajo, la lomera, etc.

Y ya en la actualidad, con el deseo de vender más, los mismos editores hacen esta encuadernación «cartoné», para dar atractivo a sus libros, con lomo de guáflex, dorados, títulos sobre tejuelos, etc.

Pero si examinamos esas ediciones, veremos que sólo tienen presencia, pero no una encuadernación cuidada y con clase.

Por contra los encuadernadores profesionales han creado un estilo a partir de esa forma de cubrir los libros, estilo que se conoce como «cartoné».

En la exposición de los pasos que hay que dar para esta encuadernación, lo mismo que cuando exponga los de los otros estilos, voy a intentar evitar la repetición de lo que ya expliqué en los capítulos anteriores relativos al «Proceso de trabajo». Por ejemplo, si escribo «**6.º, hacer cajo**», no voy a reproducir otra vez cómo se hace éste, porque se supone sabido ya y, si no es así, porque se puede buscar en el correspondiente capítulo.

En el estilo «cartoné» que paso a explicar se pueden dar dos casos:

A) Encuadernación con lomo **recto.**
B) Encuadernación con lomo **redondeado.**

Lo primero que tenemos que hacer, con el libro por delante, es decidir qué encuadernación le vamos a dar. «Cartoné». Entonces: ¿cómo vamos a hacer el lomo? Una vez decidido, lo anotamos junto con los demás puntos del «plan» que vamos a seguir.

A) Con el lomo **recto:**

1.º Deshacer el libro, revisar los rotos y arreglarlos. Si hay manchas, limpiarlas. Rehacer los cuadernillos.
2.º Montar los cuadernillos guardas.
3.º Prensar 24 horas.

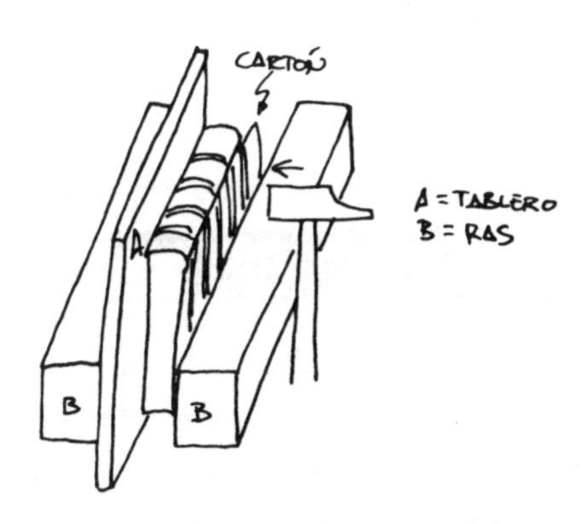

FIGURA 183. Cómo aplanar el lomo.

4.º Coser. Es típico del cartoné con el lomo recto que se COSA SIEMPRE CON CINTAS **y, lógicamente para lomo** RECTO, **se cosa con** HILO FINO.

5.º Hay que eliminar lo más posible el grueso que pueda producirse en el lomo, a pesar de que se haya cosido con hilo fino. Para ello, se coloca el libro con un cartón sobre él, que sobresalga un poco de la línea del lomo. Se pone sobre un tablero, y se coloca en la prensa horizontal, entre las dos teleras, de forma que sobresalga más de la mitad del libro por la parte del lomo (FIG. 183). Con un martillo se golpea el costado por el lomo, hasta dejarlo lo más aplanado posible.

Como esta operación se hace antes de encolar el lomo, lo más normal es que las cintas se arruguen entre los cuadernillos, por lo tanto hay que **estirarlas.**

6.º Dar cola blanca al lomo.

7.º Señalar en la cabeza y pie dónde se va a dar el corte con la guillotina.

Se corta **primero la cabeza** y luego el pie.

Recuerde de utilizar el cartón con bisel para proteger el lomo (FIGS. 184 y 185).

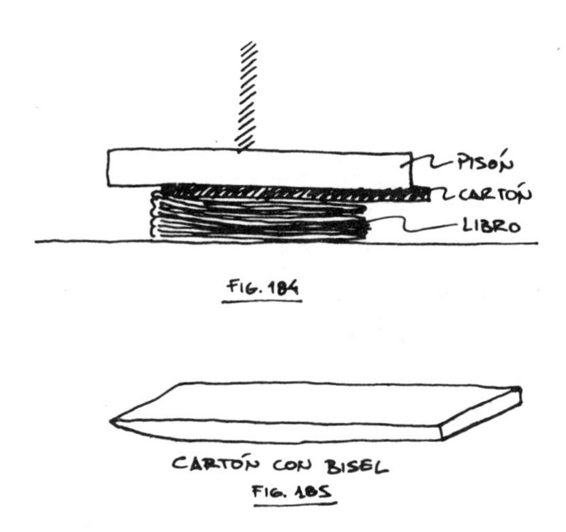

FIGURAS 184 y 185. Cómo usar cartón con bisel en la guillotina.

Cuando estén dados los dos cortes, mover el libro para que pierda las posibles señales de la presión del pisón. Golpear el lomo para que quede bien recto.

Encolar con cola blanca que no esté excesivamente líquida. Dejar secar. **Cortar por delante con la guillotina.**

8.º Elegir los cartones de acuerdo con las normas.

Cortar el cartón. De alto, el del libro más 3 ó 4 mm para la cabeza y otros tantos para el pie, que serán las cejas del libro. De ancho, la resultante de medir desde el lomo hasta el borde del corte delantero, más la ceja que hayamos dado en la cabeza y pie. A la suma habrá que **descontar** 7 mm, distancia que dejaremos separado el cartón del lomo (FIG. 186).

9.º Colocar el libro en una prensa de trabajo, con el lomo hacia arriba.

a) Colocar las cabezadas y, una vez secas, cortar al ras de la bisagra.

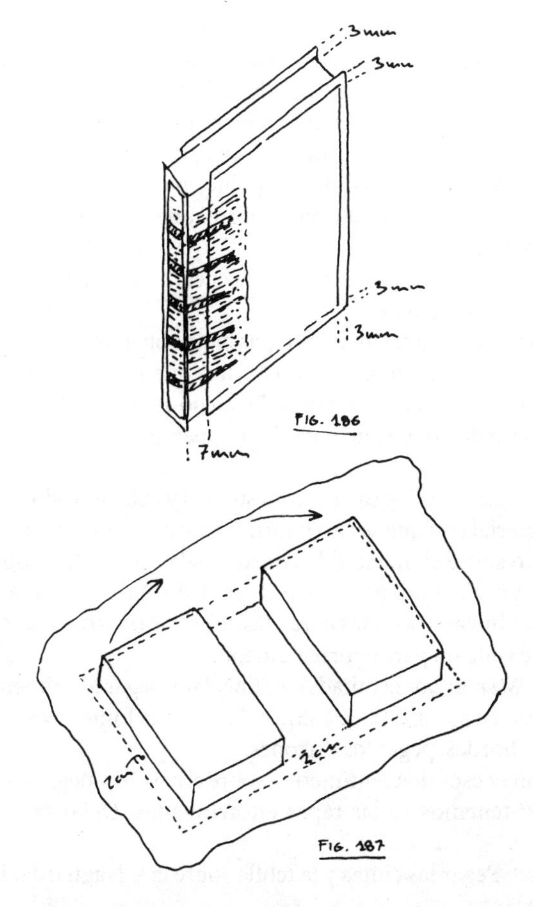

FIGURAS 186 y 187. Cómo cortar los cartones y material para cubrir.

b) Medir de cabezada a cabezada y cortar una tarlatana de ese largo, y cuyo ancho será el tamaño del lomo más 3 cm por cada plano. Pegarla en el lomo, centrándola.

c) Medir en el lomo, entre los hilos de color de las cabezadas. Cortar un trozo de papel kraft de ese largo y un poco más de ancho que el lomo del libro. Se da cola al lomo, se humedece el papel kraft (con un pincel, una esponja o un pulverizador), se coloca sobre el lomo encolado y se pasan sobre el papel las púas de un peine, para asentarlo bien. (Procurar no presionar muy fuerte, pues las púas pueden romperlo.)

Cuando esté seco, cortar con la cuchilla el trozo sobrante a cada lado del lomo.

10.° Construcción de las tapas encartonadas.

a) Cortar la lomera de un cartón que sea un poco más fino que el usado en las tapas. El ancho será el del libro más el grueso de los dos cartones de las tapas. El alto será el de las tapas.

b) Presentar los cartones en su sitio y colocar todo sobre el material con que se va a cubrir (FIG. 187). Señalar con bolígrafo sobre el material los bordes del cartón. Girar por el lomo y señalar de igual modo el otro lado. A dos centímetros de esas líneas, trazar las paralelas, pues ese trozo de más será el que volteará para cubrir el cartón.

c) Marcar por la mitad A A'. Encolar y pegar lo primero la lomera en su sitio (FIG. 188). A 7 mm de la lomera y a 2 cm de los bordes, pegar los cartones.

Volver esos dos centímetros sobre el cartón y pegarlos.

Así tenemos ya las tapas encartonadas. Dejarlas secar aparte.

11.° Pegar las cintas y la telilla sobre la salvaguarda. Dejar secar.

12.° **Presentar el libro entre las tapas y ver si todo está en su sitio.**

Si lo está, se procede a dar cola a la salvaguarda hasta un poco más de la telilla, ya sobre el papel (FIG. 189). Se toman las tapas con la **mano izquierda** y el libro con la **mano derecha**, cuidando de que las dos cejas estén igualadas. Empujar

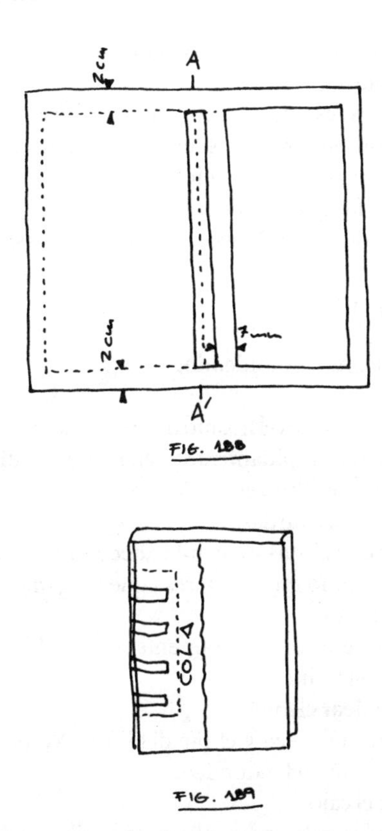

FIGURAS 188 y 189. Cómo encolar lomera, tapas y salvaguardas.

con la **mano derecha** sobre la **izquierda** para que encaje bien el libro en las tapas y, cuando los puntos anteriores estén conformes, entonces, se coloca entre tableros y se prensa, con la precaución de poner unas chapas de cinco de plástico para que la humedad no pase al resto del libro. Después de un ligero apretón, sacarlo para revisar si todo está bien. Si es así, y está conforme, meterlo nuevamente en prensa y dejarlo 15 minutos.

13.º Cuando esté todo seco, arrancar (tirando al bies) el trozo de las salvaguardas que no estén pegadas al cartón. Lijarlo para quitar las rugosidades.

14.º Pegar las guardas de color.

15.º Cuando esté todo seco, prensar 24 horas.

16.º Dorar.

17.º Limpiar y acabar.

B) Con el lomo **redondeado:**

El procedimiento es el mismo que para hacer el lomo recto. Pero revisemos rápidamente y señalemos las diferencias.

1.º Deshacer el libro, etc.

2.º Montar las guardas.

3.º Coser con **cintas** y con hilo **adecuado**, ya que hay que redondear y, por lo tanto, interesa que tengamos altura necesaria en el lomo.

4.º Encolar ese lomo ligeramente con cola blanca.

5.º Cortar el frente.

6.º **Redondear** el lomo.

7.º Cortar la cabeza y el pie del libro. No olvidemos la cuña para no dañar el redondeo.

8.º Hacer el cajo.

9.º Pegar las cabezadas. Pegar la telilla sobre el lomo, cuando esté seca. Pegar sobre las salvaguardas con cola blanca, primero las cintas, después la telilla. Cuidar de llevar la cinta apretando ésta con la plegadera, hasta el fondo de la línea del cajo. Hacer igual con la telilla (FIGS. 190 y 191).

10.º Pegar el segundo forro, el de papel kraft.

11.º La preparación de las tapas encartonadas se hace igual que para los libros de lomo recto, con sólo la diferencia de que se pone una **cartulina** en vez del cartoncillo para que sea más fácil de redondear.

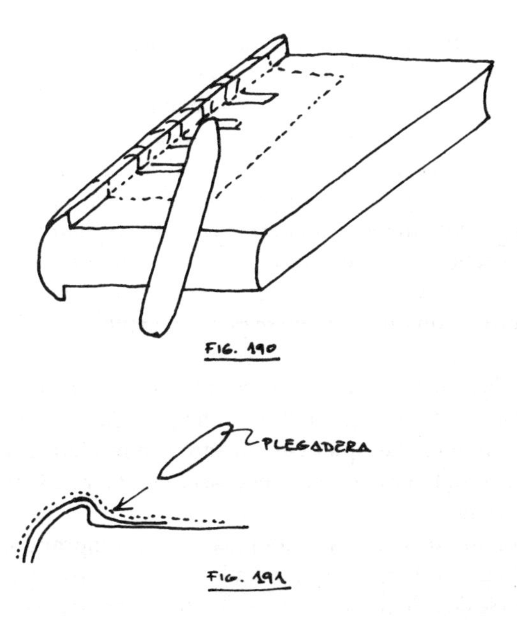

FIGURAS 190 y 191. Cómo pegar cintas y telilla a las salvaguardas.

12.° El resto del proceso es igual al explicado anteriormente.

Consideración

Se habrá observado que esta forma es la mejor cuando se tiene que encuadernar muchos libros iguales (véase más adelante cómo encuadernar los casetes de vídeo). En el cosido se pueden hacer continuadamente varios libros con el mismo montaje de cintas (poniendo éstas más largas): para las tapas se pueden hacer plantillas, para cortar el material que las cubre, y para hacer el marco donde van los dos cartones y pegar sobre ellos el material.

Así se puede aligerar mucho. De hecho, eso es lo que ponen en práctica las editoriales. Han mejorado el cosido hecho a máquina, han encolado con buena cola una tarlatana sobre el lomo (pero sin cintas que sujeten los cuadernillos a las tapas: esa sujeción la confían únicamente a la telilla o tarlatana); han puesto unas tapas montadas aparte, casi siempre con un lomo sin nervios aunque repletos de dorados (hechos con máquina o volante) muy bonitos, sobre un material más o menos bueno, y ya tenemos una edición atractiva, con un libro que se pone en la biblioteca y «da el pego».

En las ediciones de obras vendidas por fascículos esto se lleva al extremo, pues el editor se ahorra hasta el montaje. Es como vender el despiece de un barco en miniatura, que el comprador tiene que «entretenerse» en montar (si sabe y tiene paciencia).

Con los «fascículos» pasa igual. Se va comprando, cada semana o cada mes, un fascículo de la obra (desgraciado como se deje de comprar uno solo), tras cada cierto número de ellos se ha de comprar un sobre de plástico donde vienen las tapas montadas, un par de hojas guardas y un par de hojas blancas, así como una hoja con la explicación para el encuadernador, de cómo se deben montar.

Dado que este montaje es el clásico del cartoné, vamos a recordarlo, pero aplicado a los fascículos.

Encuadernación de fascículos

Como casi todas las publicaciones de fascículos son de gran tamaño, se aconseja que el lomo sea **recto** o con un ligero redondeo si lo permite el grueso de la lomera: a mayor grueso, menos redondeo.

El grueso del hilo depende también del ancho de la lomera que traen las «tapas encartonadas», puesto que deben entrar los fascículos que le corresponden más el grueso del hilo en el cosido.

Si reúnen estas condiciones, es más elegante un ligero redondeo.

El proceso que debe seguirse es:

1.° Quitar las grapas a los fascículos.

2.° Registrar y revisar cuántos van en cada «tapa montada».

3.° Estudiar el tipo de hojas guardas. Si las blancas van pegadas al borde del lomo del primer y último cuadernillo una vez cosido, o si no tiene guardas blancas (y habría que ponérselas), o bien se pondrán directamente las de color.

4.° Coser con cuatro cintas y con un buen hilo de cáñamo. Encolar el lomo (FIG. 192).

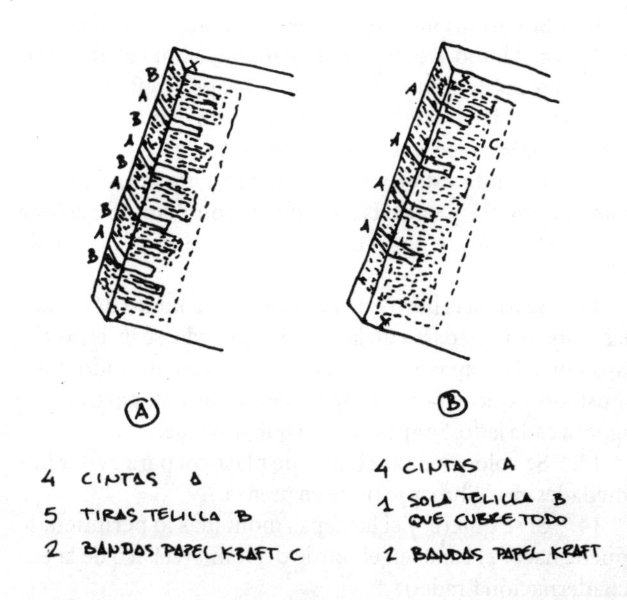

FIGURA 192. Encuadernación de fascículos.

5.° Ajustar las «tapas montadas» que se han comprado, para calcular cuánto debe cortarse por delante. Señalar con un lápiz y hacer por la señal ese corte delantero con la guillotina.

6.° Redondear ligeramente, si ha lugar.

7.° Cortar por cabeza y pie. Para ello, ajustar el libro a las «tapas montadas». Señalar las cejas correspondientes y cortar. No se olvide de poner la cuña de cartón.

8.° Se cortan dos bandas de papel kraft, que tengan casi el alto del libro menos dos centímetros por cabeza y otros dos por el pie, se pegan al borde de la bisagra del lomo y sobre ese papel se sujetan con cola las cuatro cintas: primero un lado que se deja secar, y luego el otro.

9.° Se cortan las cabezadas y se pegan en la cabeza y en el pie.

10.° Se cortan cinco tiras de telilla, del ancho entre cinta y cinta por el lomo, y entre cinta y cabezada, por cabeza y por pie, y que cubran un poco menos del papel kraft. Se numeran y se encolan por el lomo y luego por un plano. Se deja secar y y una vez seco, se encola el otro plano.

11.° Cuando está todo seco, se presenta entre las «tapas montadas» y se revisa si todo es conforme. Se coloca bajo las bandas un papel de periódico y se encola con cola blanca.

12.° Se toma el libro así encolado con la **mano derecha** y las «tapas montadas» con la **mano izquierda**, se inserta el libro entre las tapas procurando que vayan al fondo, bien ajustado y que el tamaño de las cejas esté compartido por igual a cada lado. Se aprieta para que se pegue.

13.° Se colocan unas chapas de plástico, para evitar humedades en el libro, y se pone en prensa.

14.° Si se quiere, y si las tapas montadas lo permiten, se puede hacer el canal en el borde del lomo (clásico de la encuadernación Bradel).

15.° Se lava el libro y se limpia.

Así se ha hecho una encuadernación «cartoné» en unos fascículos preparados por el editor, y si la edición es cuidada y las «tapas montadas» son de buen gusto, tendremos unos libros que resultarán estupendos.

Tapas para un estuche de vídeo

Este mismo procedimiento que acabo de exponer de «tapas montadas» aparte del libro, se puede usar para embellecer un estuche de vídeo.

Como el estuche de vídeo tiene el lomo recto debemos utilizar el mismo proceso de trabajo que hemos efectuado en

A) Con el lomo **recto** (pág. 296).

Con las siguientes variaciones.

1.° Tenemos que hacernos de un trozo de madera que pueda entrar en el lugar de la cinta de vídeo, que sea justo de alto y de ancho, pues de fondo debe ser de 4 ó 5 cm mayor, para que sea más fácil de quitar y poner. Naturalmente hay que hacerse de dos bloques de madera, uno para VHS y otro para BETA.

2.° Elegir el tamaño de los cartones o cartoncillos para las «tapas montadas».

Cortar el cartón. De alto, será de 19 cm en el estuche de vídeo VHS, más 2 ó 3 mm para la cabeza y otros tantos para el pie, que serán las cejas del estuche. De fondo, la resultante de medir desde el lomo hasta el borde de la abertura delantera, en VHS será de 10,5 cm más el tamaño de la ceja que hayamos dado en la cabeza y pie que ya hemos dicho es de 2 ó 3 mm. A esta suma habrá que **descontar 7 mm,** distancia que dejaremos de separación entre lo que va a ser el lomo del estuche y este cartón que le ponemos.

3.° Colocar el estuche, con el bloque de madera metido dentro en una prensa de trabajo.

La parte de arriba y la de abajo se recubren de un papel de guarda que se pega directamente sobre el estuche, quedando al ras en el borde del hueco y, pegándose a cada lado un centímetro poco más o menos. La parte del lomo, si se desea para más belleza y cuidado, se le pueden poner unas cabezadas.

En el lado de la derecha del estuche, en el centro del plano y en sentido vertical, con un formón, se le abre un ojal, por donde pasará la cinta que se pega por fuera (y, que luego, ya el estuche terminado nos permita sacar el vídeo tirando de ella). La medida de la cinta será:

a) Un centímetro que vuelve y que se pega por fuera, más la distancia del ojal al borde trasero, más

b) El ancho del estuche, más

c) El fondo que tenga el estuche, más

d) El trozo que asomará y que nos permitirá tirar de ella.

4.º Construcción de las «tapas montadas».

a) Ya que todos los estuches de vídeo son de la misma medida, lo más práctico es hacer una plantilla que nos permita tener en ella todas las medidas, para poder hacer nuestra «tapa montada».

Esta plantilla es un trozo de cartón un poco grueso del n.º 16 por ejemplo, de 30 × 26 cm, se traza sobre él, en el centro la línea A A', que lo divide en dos. Se calcula el grueso del estuche, en el caso de VHS será 26 ó 27 mm y a esta medida se le añadirá los dos gruesos de los cartones o de las cartulinas que se han de pegar al estuche. Ésta es también la medida de la lomera.

A esta medida del VHS más la del grueso de los cartones hay que añadirle lo que nuestro deseo quiera poner en las tapas.

Como hemos visto en el párrafo anterior ya tenemos el ancho de la piel del lomo del estuche, el alto será para VHS de 19 cm más las dos cejas y además los 4 cm, dos por cada lado que vuelven sobre las tapas. Todas estas medidas se trasladan a la plantilla para colocar la mitad de ella sobre la línea A A'. Y así tendremos señalada en la plantilla el lugar donde vamos a colocar (cuando llegue el momento oportuno) la lomera una vez la tengamos encolada.

b) Ahora sobre la plantilla debemos de indicar los espacios que van a ocupar los cartones. Como ya tenemos las medidas de los cartones y éstos cortados, los colocamos sobre la plantilla a la izquierda y a la derecha, dejando en el centro el espacio de la lomera y 7 mm a cada lado. Señalamos con bolígrafo sobre la plantilla el lugar de los cartones, y para más comodidad y rapidez en la construcción de las «tapas montadas» al cartón de la plantilla le pegamos alrededor de los cartones de las tapas unas tiras de cartón de 3 cm de ancho.

c) Ahora nos toca cortar la lomera de cartoncillo, que será de alto de 19 cm más las dos cejas y, de ancho de 2,5 cm, más el grueso de los dos cartones que se le pongan a las «tapas montadas».

Esta lomera cortada podrá llevar o no nervios (que se colocan según se dijo en el cap. 15. «La lomera»). La colocamos en el centro de la plantilla sobre el eje A A'.

5.° Ya tenemos nuestra plantilla de «tapas montadas» para vídeo VHS, cortados nuestros cartones, cortada y preparada nuestra lomera, y cortada la piel o el material que va a cubrir.

Encolamos la piel y la colocamos sobre las marcas de la plantilla, a continuación colocamos la lomera, dejando naturalmente, el sobrante de arriba y abajo, y junto a los ángulos de la plantilla colocamos los dos cartones.

Volteamos la piel sobre los cartones y sobre la lomera. Cuando esté seco, sacamos de la plantilla esos cartones unidos y, cubrimos la tapas con el material de nuestra elección.

Ya tenemos nuestras «tapas montadas» y listas para cubrir el estuche. Estos estuches suelen tener en cada lado un corte por donde se saca el vídeo. Como este corte puede dejar al aire (cuando se monten las tapas) un trozo de cartón que resultaría feo de ver. Es conveniente presentar primero las tapas, señalar el lugar del corte y, pegar sobre esa parte, un trozo del mismo papel de guarda que se puso en el corte de cabeza y en el de pie.

6.° Vamos a pasar a encolar el estuche. Para ello hemos de montar el taco dentro de él, una vez hecho esto se presenta el estuche con las «tapas montadas»; si está bien, se le da cola al estuche por todas las partes donde van a ir las tapas, se toma por el sobrante de madera y se encaja en ellas. Se ve si están bien, se mete en prensa entre dos tableros forrados de fieltro, se aprieta ligeramente y se deja secar.

7.° Una vez seco, se limpia de posibles manchas y se doran los títulos sobre la piel o sobre tejuelo.

Se toma el vídeo y se inserta en el estuche-libro, procurando que la cinta esté en su posición correcta para que luego tirando de ella podamos sacar el vídeo.

Variante del cartoné

Hay otro procedimiento del cartoné, que podemos hacer con un acabado más cuidado y que expongo a continuación. Éste suele ser el procedimiento mejor de encuadernar un libro para uno mismo, por su sencillez y su comodidad.

Naturalmente se traza un plan de trabajo antes de empezar.

1.° Desarmar, rehacer cuadernillos, arreglar desperfectos, registrar cuadernillos.

2.° Preparar los cuadernillos guardas con su guarda de color.

3.° Coser con cintas. Ver plan para saber cuántas son y el grueso del hilo que se va a usar.

4.° Encolar lomo.

5.° Si no estaban puestas, pegar las guardas color.
6.° Guillotinar corte delantero.
7.° Redondear lomo.
8.° Guillotinar cabeza y pie.
9.° Hacer cajo.
10.° Pintar o jaspear cantos.
11.° Pegar cabezadas y poner el forro de telilla.

Pegar las cintas y la telilla sobre la salvaguarda. Para mayor rapidez se suele poner un trozo de telilla continuo desde cabezada a cabezada.

Como se observará, prácticamente hasta aquí no hay grandes diferencias en el proceso. Pero es ahora cuando se introduce una gran variación.

Los cartones no se montan aparte, sino uno a uno sobre el libro.

12.° Cortar los cartones como se explica en el proceso de trabajo expuesto en el cap. 13, «El cartón».

Presentar sobre el libro los cartones, una vez cortados y con las cejas deseadas, para ver si todo está bien.

Es conveniente lijar el cartón por el canto interior, el que da al cajo, para facilitar el cierre. La parte delantera del cartón estará sin cortar a su medida, si es a media pasta.

13.° Si el libro está conforme con los cartones, se pegan éstos. (Ya se explicó cómo en el cap. 13; se siguen dichas normas.)

14.° Pegar al lomo el segundo forro, el de papel kraft.

15.° Preparar la piel o lo que va a cubrir.

16.° Cortar la lomera a su medida. Poner los nervios si los lleva.

17.° Preparar los planos del libro.

a) Lijar los bordes.

b) Cortar las esquinas para que se pueda hacer la gracia.

18.° Señalar con las marcas la piel o lo que cubra. Si lleva nervios, y es piel, hacer el acomodo de los nervios con la bola de hundir.

a) Dar engrudo.

b) Poner la lomera (si es suelta) en su sitio, en las marcas.

c) Sostener la piel con la **mano izquierda** por debajo; con la **mano derecha** se toma el libro, que tendrá dado de engrudo la parte del plano que da al cajo.

d) Empujar el libro hacia la lomera, cuidando vengan a ras las tapas y la lomera.

e) Sujetar el libro en la prensa de trabajo y, con las palmas de la mano, apretar la piel hacia la lomera y la primera parte de las tapas (la engomada).

f) Sacar de prensa y poner bien los planos, luego, entre tableros cubiertos con paño, dar un apretón en la prensa vertical.

g) Sacar de prensa y, sobre un muletón, voltear la piel por el corte de cabeza y luego por el de pie.

h) Cuidar la parte de la lomera por donde va la gracia, y la parte donde va el juego de la bisagra: que no haya tirantez, y estén los planos en su sitio.

i) Colocar chapas de plástico para que no pase la humedad. Poner entre tableros con paño y prensar ligeramente.

19.° Arrancar las salvaguardas no pegadas. Pegar los triángulos de las esquinas cerca del cajo, en la contratapa.

20.° Si la encuadernación es a media pasta, colocar las puntas. Luego cortar y preparar el material que va a cubrir los planos, y pegarlos.

21.° Encolar las guardas de dibujo o de color y pegarlas.

22.° Poner bajo peso y dejar secar. Luego de seco poner entre tableros con paño y prensar 24 horas.

23.° Dorar.

24.° Limpiar y acabar.

22. Estilo librería o Bradel

A finales del siglo pasado, con el aprovechamiento de nuevas fibras vegetales por la industria papelera y el progreso en los sistemas de impresión, se produjeron grandes cantidades de libros al alcance de todas las personas..., pero en «rústica», y esta circunstancia dio trabajo a numerosos talleres que hubieron de encuadernar tales libros, especialmente los que iban a ser destinados a librerías públicas.

Pero los hechos demostraron que la preocupación de esos talleres se había limitado al aspecto exterior de los libros pues al poco tiempo de su uso estos libros se desarmaban y había que reencuadernarlos o reponerlos.

Hubo por lo tanto que decidir qué tipo de encuadernación debía darse a esos libros, para que fuesen duros y al mismo tiempo bellos; para que fuesen baratos de materiales y resistentes a las numerosas manos que habrían de manejarlos especialmente en las bibliotecas públicas.

La conjunción de todos estos factores dio nacimiento al **«estilo Librería»** también llamado **«Bradel»** porque se aprovechó esa forma especial de sujeción del cartón que por estar separado del cajo hace más fácil de abrir las tapas.

Pero el «estilo Librería» no se caracteriza sólo en eso, tiene que reunir en el montaje una serie de puntos, que paso a indicar. (No explico cómo se hacen, pues en el «Proceso de trabajo», ya lo he indicado.)

1.º Que el libro esté cosido con **cuatro cintas** (FIG. 194).

2.º Que a los cuadernillos guardas, es decir al **primero y último** del libro, se le haga un sobrehilado o se **pegue una telilla** de 1,5 cm de ancho a todo lo largo del **lomo del cuadernillo.** Véase, en el «Proceso de trabajo», cap. 7, punto 3 (FIG. 193).

3.º Que cuando se cosan los **tres primeros cuadernillos, se sujeten con un nudo,** que se hace en **la 1.ª cinta** y en **la 4.ª cinta;** lo mismo se hace con los **tres últimos cuadernillos** (FIG. 194).

4.º Que la tarlatana que cubre el lomo y las cintas se peguen junto con éstas a la salvaguarda (FIG. 194) para que, una vez seco, se corte como una **solapa de 4 ó 5 cm** que luego **se pegará entre los dos cartones.** Véase en el «Proceso de trabajo», cap. 13.

5.º Que se encuaderne con piel, dejando al colocar el cartón entre el cajo y éste, una separación de 4 mm, (ver cap. 13, B-1 a) en la que se introduce una aguja de punto. Luego, al cubrir con la piel, se la vuelve a colocar para hacer el **canal clásico del «Bradel».**

6.º Se cubre a **media pasta** y con **cantoneras** de piel, pero con las puntas ligeramente redondeadas.

7.º No se pone cartón ni cartulina en el lomo. **La piel va pegada directamente al lomo,** sobre el papel kraft que cubre la telilla o tarlatana.

8.º **No se pone cabezada.** Ésta se sustituye por un trozo de cuerda (FIG. 195) del ancho del lomo.

Como la piel va pegada al lomo, se pone engrudo, pero en la cabeza y en el pie del lomo se le da además cola blanca, y se coloca la cuerda sobre la piel y en el sitio que se calcula que va a ir la cabezada.

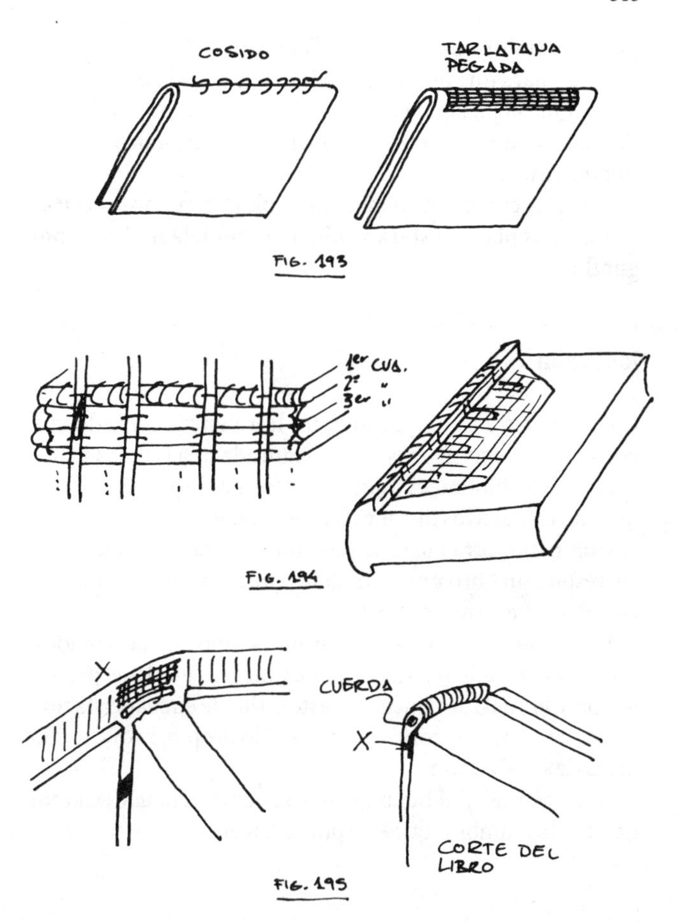

FIGURAS 193, 194 y 195. Estilo Librería.

Cuando se va a voltear la piel sobre las contratapas y el lomo, la piel que voltea el lomo dejará dentro la cuerda, que hará un reborde en la cabeza y en el pie. Este reborde se arregla y amolda con la plegadera (FIG. 195). Naturalmente, la parte de la flor que luego queda pegada al lomo, se encola también para que no quede suelta, sino pegada con el resto.

9.º Que la piel que **se emplee sea un marroquín bueno.** Pensemos que tiene que dar mucho juego en muchas y distintas manos.

Una piel como la badana, por lo blanda, no nos serviría.

10.º Los **planos estarán cubiertos por tela inglesa o por guáflex.**

Reflexión

Como podemos comprender, un libro encuadernado con estas diez características tiene asegurada una larga vida, incluso en una biblioteca pública, donde por lo general el trato que suelen dar a los libros es bastante malo.

Como, por otra parte, el renglón de dorados es bien parco, resulta un libro muy duradero y muy barato, comparado con el resultado que suele dar.

El aficionado a libros y al mismo tiempo encuadernador, puede ir haciendo ligeras variantes que (sin perder el principio para el cual fue concebido este estilo de encuadernación sólida y resistente) configuren su estilo propio, lo que le colmará de satisfacción.

A la libertad y al buen gusto y saber del encuadernador quedan los cambios que éste pueda hacer.

23. Flexible o de lujo

A esta encuadernación se le llama «flexible», por la flexibilidad que tiene no sólo en las tapas, debida a sus cartones finos, sino también por la que tiene el lomo, que puede volverse convexo cuando el libro se abre.

Su origen es de lo más antiguo. Las primitivas encuadernaciones hechas con los pergaminos doblados, de gran tamaño, se sujetaban entre sí por unas correíllas anudadas a unas tapas de madera. Al lomo de estos libros se le pegaba una piel que era la que lo cubría todo, quedando el lomo hecho un cuerpo con ella y sobresaliendo las correíllas que, al estar enrolladas, hacían como de nervios.

Como curiosidad añadiré que estos grandes libros estaban a veces sujetos con cadenas a estanterías bajas y, que para leerlos, se sacaban de esa estantería y se colocaban sobre un atril dispuesto junto a ellas.

El libro durante la Edad Media fue difícil de adquirir, pues sólo los nobles y los monjes en sus bibliotecas poseían algunos. Estos últimos eran quienes los encuadernaban. Como materiales empleaban los mejores, y el trabajo era esmeradísimo.

Cuando se introdujo el papel en Europa y más tarde se sustituyó la escritura a mano por la imprenta y los tipos móviles se fundieron en plomo, los libros empezaron a ser más numerosos, aunque la forma de encuadernarlos siguió siendo la misma y por el mismo procedimiento.

Pero llega un momento en el que, ante la enorme cantidad de libros que era preciso encuadernar, los talleres sólo pueden dedicarse a los libros de categoría y de importancia, y a éstos se les hace la encuadernación que sabían hacer: una encuadernación de lujo muy cuidada, en la que se había mejorado todo lo que se puede mejorar, pero sin cambios sustanciales.

Naturalmente los materiales son de una riqueza ostensible: piel entera, de chagrén, marroquín, de las mejores calidades: cantos dorados, cabezadas de varios colores hechas a mano, guardas de seda, cosidos como tradicionalmente se hacía para mantener firme el cuadernillo y **SIEMPRE POR DETRÁS** sobre buenas y redondas cuerdas, tradicionalmente **cinco** y, si el libro era alto, **siete o nueve**, pero siempre (por tradición) en número **impar**. Y los planos estarán dorados con generosidad en cualquiera de los estilos que lo llevan.

Y así se ha seguido haciendo desde entonces. Pero veamos los pasos que hay que dar para conseguir esa encuadernación en estilo «flexible» o de «lujo».

Empezaremos como siempre, estudiando bien el plan de trabajo que se va a realizar sobre el libro.

Con arreglo a ese plan, procederemos como sigue:

1.° Desarmar el libro. Hay que seguir todas las indicaciones de limpiar, reparar, enderezar los pliegues y sus puntas pese al tiempo que nos ocupe, y minuciosamente. Para mayor pulcritud hay que colocar ya reparados y secos **cada tres cuadernillos,** entre tableros con chapa de metal entre ellos, y prensar fuertemente durante 24 horas.

2.° Cuando estén todos los cuadernillos así prensados, igualarlos y, todo los del libro juntos, volverlos a prensar fuertemente otra vez durante 24 horas.

3.° Hacer los cuadernillos guarda, **especiales con guardas de seda o de muaré** con bisagra o charnela de piel. De la misma piel que nos va a servir para cubrir, se cortan unas tiras y se chiflan muy finas para hacer las escartivanas, o se busca una piel de tejuelo que sea del mismo color. Esta escartivana se puede colocar cuando se pone el cuadernillo guarda, o bien al final. Véase en el «Proceso de trabajo», cap. 7.

4.° Si la encuadernación es «de **bibliófilo**» hay que mantener los márgenes del libro al máximo, y hay que dejar uno o dos cuadernillos a los que el corte no les llegue por el frente ni por el pie. Así servirán como «**testigos**» de que se ha cortado lo mínimo y sólo para igualar el libro.

Se cortará cada cuadernillo **con la cizalla**, uno a uno, fijando de antemano el tope con la medida que ya se ha dicho, y se cortará primero el frente, y después el pie.

Se habrá revisado, antes de cortar nada, si el operario que ha doblado las hojas impresas para hacer los cuadernillos lo ha hecho bien y **no hay textos torcidos o desplazados** del centro de la página; si los hay, es necesario rectificar el doblaje.

5.° Montar el telar con **cinco cuerdas** que sean buenas y redondas, sin nudos, para un libro de tamaño «octavo»: de 16 a 22 cm de alto o el resultado de obtener ocho hojas por pliego, de donde le viene el nombre.

6.° **Señalar las bases de medidas para las ranuras de costura** a 3 mm de cabeza y a 6 de pie. Lo que queda entre esas dos medidas hay que dividirlo en seis partes, que darán cinco señales. Cortar con el serrucho de costilla un corte fino, hasta el cuaderno del centro (esto para las cuerdas) y a 15 mm de cabeza y a 15 mm del pie los dos cortes que serán para los nudos de las respectivas cadenetas (FIG. 196).

Ajustar las cuerdas del telar a la medida del libro. Cuidar de que estén **perpendiculares.**

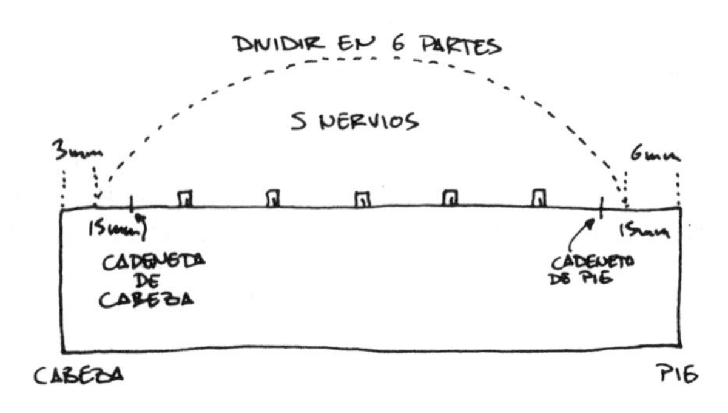

FIGURA 196. Estilo lujo. Medidas para cosido.

Coser por detrás. Esto es característico de la encuadernación «flexible».

No se debe atirantar mucho el hilo del cosido en las cadenetas, pues hay que dejar juego para poder redondear. Pero, por contra, hay que **atirantar bien entre cuerda y cuerda durante el cosido** (FIG. 197).

La lentitud de esta forma de coser ha hecho que este estilo de encuadernación caiga en desuso.

7.° Dar cola ligera y acuosa en todo el lomo, y dejar secar.

8.° Señalar la línea donde va el cajo de acuerdo con el grueso del cartón, **que será más bien fino.**

9.° Si no se ha hecho encuadernación de «bibliófilo», es el momento de cortar el **frente con guillotina.**

10.° Redondear el lomo. Para hacerlo se tendrá alguna dificultad, a causa de las cuerdas que sobresalen del lomo y que en ningún momento se pueden aplastar ni golpear con el martillo. Hay que usar un martillo con la boca cuadrada y golpear entre nervios. Antes de golpear, se da cola blanca líquida a todo el lomo y se golpea antes de que se seque. Esto facilitará el redondeo. **Se redondea bastante.**

11.° Si la encuadernación es **«de bibliófilo»** se corta la cabeza con **el ingenio,** y si no lo es **se guillotinan la cabeza y el**

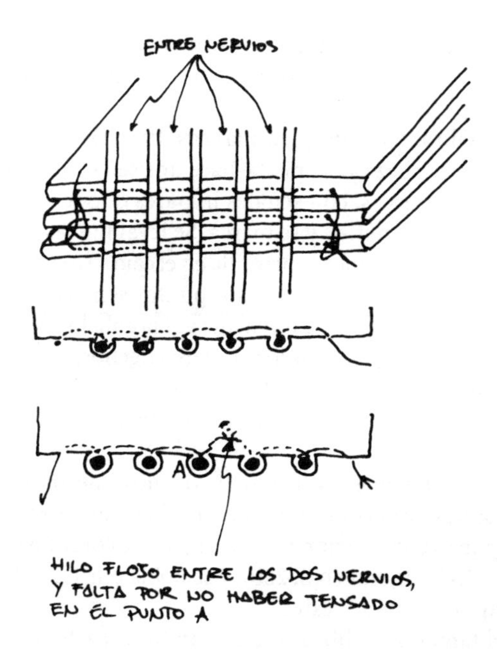

FIGURA 197. Estilo lujo. Cosido.

pie colocando el ángulo de cartón para proteger el grueso del redondeo y siguiendo las normas que se explicaron en el capítulo 9 al hablar de la guillotina en el «Proceso de trabajo».

Si es necesario, se redondea nuevamente.

12.° Cuando se crea que el redondeo es suficiente, entonces con cola nueva ligera se pone el libro entre las chillas de hacer cajos, y se le hacen, procurando no machacar ni hundir los futuros nervios del libro. **Se cuida de que éstos estén en ángulo recto** y, si no lo están, se conforman y se arreglan con las pinzas de nervios, mientras estén húmedos de cola.

Se da cola ligera y se deja secar en la prensa.

13.º Hay que **reforzar y consolidar la charnela** o bisagra del cuadernillo de guarda que se ha colocado, pero sin cartivana de piel.

Para ello se hace una plantilla (FIG. 198). Del alto del libro y a 2 cm de cabeza y del pie, se hace una señal. Se divide entre las dos marcas, con señales impares que se separan de dos a tres centímetros y se marca. Se levantan las dos guardas blancas y se coloca la plantilla en el cajo y se señala en los puntos que ésta indica. Por esos puntos señalados se atraviesa un punzón fino. Se toma una aguja enhebrada con hilo de algodón y se pasa por los agujeros hechos, anudándose en cabeza y en el pie (FIG. 199). Se encola por el lomo. (Se habrá procurado que el hilo no monte por encima de los nervios.)

14.º Es el momento de dorar los cantos o decorarlos.

Después de decorados o dorados, hay que forrar el libro para que esa decoración no se manche. Se corta un trozo de papel con las tijeras (FIG. 200), y se dobla por 1, 2 y 3, que se sujetan con cinta adhesiva.

Del tamaño del libro se cortarán unos cartones finos o cartulinas, uno para delante y otro para detrás. Estos cartoncillos se meterán bajo el forro de papel que hemos hecho.

15.º Se cortan los **cartones** del libro a su **medida justa** de cajo delantero y de cabeza a pie. Se preparan, se lijan y el ángulo que va junto al cajo se rebaja con la punta o se lija.

16.º Se **encartona con cinco agujeros** para las cinco cuerdas, pero también se pueden pasar esas cinco cuerdas por **dos o tres agujeros** en el cartón. (Véase cap. 13 «El cartón».) Y si sólo se desean utilizar con enganche tres de las cinco cuerdas, se cortan al ras del cajo las cuerdas sobrantes y se le da un punto de cola a ese corte para afirmarlo y que no se suelten de los cuadernillos.

17.º Se revisan los enganches de las cuerdas para que no dejen salientes ni hundidos en el cartón y, si los hay, es necesario arreglarlos.

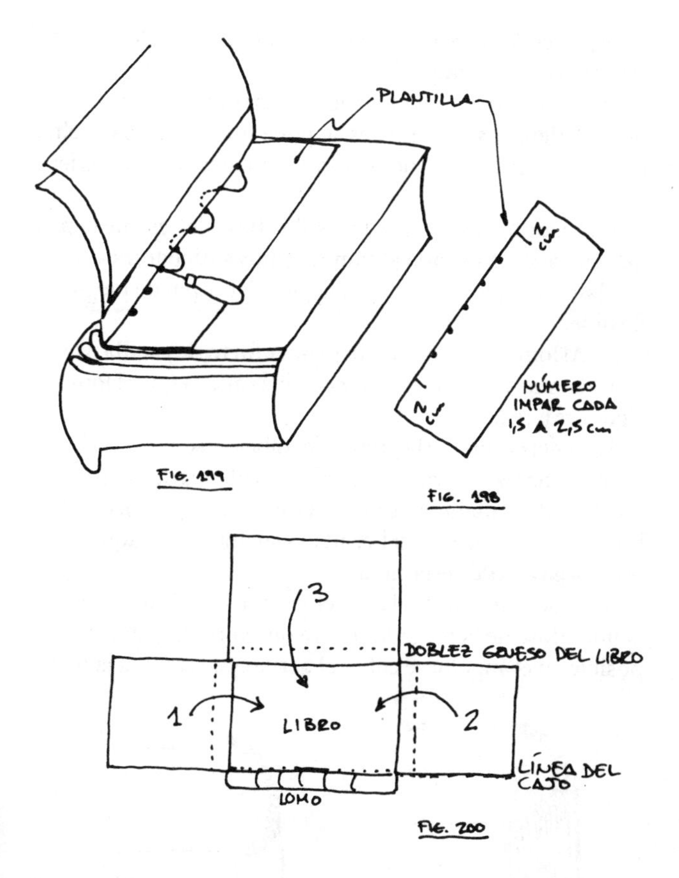

FIGURAS 198, 199 y 200. Estilo lujo.

Luego a cada cartón se le pega, por delante y por detrás, **una hoja de papel blanco** preferiblemente hecho a mano, como forro.

A las esquinas se les da el corte cerca del cajo, para la gracia. (Si no se hizo al corte delantero en el plano de frente y de atrás, en el paso 15, éste es el momento de hacerlo, cuando esté seco el enganche.)

18.° Lo suyo es coser las **cabezadas** sobre el libro. Pero si no se quiere coser, entonces se pone una cabezada suelta, que sea vistosa y de varios colores, algo fuera de las corrientes.

19.° Como lo genuino del estilo «flexible» es que la piel que cubre **vaya pegada al lomo,** vamos a preparar ese acomodamiento para que reciba la piel bien y pueda luego ser flexible.

a) Al lomo se le pondrá un **primer forro de gasilla** o buena tarlatana, que se corta un poco más ancha que el lomo, y algo más larga.

Se sujeta el libro en la prensa de trabajo y se encola el lomo sin manchar la cabezada. (Se da la cola blanca desde ésta.) Si la cabezada es manual, se pone la gasilla desde el corte del libro (FIG. 201 A). Si la cabezada es suelta o de máquina, se pone la gasilla desde la cinta.

Se va pegando hasta el primer nervio, se le da forma a éste ayudándose de la plegadera para que entre lo más adentro posible en el ángulo, se cubre el nervio y se empuja la telilla

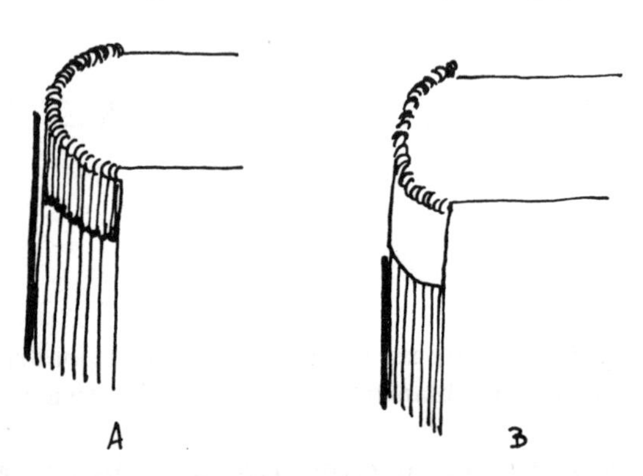

FIGURA 201. Estilo lujo. Dónde pegar la gasilla.

en el otro lado, igual que antes (hay que procurar que no se levante del otro lado).

Así se va haciendo nervio tras nervio, hasta llegar a la cabezada de pie, donde se corta a la medida exacta para cubrir lo que se requiere.

Cuando está seco se corta a la medida que requiere de ancho.

b) Se cortan unas **tiras de papel kraft** del tamaño de los entrenervios y se pega cada una en el sitio correspondiente.

En la cabeza y en el pie, se hace igual hasta el borde. Estas **tiras se ponen húmedas.**

Se deja secar y, si es necesario, se lijan para que queden perfectamente redondeados. Luego se corta el sobrante por cada lado.

c) El **tercer forro es el de piel.** Se exceptúan de este forro los libros muy delgados, La piel que se pone es un marroquín bueno y fino, todo él **igual de grueso y sin chiflar**.

Se corta del ancho del lomo y algo más de largo que el alto del libro, por que hay que tener presente que debe dar la vuelta a los nervios.

Se empasta la piel cortada, **con cola blanca muy aguada** y de forma que quede muy flexible. Se da cola más espesa al lomo y se va colocando la piel, como se hizo con la tela, cuidando de que entre bien en los ángulos y de que la piel vaya dando la vuelta a los nervios. Se ayuda con la plegadera y las pinzas de nervios. Se va despacio (por eso se puso muy aguada la cola) y con cuidado de no levantar lo anteriormente hecho.

Cuando esté seca la piel, se da forma a los nervios, si es necesario con un escalpelo y con lija. OJO, no se corten los hilos del cosido al hacer esta operación. Si es preciso se lija la piel para que quede un redondeo perfecto, que luego al abrirse, será un lomo firme y duro a la vez que flexible.

20.° Hay que cortar una **plantilla** de papel periódico del tamaño del libro más **2,5 cm** por todo su alrededor (FIG. 202).

Esta plantilla se coloca sobre la piel, y se corta ésta.

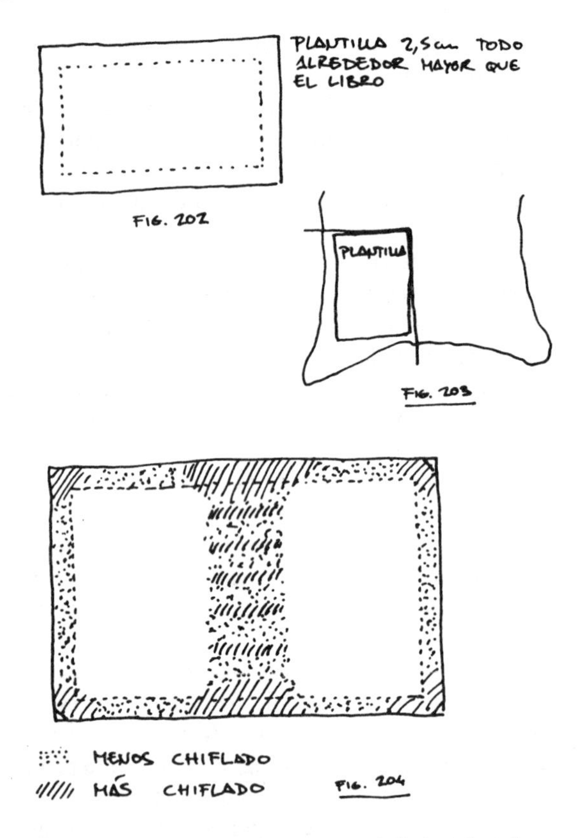

FIGURAS 202, 203 y 204. Estilo lujo. Corte y chiflado de la piel.

Si ese corte se da cerca del borde de la piel, se deberá recortar un poco más de lo dicho (FIG. 203). Se acuchilla por el trazo grueso, se corta ese ángulo y se chiflan esos dos lados. Esto se hace con la idea de que si al chiflar ese ángulo, por error se le da una puñalada al borde, tengamos aún margen de seguridad y podamos retirar la plantilla un poco, por la reserva del trozo aprovechable.

21.° La piel **se chiflará** (FIG. 204) no sólo alrededor, sino también donde van los nervios y en la charnela o bisagra.

Otro sitio donde hay que tener mucho cuidado de chiflar bien es en la parte de la piel que se va a doblar dentro del lomo, pues **si no se hace adecuadamente se notará un resalte** en ese lugar (FIG. 206).

Lo señalado (FIG. 205) es lo que tiene que ir bien chiflado.

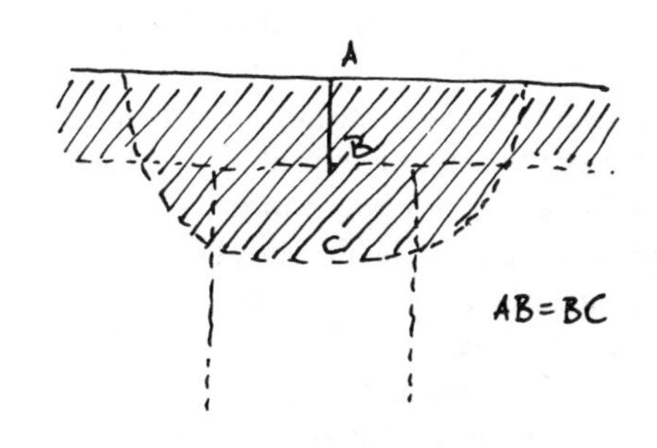

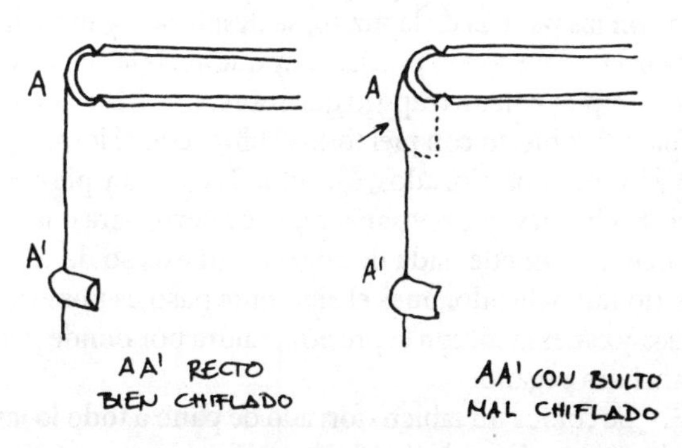

FIGURAS 205 y 206. Estilo lujo. Chiflado del doblez en el lomo.

Por eso es recomendable marcar con bolígrafo o con lápiz de color blanco las pieles oscuras, los sitios donde hay que chiflar y dónde van a caer esos puntos claves. No importa pintarlos, pues luego quedarán por dentro.

22.° Una vez revisado todo lo anterior y encontrado conforme, hay que preparar todo lo que se dice en el capítulo 17 sobre «Cubrir tapas». Es aconsejable leerse todas las instrucciones.

Para el caso de las encuadernaciones «de lujo» hay que extremar los cuidados: la piel debe empastarse dos o tres veces, de forma que esté sumamente húmeda y flexible.

Cuando se cubra, debe comprobarse que las marcas interiores quedan en su sitio, pero **nunca estirar.** Ya sabemos que la piel mojada estira fácilmente. Pero luego, al secarse y encoger, arquearía las tapas y toda la encuadernación quedaría hecha una pena.

Se revisan especialmente los nervios y los entrenervios, y se pasa muchas veces la plegadera sobre la piel en los entrenervios hasta que queden bien pegados.

No se debe dejar exceso de engrudo en la piel que ha de cubrir el lomo y los nervios, pues este exceso, al apretar el lomo con las palmas de la mano, se desplazará y manchará las guardas. Aún con lo preciso, hay que abrir las tapas y revisar y limpiar con un trapo lo que sobre.

Una vez cubierto con piel todo el libro, con el lomo apretado y los nervios pinzados, así como la cabeza y pie con su gracia hecha, hay que revisar el cajo de nuevo, para que efectivamente no quede nada de engrudo ni exceso de cola en ese sitio tan delicado, pues el siguiente paso es ponerlo en prensa, y ese exceso, con la presión, saldrá por donde pueda y manchará pegando.

23.° Se coloca un tablero forrado de paño a todo lo largo de la bisagra o charnela entre el lomo y la tapa (FIG. 207). Se hace lo mismo en la otra tapa, y se aprieta fuertemente en la prensa vertical. Se saca al minuto y se revisa cómo están las

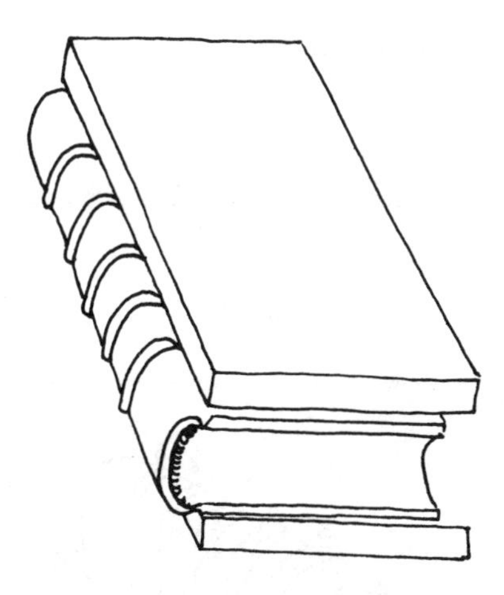

FIGURA 207. Estilo lujo. Libro entre tableros forrados de paño.

bisagras por dentro y los planos. Si todo está bien, se pone nuevamente en prensa y se deja 30 minutos.

Esto afirmará la piel en los planos y le dará solidez en la bisagra.

24.° Conformar los nervios y entrenervios es una operación que hay que ir haciendo continuamente, hasta que se sequen.

Cualquier circunstancia puede hacer muy difícil formar la base de los nervios: piel muy dura, falta de humedad, falta de chifla en los nervios o de amoldado con la bola de rehundir, haber estirado la piel más de la cuenta hacia los cortes, lo que no ha dejado entrada al fondo del pie de los nervios, etc. Como consecuencia, esos nervios han quedado mal (FIG. 208, A) y no como deberían (FIG. 208, B). Para estos casos, nos queda la solución de estrangularlos. Esto se puede hacer de dos formas:

a) Si sólo es la piel de junto a los nervios la que se ha quedado separada (como es el caso del dibujo 208, A), se puede usar el siguiente procedimiento:

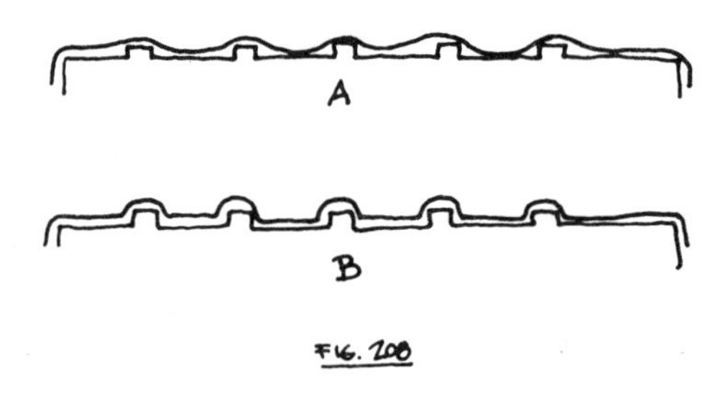

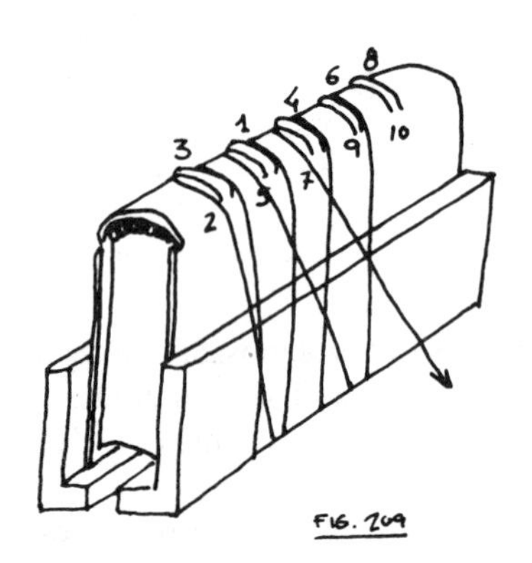

FIGURAS 208 y 209. Estilo lujo. Ciñendo la piel a los nervios.

Colocar en el libro (FIG. 209) dos tablas en forma de L.

Se toma una cuerda de las usadas en el telar, se le hace un lazo y se coloca en el nervio señalado con el n.° 1, se aprieta el lazo y, con el cabo, se le da vuelta al libro y a las dos tablas y se lleva al nervio señalado con el n.° 2. Se va apretando y dando vueltas, siguiendo la numeración correlativa y al llegar al final se le da dos o tres vueltas a la tabla en forma de L, y se sujeta.

Como puede verse se trata de ceñir el nervio, apretándolo contra el lomo y el ángulo al lado de él.

Como esta operación se ha hecho con la piel húmeda, hay que dejar que ésta se seque, para que la sujeción sea efectiva.

b) Si además de que los nervios no están bien amoldados, la piel de los entrenervios no se ha pegado al lomo, se sigue el procedimiento siguiente:

Se cortan unas tiras de cartón del ancho de los entrenervios y 4 ó 5 cm más largas que el grueso del libro.

Se sujeta el libro entre las tablas en L, se colocan en los entrenervios las tiras de cartón ya preparadas y se sujetan con las cuerdas, siguiendo el procedimiento anterior (FIG. 210).

Siempre que se usen las tablas en L, habrá que tener el cuidado de proteger el libro con un paño para evitar posibles señales en la piel.

25.° Se habrá notado que, al cortar la piel para cubrir el libro, se le dio un **margen suplementario de 2,5 cm.** Esto se ha hecho para que, al voltear ese margen en la contratapa, quede alrededor de todo el borde un trozo mayor que la ceja del libro, a fin de que luego, a la hora de dorar, se pueda hacer la ornamentación que se desee, pues habrá quedado así espacio suficiente.

Lo que se indica en rayado en la FIG. 211 es piel como la que ha cubierto el libro y que, muy bien chiflada, como cartivana, se colocará entre los forros de muaré o de seda, y cubrirá la charnela o bisagra del libro. Naturalmente llevará también su dorado.

26.° Mientras el libro está secándose sujeto con las cuerdas en las tablas en forma de L, se revisará nuevamente la gracia en la cabeza y en el pie, y también si el lomo está recto o no en esos sitios, así como la unión de la gracia con los planos.

27.° Cuando el libro está seco hay que tener **mucho cuidado** con su apertura. Se debe empezar abriendo y cerrando la tapa delantera, poco a poco, aumentando gradualmente la apertura hasta llegar a la vertical; se hace lo mismo con la tapa de detrás.

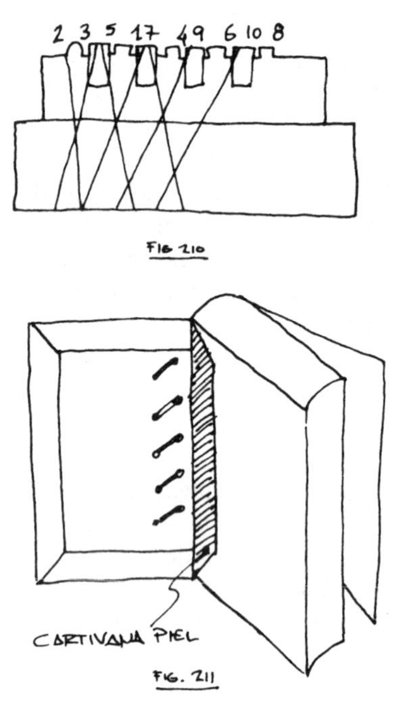

FIGURAS 210 y 211. Estilo lujo. Ciñendo los entrenervios y charnela de piel.

Luego se vuelve a la de delante y se abre poco a poco, hasta llegar con cuidado a los 180° de abertura total. Hay que observar el comportamiento del libro.

Luego, se coloca éste sobre un paño en la mesa de trabajo, se sujetan las hojas en vertical (FIG. 212) y se dejan caer los planos en la mesa (primero sólo los planos) y luego, teniendo el lomo ya descansando en la mesa, se dejan caer las hojas del libro, la mitad hacia cada lado. Si el libro está bien construido, quedará (FIG. 213) con el **lomo plano o ligeramente convexo.**

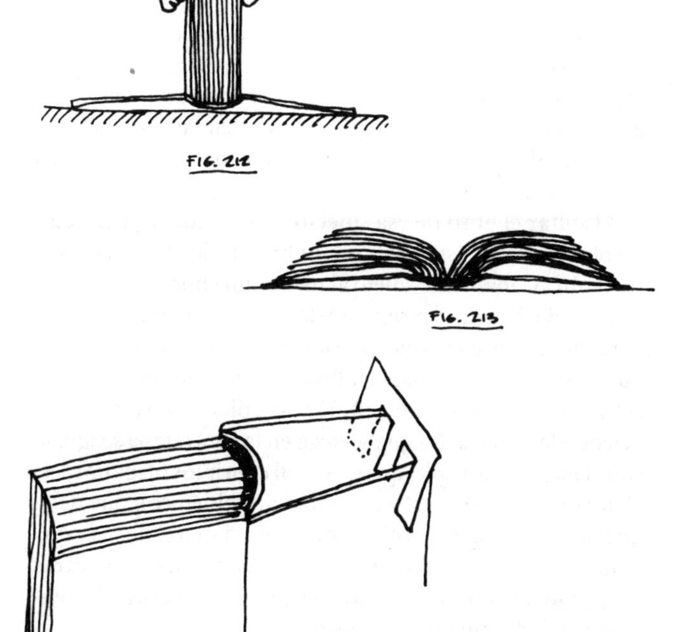

FIGURAS 212, 213 y 214. Estilo lujo. Apertura correcta del libro.

Si el libro no abre así, hay que tomar dos o tres cuadernillos del principio y abrirlos, presionando ligeramente el lomo. Luego hacer lo mismo con los tres cuadernillos del final. Y seguir así poco a poco, los tres siguientes del principio y después los tres siguientes del final, prosiguiendo de este modo con todo el libro, hasta terminar en el centro. No hay que tener prisa al hacer esta operación.

Una vez conseguido esto, hay que abrir las tapas para que se aproximen la una a la otra, poco a poco, abriendo y cerrando hasta que lleguen a tocarse. Entonces se mantiene en esa posición mediante un aparato especial que es una E hecha de madera (véase FIG. 214), donde cada tapa se sujeta en cada hueco.

Al soltar el libro de esa sujeción, debe quedar perfectamente cerrado, y ésa será la mejor prueba de su buena construcción. Se mantiene sujeto al menos una hora.

28.° Ha llegado el momento de pegar la cartivana de piel. Para ello se abre la tapa y se separa el trozo de muaré que quedó sin pegar del cuadernillo de guarda. Se encola la cartivana ya preparada (FIG. 215) y se coloca en su sitio cubriendo la bisagra. Lo que se pega en la contratapa se iguala con el margen de la piel que quedó al cubrir los otros bordes. Cuidado con lo que estira. Cuidado también con que debe quedar exactamente en el corte de cabeza y en el de pie y que tiene que formar un ángulo de 45° en la unión con las otras pieles o lo que se haya decidido de unión. (En la FIG. 215 véase lo señalado con mayor grueso.)

Con la punta de los dedos ir poco a poco incrustando la piel en el canto del libro y el cajo; para ello ayudarse con la plegadera.

Se deja secar abierto.

Si el muaré o la seda estaba pegada en el cuadernillo de guarda y sólo le quedaba sin pegar el trozo donde se ha metido la cartivana de piel, habrá que pegar ese trozo suelto. Para ello, seguir los procedimientos de pegar tela. (Véase cap. 5.)

29.° Hay que preparar la guarda de muaré o seda de la contratapa, que será por lógica un rectángulo menor que el de las hojas del libro. Recordemos que se le ha dejado más espacio a la piel de las cejas para que pueda llevar el dorado.

Dorado que puede ser visible con el libro cerrado y puede que no se vea.

Si la piel hace cualquier tipo de resalte que deje el plano hundido, hay que rellenar ese plano con papel de estraza hasta que quede al ras con el **grueso de la tela y su soporte**.

Si los bordes de la piel no han quedado igualados, habrá que cortarlos para dejarlos todos a la misma distancia de ese borde (FIG. 216).

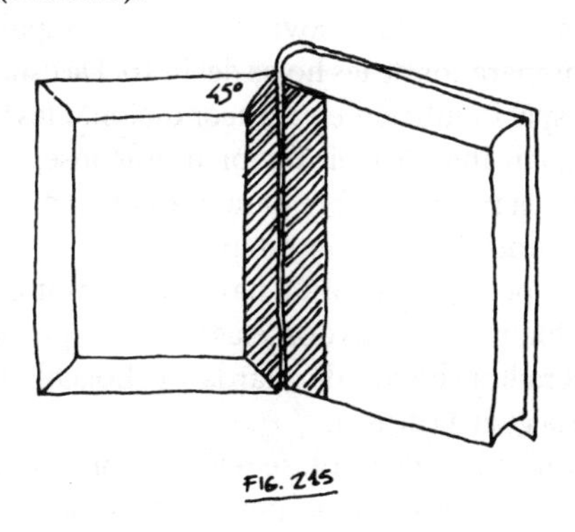

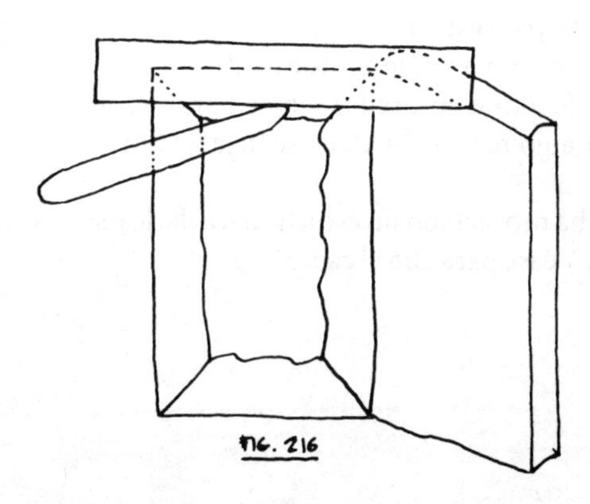

FIGURAS 215 y 216. Estilo lujo. Cómo terminar la contratapa.

La tela se cortará y se preparará para que venga a cubrir ese hueco que se ha dejado en la tapa. Para eso lo mejor es pegarla sobre una cartulina y volverle los bordes, para lo cual se habrá cortado un poco más por cada lado. Esto es para prevenir los bordes deshilachados, que tan feo hacen.

Un procedimiento más cuidado es el que exige hacer un marco de cartulina pegado en la parte interior de las tapas. Este procedimiento debe prepararse cuando se encartona, colocando unas cartulinas provisionales que separen los cartones así preparados de las hojas del libro. De esta forma queda luego espacio suficiente para acondicionar las telas de guarda y las cartivanas de piel. También se aconseja un chiflado mayor en la piel que cubre para que entre con más facilidad en ese hundido de la contratapa.

Cuando esté pegada la guarda, hay que prensar con una hoja de papel blanco entre las dos telas y una chapa metálica entre la primera hoja blanca de guarda y la hoja blanca que es el dorso de la guarda de tela.

Se prensa un cuarto de hora, se revisa y con los mismos separadores se deja secar bajo peso. Se revisa de vez en cuando.

30.° Se pasa a dorar.

31.° Se limpia y se le da el acabado.

32.° Se pone en prensa, entre paños, con una presión regular algo más de media y se deja 24 horas. Luego se da brillo.

Si se ha proyectado un estuche para darle realce al libro, se le hace. Véase para ello el cap. 35.

24. Falso lujo

Fue la dificultad, añadida a la lentitud en la construcción del libro cuando se hacía en estilo «flexible», lo que dio pie al nacimiento del estilo «falso lujo» y fue la competencia lo que hizo posible el éxito de este «falso lujo», llamado también «falso estilo flexible».

Pues al principio todo se hizo igual: salvo que se cosió por delante, se guardó la tradición enteramente. El libro se construyó con cinco cuerdas (aunque cosidas por delante) y, sobre ellas, pegados al lomo, se pusieron cinco falsos nervios. Después tampoco se hizo la sujeción de las tapas por medio de esas cinco cuerdas, sino que sólo se enlazaron tres. Las otras dos se cortaron a ras del cuadernillo y se encolaron allí, para que no se salieran del libro. Luego, ni siquiera hicieron eso, como ya veremos.

Las guardas dejaron de ser de seda: se puso papel jaspeado, de muy buena calidad pero más barato, naturalmente, que la tela. Algunas veces se ponía tela, pero no tan buena.

Se usó piel de menor calidad, lo que no desmereció en nada la encuadernación, dada la profusión de dorados que la cubría.

Resultado de todo esto fue que lo que empezó siendo una

copia, aunque barata y falsa para aligerar la encuadernación, se convirtió en un nuevo «estilo», el estilo de «lujo cosido por delante» o «falso lujo».

No voy a dar una explicación detallada de cada paso, pues ya se ha expuesto en los capítulos que hablaban del proceso de trabajo, así que sólo indicaré ahora lo que suponga una variación.

Los pasos son:

1.° Desarmar el libro. Reconstruir los cuadernillos. Prensar.

2.° Hacer cuadernillos guarda. Se sigue normalmente el número 4.° de los expuestos en el cap. 7. Sin colocar las guardas de fantasía de seda, ni la cartivana de piel, se usará la primera guarda blanca de salvaguarda. Muchas veces en vez de seda se pondrá un buen papel de guardas de dibujo de fantasía.

3.° Marcar dónde se va a señalar en el lomo el sitio de los cortes.

Se procede de la siguiente forma (FIG. 217): Se señala en el lomo a 4 mm del corte de pie y lo que queda se divide en cinco partes. Esos puntos indicarán los cortes de las cuerdas, que serán cuatro.

A 1,5 cm de la cabeza y a 1,5 del pie se hacen los cortes para que vayan los nudos de las cadenetas.

Los cortes se darán con el serrucho de costilla inclinado, para que las cuerdas puedan entrar bien en el lomo (FIG. 217).

4.° Se cose por delante, sin apretar mucho los nudos de la cadeneta y dejando bastante cuerda del telar a cado lado del libro.

5.° Encolar el lomo para sujetar las cuerdas y los cuadernillos.

6.° Gillotinar el corte delantero, si es lo planificado.

7.° Redondear y hacer el cajo. Se sobrecose el cuadernillo guarda, al cajo.

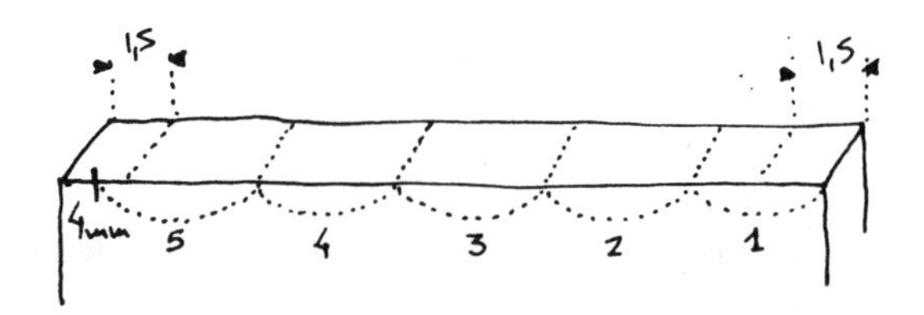

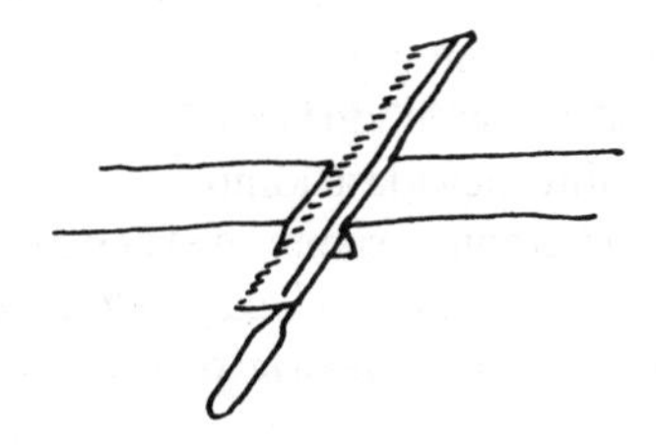

FIGURA 217. Pie para prensa horizontal.

8.º Guillotinar cabeza y pie, con los ciudados acostumbrados.

9.º Decorar y pintar los cortes. Se forra el libro y se suplementa con las cartulinas por delante y por detrás.

10.º Cortar los cartones con las medidas exactas del libro. Si es media pasta, el corte delantero se puede dejar para más adelante.

11.º Preparar los cartones. Lijar los bordes y las puntas del cajo ligeramente. Hacer las entradas con el punzón para enlazar.

12.º Enlazarlos y dejarlos firmes. Dejar secar.

13.º Forrarlos con papel blanco por las dos caras, cuidando de que en las muescas donde van las cuerdas no queden éstas hundidas ni sobresalientes.

14.º Prensar colocando chapas de cinc para proteger el libro. Lijar los cartones y limpiar.

15.° Colocar la cabezada y forrar:

a) Forro de telilla.

b) Forro de papel kraft.

c) Forro de piel.

16.° Hacer el corte de los cartones por el canal delantero, si no se hizo.

17.° Cortar la piel a la medida de la plantilla del libro.

18.° Chiflar la piel, que ha de quedar toda por igual.

En este punto del montaje se pueden seguir 4 variantes:

Las dos primeras, siguiendo la normativa del estilo «lujo» con la piel que cubre, pegada al lomo.

Las dos segundas son variantes de la encuadernación de «lujo», pero ya no es un estilo «flexible», pues el lomo no va pegado a los cuadernillos, sino a la lomera.

Éstos son:

a) Pegar la piel al lomo **sin** nervios.

b) Pegar la piel al lomo **con** nervios.

c) Pegar la piel a una lomera **sin** nervios.

d) Pegar la piel a una lomera **con** nervios.

Según la elección que se haya hecho, se procederá hasta que se llegue a:

19.° Cubrir. Se toman las precauciones necesarias y que se han indicado en el estilo «flexible».

Se marcan los nervios.

Se hace la gracia.

Se prensa unos minutos.

Se deja secar bajo peso.

20.° Operación de abrir y dar juego a las bisagras o charnelas de los planos.

21.° Pegar la hoja salvaguarda y dejar secar.

22.° Poner la cartivana de cuero. Casi siempre con inglete a 45° en el cartón. Preparar hueco en las tapas por el lado de la contratapa para que entre el forro de seda con su pie.

Esto, si no se ha optado por unas guardas de papel jaspeado de bella apariencia y buena calidad. En este caso se pegarán las guardas de color, como se ha dicho.

23.º Colocar las guardas fantasía de tela; véase para ello el cap. 5 «Cómo pegar tela». Dejar secar.

24.º Limpiar y lavar la piel.

25.º Dorar según lo proyectado.

26.º Prensar al menos 24 horas.

27.º Acabar y abrillantar.

Si se proyecta con funda o estuche, hacerlo.

25. Cuadernos y carpetas

Bloc encolado

Se toman unas 50 cuartillas, se cortan con la guillotina en cuatro partes iguales y se hacen un «bloque» o taco de 200 hojas (FIG. 218).

Se iguala por uno de los cantos y se coloca todo en la prensa horizontal de forma que las dos teleras aprieten la mitad del bloque y que quede por arriba la parte igualada.

Se encola con cola blanca ese lado igualado, procurando mover apenas las hojas de su sitio, de forma que todos los bordes de las hojas reciban un poco de cola. Para este encolado, el taco se sujeta o presiona a cierta distancia del borde que va a encolarse, para que la cola penetre levemente entre las hojas y que así queden mejor adheridas por ese borde.

Se deja secar, se lleva a la mesa de la guillotina y se cortan los demás lados a escuadra.

Esto nos dará un «bloc» de notas útil para muchos usos. Con sólo tirar de cada hoja hacia arriba, la tendremos libre del bloc y disponible.

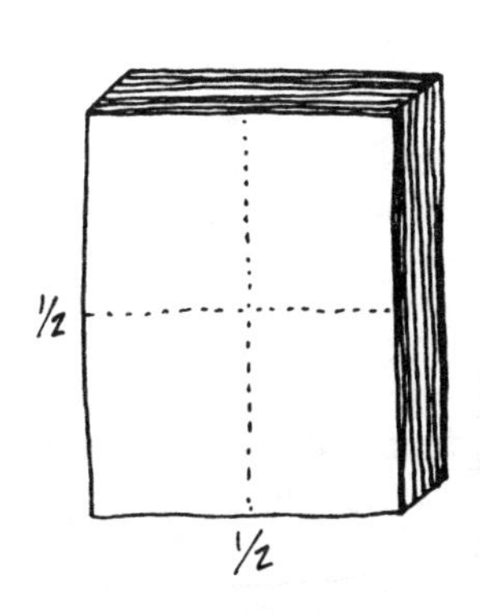

FIGURA 218. Bloc encolado.

Carpeta

Si deseamos confeccionar una carpeta, debemos proceder así:

Cortamos dos cartones exactamente iguales y del tamaño que deseamos que tenga la carpeta.

Determinamos el fuelle o hueco que tenga entre cartón y cartón. A esa distancia le aumentamos por cada plano un tercio del cartón lo que nos dará, dos tercios más el ancho del fuelle. Ése será el tamaño del lomo (FIG. 219).

Pegamos el lomo en su sitio y, para que nos sea más fácil, señalamos por la parte de la carne (si es piel) o la parte interior (si es guáflex) unas marcas con bolígrafo o con lápiz blanco (FIG. 220). A B es el centro de la tela, de la piel o de lo que sea el lomo. C E y D F es la marca que da la altura de los cartones. G H y J I será la anchura del fuelle.

Encolamos con engrudo la parte señalada y colocamos un cartón que cubra C G I E y con el otro cartón se cubrirá D H J F.

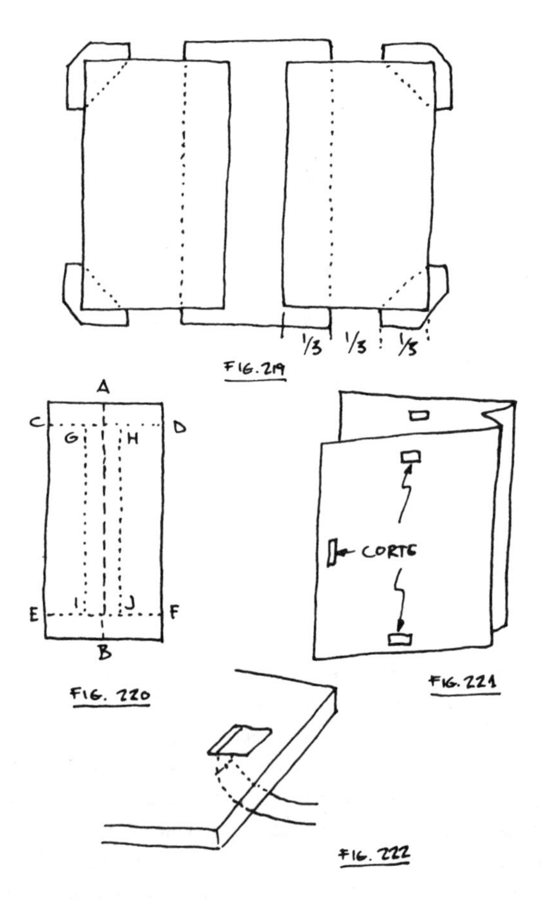

FIGURAS 219, 220, 221 y 222. Carpeta.

A continuación colocamos entre G y H y entre I y J una pequeña tira de piel de 2 mm de ancho y que sea más corta que G H, para que así tenga un poco de juego.

Esto lo ponemos si no le hacemos fuelle a la separación, para que no se doble. Caso de llevar fuelle, no se pone nada.

Volvemos las solapas hacia dentro y ya tenemos el cuerpo.

Del mismo material cortamos un trozo un poco más ancho que G H e I J, unos 2 cm por cada lado, y 2 cm más corto por el alto. Se encola y se coloca en el hueco que queda en la parte de dentro.

Se pone en prensa unos minutos y luego se deja bajo peso hasta que quede seco.

Preparación para formar el fuelle

Se dobla del revés (es decir, la parte de dentro hacia fuera), igualando los cartones, y se da un apretón. Luego, manteniendo ese doblez en la separación, se dobla en el otro sentido al ras de los dos cartones y con ellos así doblados, haciendo el fuelle y sin que se pierda, se pone entre tableros (si el lomo es de piel, se pone entre paños) y se le da unas horas de prensa ligera.

A continuación se pegan las esquinas y los planos que se elijan. Esto se hace como en los libros.

Se toma después la medida de los planos para buscar su mitad, donde irán las ranuras en las que se insertarán las cintas que tendrán 25 cm de largo cada una de ellas, y serán de un color que haga juego con el de la tapas.

La ranura se hace con un formón, a 2,5 cm del borde y en el punto marcado como la mitad (FIG. 221) cuidando que las ranuras de los formones (y, por lo tanto, las cintas) vayan unas frente a las otras.

Debe rebajarse el cartón para pegar la cinta. El rebaje es hacia el borde (FIG. 222), no hacia adentro. Se golpea con el martillo para que quede perfectamente compacto y no tenga resalte, cuidando de no dañar las tapas.

A continuación se pegan las guardas, se dejan secar, y se prensa (si es posible abierto; si no es posible, por el tamaño de la carpeta, doblado pero suplementado con un cartón del tamaño del fuelle).

Después queda a la fantasía la ornamentación, el dorado de los planos o un tejuelo con el rótulo que se desee o, con papel blanco y tinta china, ese mismo rótulo o el objeto a que se destina.

Cuaderno con hojas blancas

Se toma una serie de hojas blancas y se doblan éstas para hacer cuadernillos del tamaño que se quiera, de 2 ó 4 hojas.

Después de haber tenido prensados esos cuadernillos durante 24 horas, se cosen con cintas, para que el cuaderno sea luego más fácil de abrir, y con hilo muy fino, para que no aumente el lomo.

Una vez cosido el conjunto, quedará como si fuese un libro. Se le da entonces cola blanca al lomo y se deja secar.

Se pega sobre unos 2 mm todo lo largo de la bisagra, el doblez de una guarda de color (FIG. 223).

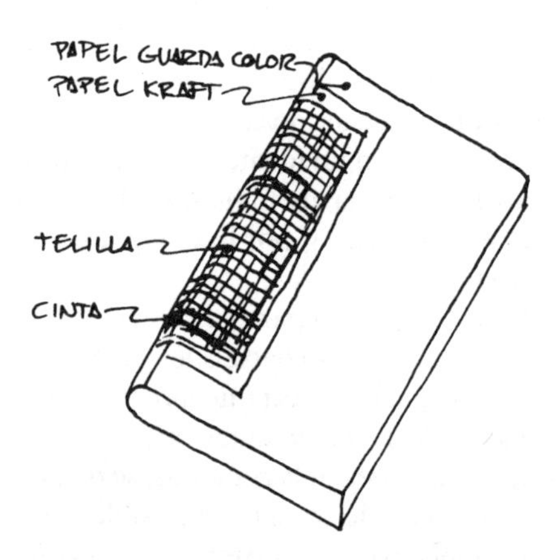

FIGURA 223. Pegado de guardas en cuaderno de hojas blancas.

Se corta un trozo de papel kraft de unos 4 cm de ancho, y con el alto del cuadernillo. Se encola y se pega en la bisagra y sobre la guarda de color en unos 2 mm. Para ello se levantan las dos cintas.

Sobre ese papel kraft se pegan las cintas.

Se corta un trozo de telilla algo menor que el alto del papel kraft y con un ancho algo menos que el del lomo más lo que en cada plano mida el papel kraft. Se pega en el lomo por el centro y luego se pega primero un plano y después, cuando esté seco, se le da la vuelta y se pega en el otro lado. Esto se hace sobre el papel kraft.

Una vez seco se traza una línea paralela a la bisagra a unos 3 mm.

Se toman dos cartulinas de tamaño algo mayor que el de los cuadernillos y se les corta uno de los lados en línea recta.

Se coloca bajo la guarda de color una hoja de papel de periódico y se le da cola a la guarda, al papel kraft, a la telilla y a las cintas.

En la línea que señalamos en el cuaderno se coloca la línea recta de la cartulina. Se hace igual con el otro lado.

Se ponen unas chapas de cinc o de plástico donde se ha quitado el periódico, para que la humedad no pase a las demás hojas, y todo se mete en prensa entre tableros.

Cuando esté perfectamente seco, se elige la tela inglesa, el guáflex o lo que se desea para cubrir, se corta un poco más que el tamaño del cuaderno, se le da cola blanca muy clara a esa cubierta y, rápidamente, se cubre.

Se ha colocado el cuaderno en la prensa de trabajo y, para cubrir, se coloca el centro de la tela inglesa (por ejemplo) en el lomo y con los pulpejos de las manos se aprieta hacia abajo por los dos lados fuertemente, y luego los dos planos de las cartulinas, tirando suavemente de los cortes delanteros.

Cuando esté todo cubierto y sin arrugas, se mete en prensa fuerte durante unos 5 minutos.

Se saca y después se deja bajo peso, hasta que seque totalmente.

Cuando esté seco, tanto si el lomo es recto como si es redondeado (y es más elegante redondeado), se cortan los cantos con la guillotina: primero la cabeza y el pie y, a continuación, el corte delantero. Después se pone en la prensa de trabajo y con una lima se redondean las esquinas o puntas.

Se pintan los cantos de acuerdo con la cubierta que se ha puesto y en esa cubierta se puede poner etiqueta con los rótulos.

26. Encuadernar un folleto

Con mucha frecuencia compramos o nos regalan un folleto de 3, 4 ó más pliegos, con información de un museo, una catedral, algunos datos interesantes, etc., y deseamos conservarlo, pero con un exterior más presentable y preservador.

Para este tipo de folleto se expone aquí un tipo de encuadernación que, además de protegerlo, tenga buen aspecto, bien entendido que al propio gusto o conforme al del dueño del folleto, si es que se hace para otro. Lo podemos cubrir exactamente igual que un libro, a toda piel, a media pasta o como se desee.

Puede darse el caso que sea un folleto con muchos pliegos, y para ese caso también indicaremos otro tipo de encuadernación.

Folleto con 4 ó 5 pliegos

Primer caso

Antes de empezar a explicar el proceso de trabajo, es conveniente tener una serie de herramientas especiales que nos van a servir para encuadernar estos folletos.

Veamos las herramientas:

1.º La primera de ellas es un tablero de 30 × 20 cm con la parte alta en ángulo. A 3 cm de las esquinas, y en la parte baja unos tacos redondos que lo atraviesan y que sirve de tope para que no se hunda en la prensa horizontal o en la de trabajo (FIGS. 224 y 225).

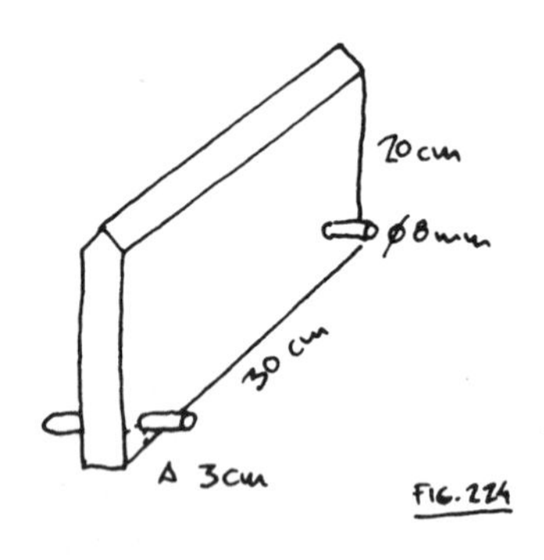

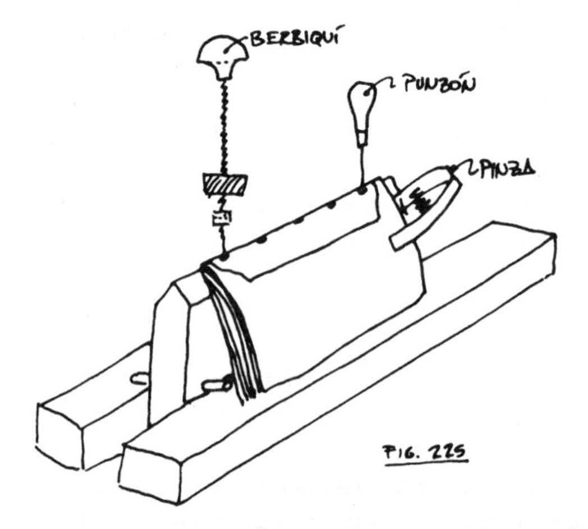

FIGURAS 224 y 225. Folletos. Cómo agujerear.

2.º Un berbiquí (que es más controlable que un taladro eléctrico), nos servirá para hacer los agujeros por donde vamos a coser. Se usa una broca de 1 ó 2 mm. O bien un punzón que puede hacer lo mismo.

3.º Unas pinzas grandes, dos al menos, que sujetarán el folleto abierto sobre el aparato o tablero. La FIG. 225 nos permite apreciar:

a) Cómo se abre el folleto y se coloca sobre el aparato.
b) Cómo las pinzas sujetan el folleto, y
c) Cómo, una vez marcados los puntos, el berbiquí o el punzón hacen los agujeros para el cosido.

Ésas son las herramientas nuevas; las demás, ya las tenemos.

Pero, antes de desarmar el folleto, debemos preparar las guardas blancas y las de color, así como la piel que va a servir de sujeción a las tapas y que será del mismo material que el que se empleará para cubrirlo por fuera.

Se toman dos hojas blancas de tamaño un poco mayor que el del folleto abierto. La medida es la de la hoja de fuera.

Se cortan dos guardas pintadas o de color del mismo tamaño que la guarda blanca. (Ojo: **una de ellas se deja aparte** para, al final, ponerla en la contratapa.)

Se encola una hoja blanca de guarda y se coloca sobre ella la guarda de color que nos queda. Una vez seca se pone en su sitio en el folleto (FIG. 226), pero, como se verá, con la guarda de color hacia fuera.

Resulta extraño ver la guarda de color por fuera y sin la salvaguarda.

De la piel elegida para cubrir se corta un trozo de unos 5 cm de ancho, si el folleto es de 5 pliegos. Si es de más de 5 pliegos, se corta algo más de 6 cm o cosa así. Si son más de 10 pliegos, se construirá conforme al segundo caso.

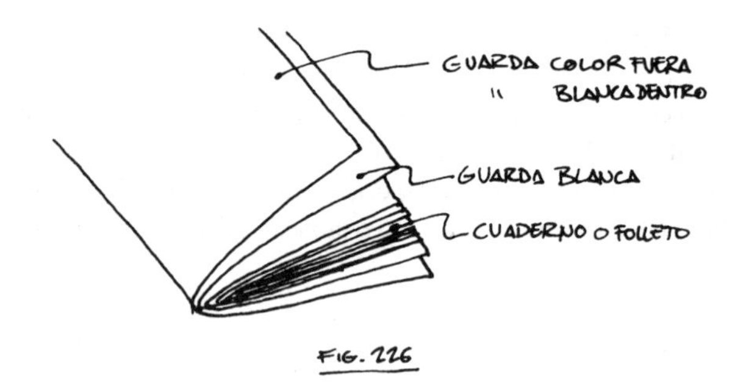

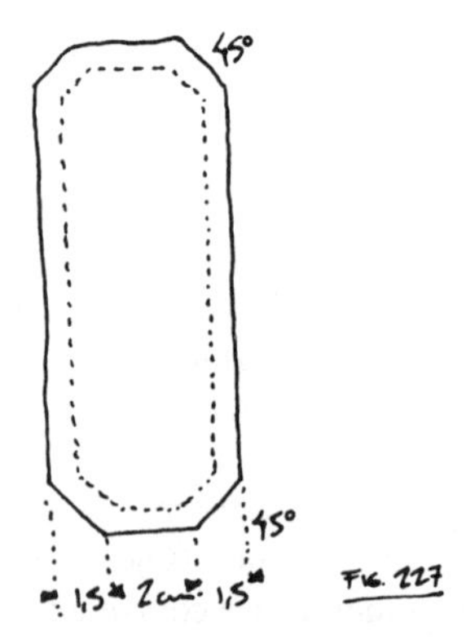

FIGURAS 226 y 227. Folletos. Hojas de guarda y plantilla de piel.

A ese trozo de piel de 5 cm de ancho que he indicado, y cuyo alto será 4 ó 5 cm menor que el del folleto, se le cortarán los ángulos a 45° y se le chiflará todo lo sombreado que indica la FIGURA 227.

Luego se dobla la piel por la mitad y a lo largo, pero con la flor hacia dentro de lo doblado, y se coloca sobre el doblez del folleto (FIG. 225), centrando la piel sobre el lomo.

Sujetándola con la otra pinza, se hacen los agujeros por donde ha de pasar el hilo con que se va a coser.

Una vez hechos los agujeros, y antes de coser, se quitan las grapas metálicas, habituales en estos folletos, y se cose según expusimos en el cap. 7. «Cosidos especiales».

Una vez cosido, se pone una gota de cola blanca en el nudo para hacerlo firme.

Cuando esté seco, se guillotinan los tres lados, dejando los cantos perfectos.

En este momento se preparan las tapas, cuyo cartón será más fino. Hecha la elección del grueso, se toma la medida de la siguiente forma: su alto será el del folleto, más las cejas. Se cortan de cabeza y pie perpendicularmente al lomo. Se calcula (FIG. 228) la distancia desde A a B; es decir, desde el lomo hasta el juego de la bisagra donde ha de ir el cartón. Esta medida será doble (FIG. 229) en la construcción de las tapas, muy similar al «cartoné». Colocados así los cartones sobre la mesa, podemos tomar las medidas de la piel que va a cubrir. Supongamos que sea F G H I. Entonces se corta y se chiflan los 2 cm en el borde de cabeza F G y en el de pie H I. En los otros bordes sólo se rebajan unos milímetros.

Se toma la piel y se señala con bolígrafo la línea de la mitad A A' y se coloca un cartón sobre la piel para marcar las líneas de cabeza y de pie (FIG. 230) donde C D es cabeza y E F es pie.

Todas estas medidas se van marcando con el bolígrafo. Se marca también la separación entre los dos cartones, cuya separación ya se calculó anteriormente, y queda ya la piel con todas sus marcas (FIG. 230).

En este punto se encola la piel con engrudo y se coloca uno de los cartones en CC´ EE´, y el otro en D´D F´F.

Entre C y D y entre E y F se coloca también una cuerda o un nervio de cuero, y se cubre con la solapa de cabeza y de pie.

Se toma un tablero con un paño encima, se colocan los cartones así unidos, pero abiertos sobre el paño, y se pone

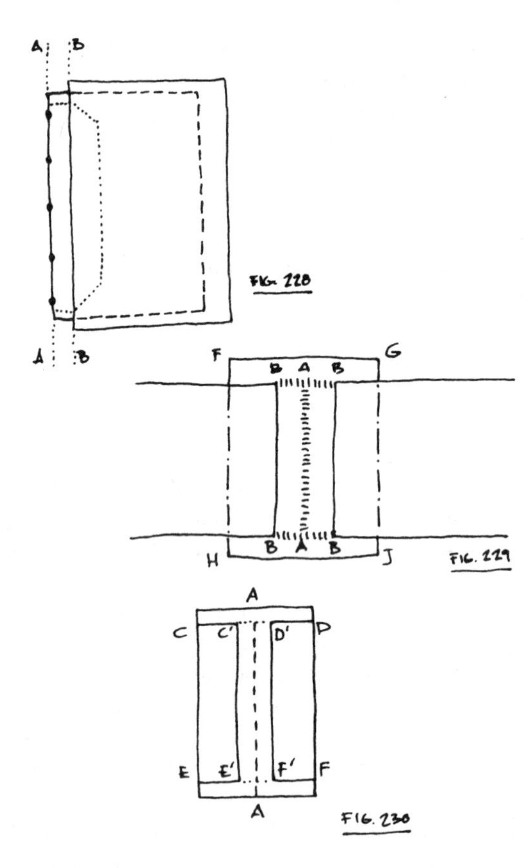

FIGURAS 228, 229 y 230. Folletos. Cómo medir cartones y piel.

otro tablero sobre la contratapa. Se prensa unos minutos y se deja secar.

Cuando esté seco se dobla por la línea de la mitad y se deja aparte en espera del folleto.

Se toma éste y, bajo las solapas, por la piel, se coloca papel de periódico para que el engrudo no manche. El engrudo estará regular de espeso. Cuidando de que el lomo vaya a la línea señalada en las tapas como la mitad, se coloca el folleto, vigilando al mismo tiempo que las dos cejas sean iguales.

Se aprietan cada una de las solapas por separado, para que su piel quede bien amoldada, y colocando unas chapas entre el folleto y las solapas, se pone entre dos tableros cubiertos con paño y se prensan ligeramente. Se deja secar.

Una vez el folleto seco (y por lo tanto sujeto a las tapas), la continuación es como se ha explicado para encuadernar a la holandesa o media pasta. Para las guardas de color se toma el papel de guardas que habíamos reservado, del que se cortarán dos rectángulos iguales y se pegarán después de marcar los puntos en la contratapa donde se vayan a pegar las dos primeras esquinas.

Otra forma de este primer caso

Hay otro procedimiento más parecido al «cartoné», pero con algunas variaciones, que se exponen a continuación para que pueda compararse.

Su orden de trabajo es:

1.° Se toman dos hojas blancas y dos guardas de color, unos milímetros mayores que la hoja exterior del folleto abierto.

2.° Se pega una hoja blanca a otra hoja de guarda color. Se deja secar.

3.° Se doblan las hojas y se colocan de la siguiente forma (FIG. 231):

a) Sobre el folleto, el lado blanco de la hoja pegada con el dibujo de la guarda de color hacia fuera (hoja n.° 1).

b) La hoja de guarda color, con el dibujo hacia dentro (hoja n.° 2).

c) Encima, la guarda blanca (hoja n.° 3).

Todo esto se iguala por cabeza, y se marca C en la cara y A por detrás en la hoja blanca.

4.º Se corta un trozo de telilla de unos 6 cm de ancho y con 6 cm menos de alto que el folleto. Con un lápiz se señala toda la línea de la mitad.

5.º El aparato reproducido en la FIGURA 226 se coloca en la prensa horizontal o en la de trabajo.

6.º Se quitan las grapas o costuras que sujetan las hojas del folleto y, con las hojas guardas colocadas como se ha dicho, se igualan por cabeza y se colocan sobre el aparato abiertas por el centro. Se sujetan con las pinzas.

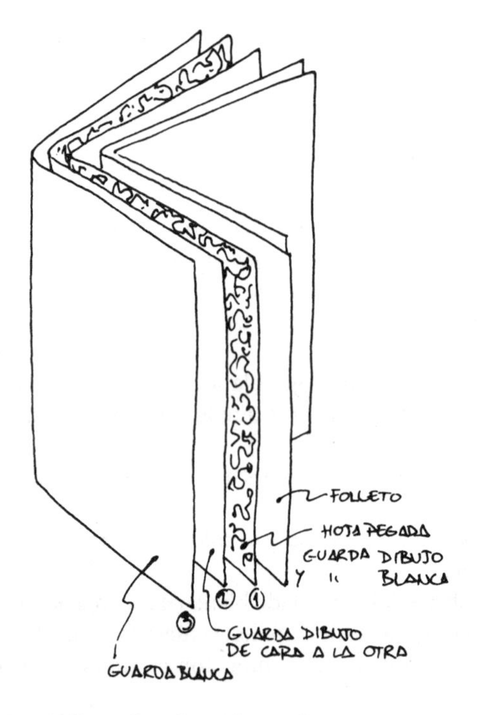

FIGURA 231. Folletos. Otra forma de guardas.

7.º Se revisa el igualado por cabeza.

8.º Se da cola a la guarda blanca y se pega la telilla sobre ella, cuidando de que la línea marcada vaya por el centro del lomo. Se deja secar.

9.º Se marcan tres o cinco puntos en el lomo, según el tamaño, y con el berbiquí se hacen los agujeros en el lomo.

Cuídese de que vayan perpendiculares y de que salgan por el centro del pliego de en medio.

10.º Se cose como ya expliqué en el cap. 7. Para ello se suelta un lado de los que están sujetos por las pinzas y se deja el otro. Así nos deja libertad para meter y sacar la aguja (FIG. 225).

Una vez terminado el cosido, que se hará con un hilo más bien grueso y fuerte, se le pone cola al nudo para afirmarlo.

11.º En esta etapa del proceso nos encontramos con un «libro» ya cosido y con sus guardas.

A partir de aquí el procedimiento que se sigue es el de un libro encuadernado «estilo cartoné».

12.º Guillotinar o usar el ingenio.
13.º Cortar los cartones a la medida.
14.º Sujetarlos al folleto.
15.º Pegar la guarda blanca entera al cartón.
16.º Cortar la media piel y las puntas, y chiflarlas.
17.º Cubrir el libro.
18.º Cortar el papel de los planos.
19.º Encolar las guardas pintadas y pegarlas.
20.º Prensar 10 minutos. Dejar secar bajo peso.
21.º Dorar y acabar.

Normalmente la encuadernación de folletos no exige una encuadernación muy fuerte: más bien ésta será ligera, con cartones finos, sin las hojas guarda blancas de los libros, ni cabezadas, ni cantos pintados o dorados. Sólo, en el lomo, unos filetes dorados y el título que, casi siempre, se pone a todo lo largo.

Segundo caso

Supongamos que el folleto tiene 20 ó 30 pliegos con tapas de cartulina que tienen impresos dibujos de varios colores y que naturalmente deseamos conservar.

Debemos proceder de la siguiente forma:

1.° Se cortan tiras de papel blanco de 10 cm de ancho y cuyo largo será el del alto del folleto, de forma que, cuando éste quede abierto por el centro, tenga el mismo grosor que las tiras (FIG. 232). Se ponen tantas hojas como tenga el folleto.

Las tiras deben tener el mismo grueso que el folleto abierto.

2.° Se coloca el folleto abierto sobre un tablero y las tiras de papel blanco sobre la línea del lomo A procurando que quede igual por los dos lados A B = C D (FIG. 233).

Se sujetan el folleto y las tiras con unas pinzas grandes, por la cabeza y por el pie, para que no se muevan de su sitio.

Se le da la vuelta a todo para que el folleto quede arriba y se vea el doblez.

3.° Se toma el berbiquí y, procurando que el tablero quede vertical, se perforan el folleto y las tiras de papel en los puntos señalados. (Normalmente son cinco, como ya expusimos en el capítulo 7 al indicar cómo se cose un cuadernillo.)

4.° Se toma una aguja y, con hilo grueso y fuerte encerado, se cose sin apretar.

Es el momento de quitar las grapas o el cosido primitivo y, una vez hecho, es cuando hay que apretar el hilo, sujetar fuerte, anudar y colocar unas gotas de cola para que el nudo no se corra.

Al cerrar el folleto quedarán esas tiras en el lomo.

5.° Se doblan las tiras sobre el cosido quedando como se ve en la FIG. 234. Para que queden firmes así, se coloca todo esto entre tableros y en prensa fuerte. A las 2 ó 3 horas, se saca de prensa.

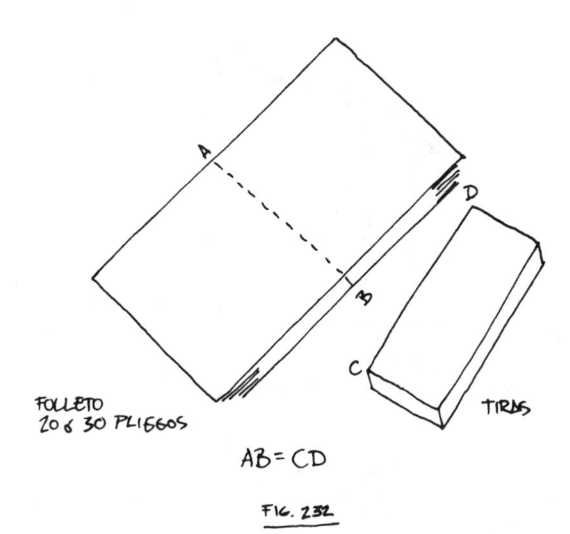

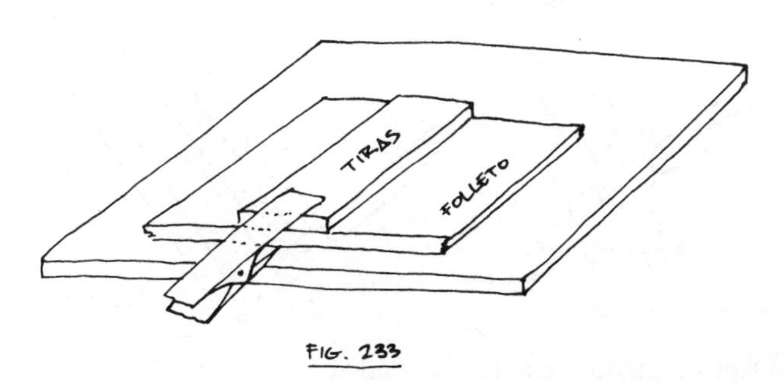

FIGURAS 232 y 233. Folletos. Preparación para cosido.

6.º Se toma el folleto y se coloca sobre la mesa de trabajo, sujetándolo con las pinzas (FIG. 235). Sobre las tiras dobladas, y a 10 mm del doblez, se traza una línea con un lápiz.

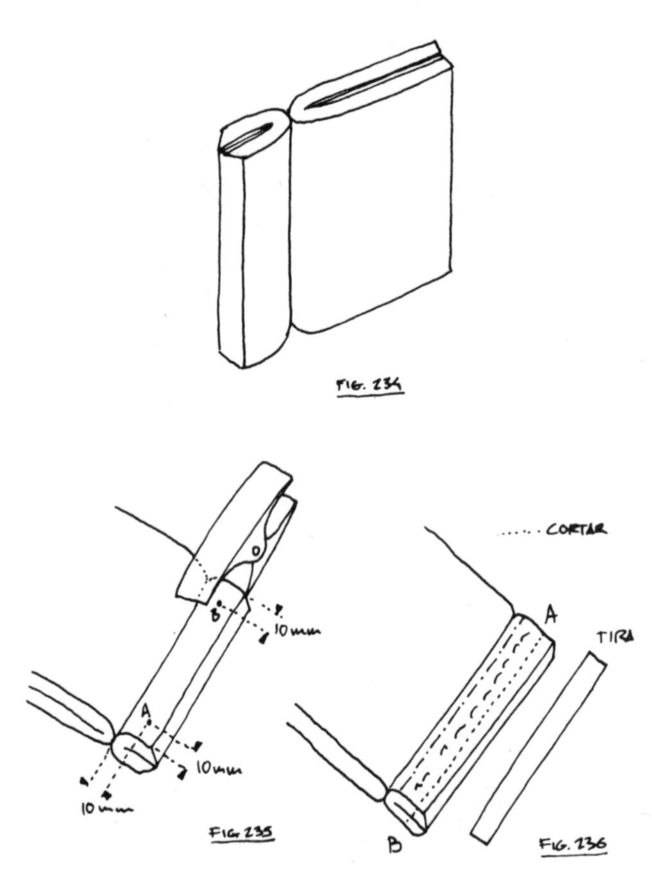

FIGURAS 234, 235 y 236. Folletos. Cosido.

A 1 cm de la cabeza y a otro del pie se marcan los puntos A y B, se divide entre estos dos puntos para que cada parte sea poco más o menos de 1,5 a 2,5 cm, y se marca.

Con el berbiquí se hacen los agujeros correspondientes y después se cose seguido como se expuso para con las hojas taladradas en el caso 2 del capítulo 8 del «Proceso de trabajo» (FIGS. 235 y 236).

7.° Una vez firmes y anudados los hilos, se pega sobre el cosido una tira de papel blanco de protección (FIG. 236).

8.° Se corta con guillotina o con ingenio por la línea A B señalada en las tiras y a ese corte se encolan los bordes cortados.

9.° En el borde del corte se pegan dos pliegos de hojas guarda, y luego se pega la guarda de color en la segunda hoja blanca.

10.° Se revisa si los bordes están igualados. Si es preciso y hay margen, se guillotinan o se cortan con el ingenio el folleto y el suplemento. Si no es posible, se lijan.

11.° Se traza en la parte de las tiras la línea de bisagra. Se coloca el folleto entre las chillas de hacer cajo en la línea trazada y se van amoldando las hojas. Si está la cola muy dura se humedece para irle dando la forma. Quedará de esta manera un lomo perfecto (FIG. 237).

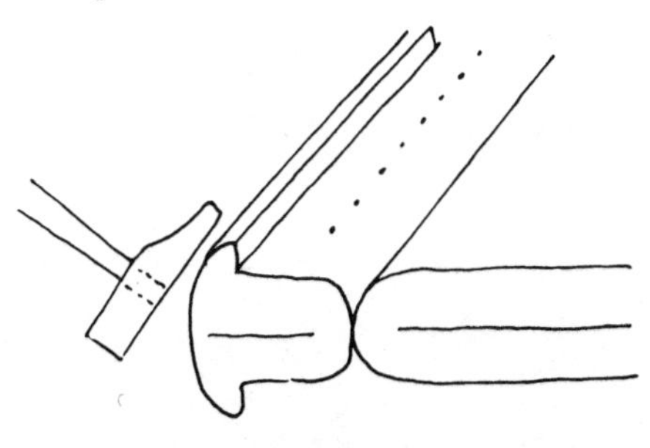

FIGURA 237. Folletos. Cómo formar el lomo y el cajo.

La encuadernación, a partir de este punto, puede seguir como la de cualquier libro. Pues sobre este lomo se puede pegar una telilla que luego irá sujeta de las distintas formas según el estilo de encuadernación.

Lo que no se puede hacer es redondear el lomo a martillazos, pues dañaríamos los cosidos.

Con este procedimiento se nos queda como un libro lo que era un simple folleto, con facilidad de abrir y protegido en sus primeras y últimas hojas.

El procedimiento expuesto en el siguiente capítulo, como allí se verá, se basa en éste, pero con la variante de que, por ser para libros casi sin márgenes o libros raros, su cuidado y preparación es mayor y además se hace sobre hojas dobladas o sobre cuadernillos de muy pocas hojas.

27. Antiguos y faltos de margen interior

Algunas veces el encuadernador se encuentra con libros que, por cualquier circunstancia, han perdido el margen interior, o que no lo han tenido nunca, cosa que se da con cierta frecuencia en algunos manuscritos, o que son libros de los que sólo quedan hojas sueltas y también con poco margen o que presentan unas hojas más altas que otras, pero que, pese a ello, puedan ser valiosos.

Todo esto puede solucionarse al ser encuadernados.

Veamos cómo tenemos que proceder.

Lo primero es hacer cuadernillos con esas hojas sueltas.

Para ello hay que suplementarlas rehaciendo con pasta de papel la parte perdida, o con una escartivana, de forma que los marcos de impresión (la «mancha tipográfica» o «caja tipográfica» de cada una de esas páginas) queden luego exactamente superpuestas en cada una de las hojas y exactamente paralelas entre cada página y su contigua. Para comprobarlo se miran las hojas al trasluz.

Si son de distinto alto, también hay que igualarlas con suplementos de pasta de papel o con cartivanas arriba y abajo (FIG. 238).

Para encuadernar esos libros debe hacerse como sigue:

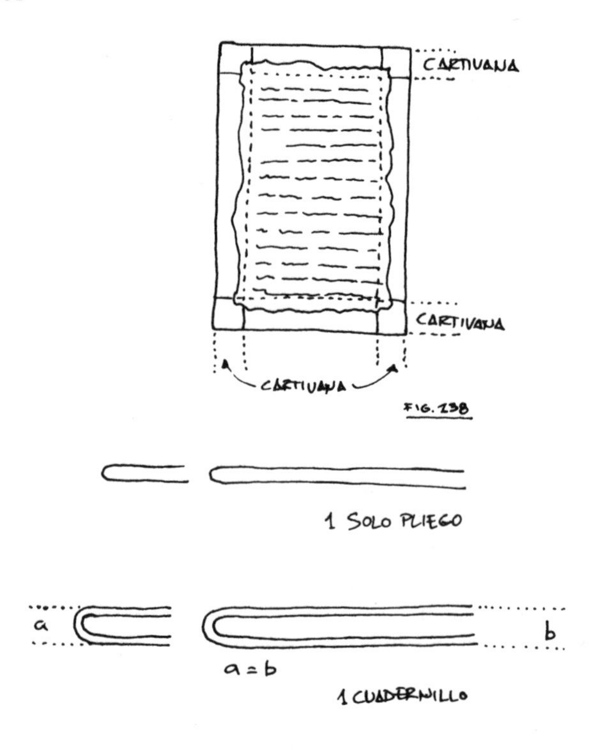

FIGURAS 238 y 239. Hojas con poco margen.

1.° Se cortan tiras de papel blanco de 10 cm de ancho, y de una altura mayor que la del libro. El papel será del mismo grueso, color y textura del cuadernillo o del pliego, si es sólo uno, o de los otros folios, si son varios, en cuyo caso se pondrán tantos como pliegos haya (FIG. 239).

2.° Se cosen esas tiras colocadas en el pliego, con cinco puntadas como si fuera un folleto (FIG. 240). Se anuda en A y se pone un poco de cola blanca para que no se mueva el nudo.

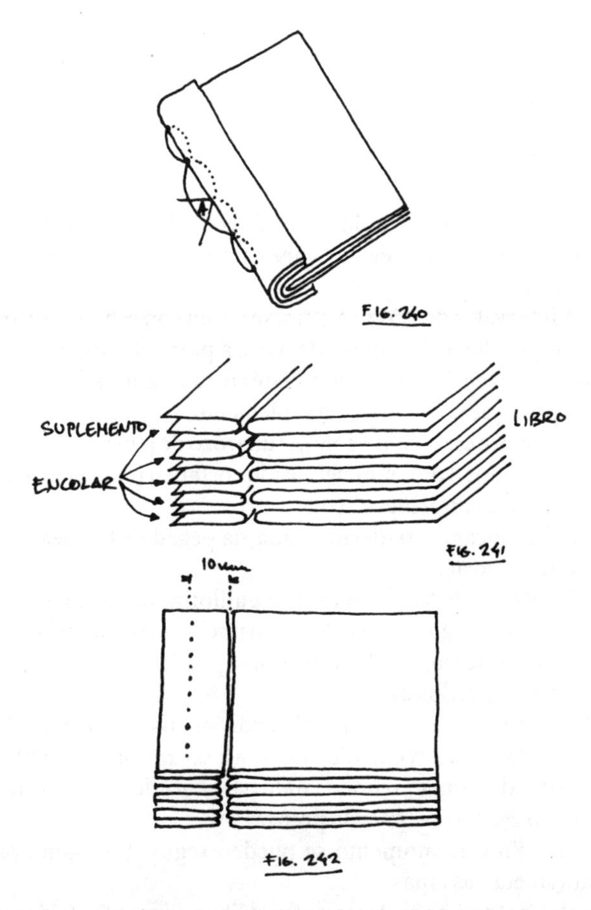

FIGURAS 240, 241 y 242. Folletos. Cosido de hojas con poco margen.

Así se hace con todos los pliegos o cuadernillos.

3.º Se vuelve ese suplemento que se ha cosido y se encolan esas solapas unas con otras, después de asegurarse de que está correcto (FIG. 241).

El proceso es el siguiente:

a) Registrar.
b) Pegar.
c) Prensar.

4.º A 10 mm del doblez donde está el cosido, se traza con un lápiz una línea de cabeza al pie en ese suplemento (FIG. 242).

A intervalos de 1,5 cm a 2 cm, se hacen con el berbiquí los correspondientes agujeros de parte a parte. Se cose con un hilo medio encerado. Cuando esté cosido y anudado, se encola para que no se mueva el suplemento.

5.º Sobre esa costura colocar un trozo de papel fuerte.

6.º A unos 8 ó 10 mm del cosido cortar en paralelo con la guillotina o con el ingenio.

7.º Colocar el cuadernillo guarda pegado a la línea que resulte del corte.

8.º Estos libros casi nunca se guillotinan, por lo que el cuadernillo de guardas suele ser un poco mayor que el borde del libro. Si acaso, lijar los cantos si se puede.

9.º **No se redondea.**

10.º Se pone en prensa horizontal para hacer el cajo. Se le pone cola blanca y, cuando empieza a secar, con el martillo se va dando forma y redondeando para hacerle el cajo y el redondeo. **Se deja secar en la prensa.**

11.º En este momento se pueden seguir tres caminos para sujetar las tapas.

a) **Cartoné.** Si se desea coser el libro con cintas (clásico del cartoné) debe seguirse el siguiente procedimiento.

Se cortan cuatro cintas que tengan el ancho del lomo más 4 cm por cada lado. Se señala en el lomo el lugar donde van a ir las cintas y allí se da cola y se colocan las cintas, que quedarán pegadas. Cuando están secas, se toma una aguja ensartada con un hilo encerado y un punzón fino. Desde el cajo y ha-

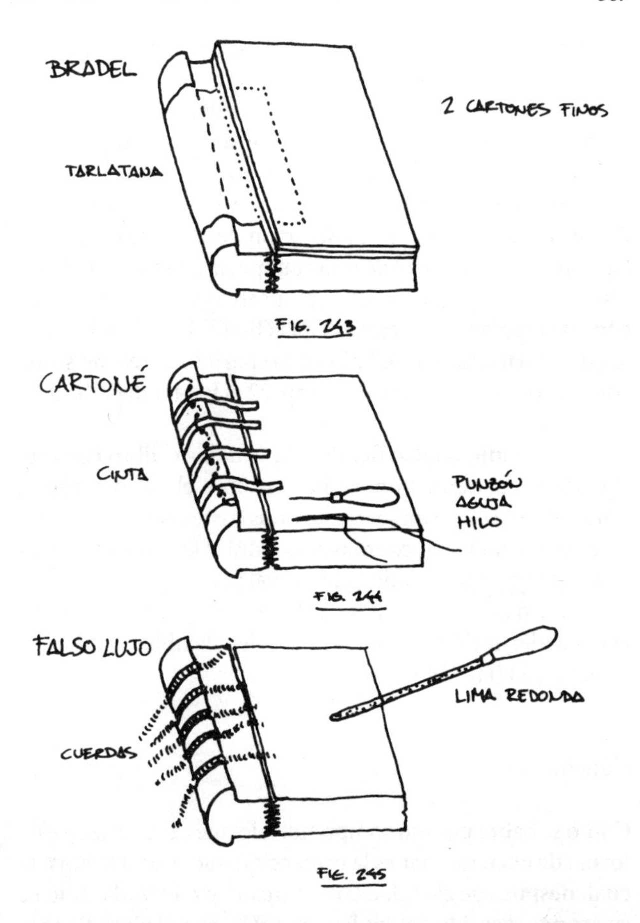

FIGURAS 243, 244 y 245. Sujeción de tapas bradel, cartoné y falso lujo.

cia el lomo se hace con el punzón un agujero en cada lado de las cintas pegadas. Por esos agujeros se pasa el hilo: primero por un cajo y luego en el otro. El hilo se anuda al sobrante que quedó al empezar y que está en el otro cajo (FIG. 244).

Sobre todo este cosido se da cola y se le pega una tarlatana o telilla.

Cintas y tarlatana se encolarán en la salvaguarda para luego pegar los cartones sobre ellas. Se sigue con el procedimiento explicado en el cap. 21. «Cartoné».

b) **Bradel o Librería.** Si se quiere una encuadernación de este estilo, se le hace una sujeción de las cintas, como se ha indicado en a) **cartoné** donde se pega al lomo una telilla, y se continúa pegando ésta en la salvaguarda para hacer con ella la solapa, que entrará en la hendidura dejada entre los dos cartones que se habrán preparado antes. Se sigue con el proceso explicado en el cap. 22 al hablar del «Bradel» (FIG. 243).

c) **Falso lujo o falso flexible.** Si se desea el libro con este tipo de encuadernación, se hacen sobre el lomo con una lima redonda o con un serrucho unos cortes para que entren las cuerdas. Sobre las cuerdas se pondrá el forro de tela o tarlatana, luego el papel y después la piel para sujetarlas.

Y ya con las cuerdas fijas en el libro se sigue el proceso de la encuadernación «falso lujo» o «falso flexible», explicado en el cap. 23 (FIG. 245).

Conclusión

Como se habrá podido comprender, lo que caracteriza a esta forma de encuadernar es la protección que se da a la hoja, la cual, después de arreglada, enmarcada y reforzada, sólo se sujeta por el cosido del suplemento al lomo y al libro. Por eso estos libros serán tratados con especial cuidado y **nunca se tirará de las hojas** al tomarlos.

28. Hojas sueltas

Dada la gran difusión de la literatura, de los libros de texto y de los de técnica, etc., y de la expansión que ha supuesto el conocimiento llevado al alcance de todas las personas (muchas de las cuales tienen un poder adquisitivo corto, pero a las que no por eso se les puede negar o dificultar el acceso a ese conocimiento que dan los libros), los editores buscaron la manera de hacer ediciones más baratas.

¿Cómo? Empleando máquinas de encolar hojas de libros, en lugar de máquinas de coser cuadernillos de libros. Y así nació el primer libro de encuadernación barata, con todas las hojas encoladas por el lomo y una cartulina más o menos coloreada, quizás un poco más gruesa que el papel del libro, cubriendo ininterrumpidamente frente, lomo y atrás; luego, guillotinado por los tres cantos, y libro barato y dispuesto a vender.

Con el nacimiento de estas ediciones surgió el desafío a los encuadernadores. ¿Cómo poder hacer libros consistentes y con una bella presencia de lo que sólo es un montón de hojas pegadas?

Naturalmente se pensó en el cosido a diente de perro, usado sobre todo para coser los periódicos o libros de papel sin apresto, y con un gran margen interior.

Pero es el caso que estas ediciones, para ser más baratas, hasta redujeron los márgenes blancos alrededor de lo escrito aunque, y por contra, para que admitiese mejor la cola, emplearon un papel de mayor consistencia, lo cual hizo más duro coser a diente de perro. De ahí la necesidad de buscar otro procedimiento.

Se hicieron varias pruebas ya antes de la II Guerra Mundial, pero casi sin resultados. Fue después de ésta cuando, con el descubrimiento de la cola de acetato de polivinilo, se logró un verdadero éxito. Porque esta cola permite encolar con firmeza y elasticidad por la simple adherencia de los cantos de las hojas y con mucha más firmeza todavía si se adentra 1 mm junto a ese borde.

Así surgió lo que los americanos llaman «Perfect Binding», Encuadernación Perfecta, aunque no por una perfección artesana sino por la perfecta facilidad y rapidez con que quedan sujetas las hojas del libro.

Hay muchas variaciones en este tipo de encuadernación y, como se comprenderá, todas se basan en el deseo del encuadernador de dar solidez a su obra, subordinando a esto el tamaño del margen interior del libro que ha de encuadernarse. En la FIG. 246 se observará cómo los procedimientos de que disponemos para encuadernar van disminuyendo en relación con el tamaño del margen.

En el caso A) Con un margen de 15 a 20 mm desde el borde al texto, las posibilidades son:

1.ª Coser a diente de perro.
2.ª Taladrar y coser.
3.ª Serrar el lomo, poner los hilos en el surco y encolar.
4.ª Raspar el lomo y encolar.

En el caso B) Con un margen menor, ya sólo se puede:

2.ª Taladrar y coser.
3.ª Serrar el lomo, poner los hilos en el surco y encolar.
4.ª Raspar el lomo y encolar.

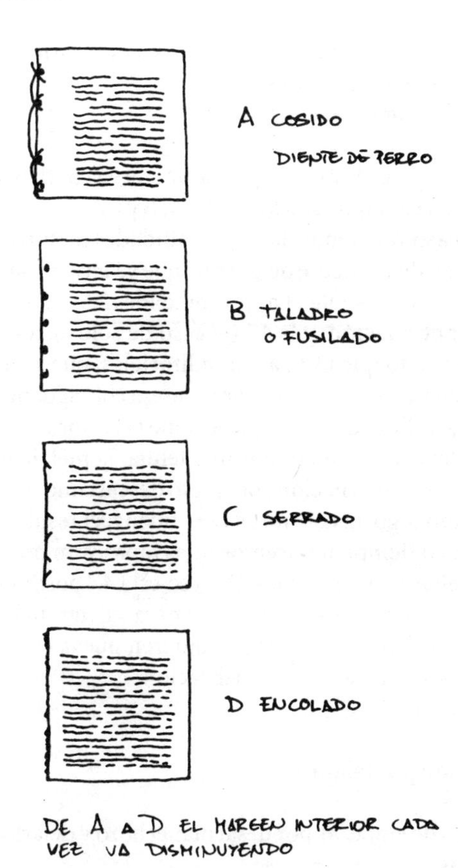

FIGURA 246. Procedimientos para encolar hojas sueltas.

En el caso C) El texto está más cerca del borde, y ya sólo se puede:

3.ª Serrar el lomo, poner los hilos en el surco y encolar.
4.ª Raspar el lomo y encolar.

En el caso D) El texto está tan cerca del borde que ya lo único que puede hacerse es:

Raspar el lomo y encolar.

De estos procedimientos los que merecen confianza y han probado su resultado son los casos A, B y C.

En el caso A tenemos las 4 posibilidades de sujeción. La 1.ª es el cosido a **«diente de perro»**, que ya en el capítulo 8 se ha expuesto con detalle. Las posibilidades 2.ª y 3.ª se expondrán a continuación, y la 4.ª (el caso de sólo encolar) es el procedimiento que utilizan las editoriales, que si emplean colas buenas, dará resultado: aunque esa cola aguantará una simple cartulina (que es la que le pone la editorial), pero no el peso del cartón sujeto por una telilla, la piel, la lomera, etc., de la encuadernación con que lo desearíamos cubrir.

Si, como digo, la cola no es muy buena, el resultado será que al poco tiempo tendremos unas tapas y un montón de hojas sueltas dentro de ellas. Por eso esta 4.ª posibilidad no se usa para encuadernar aunque sí para sujetar un libro cuyas hojas se han despegado y requieren nueva cola que las sujeten hasta su nueva encuadernación.

2.ª sujeción por taladro

Hemos de empezar por desarmar el libro y dejarlo en hojas sueltas.

1.º Hay que quitar las tapas con cuidado de no romperlas, si se desea conservarlas en la encuadernación. Si es continua se saca entera, por detrás, lomo y delantero, se dobla y se le pone una escartivana para pegarla delante.

Si los dibujos son independientes en el trasero y en el delantero, se les coloca una escartivana y se colocan en su sitio. El lomo, si está en buen estado, se coloca en la primera hoja blanca de la guarda.

2.° Hay que cortar tres guardas para la cara y tres para detrás, de papel blanco o del color de las hojas del libro, y del tamaño de esas hojas.

3.° Para deshacer el libro, si la cola está muy adherida a las hojas, se puede proceder de dos maneras:

a) Si hay mucho margen interior.

Lo mejor y más rápido es colocar el libro en la guillotina y, cuidando de quitar el mínimo de papel, cortar de un tajo en el lomo toda la cola que sujetan las hojas.

b) Si el margen es regular

El libro se sujeta en la prensa horizontal o de trabajo con el lomo entre cartones al ras y sujeto por dos chillas puestas unos milímetros más abajo.

Calentar el raspador grande y por el borde apoyarlo inclinado sobre el lomo. Al tocar la cola ésta se funde, se ablanda, se hace fluida y sale como virutas.

Eliminada la mayor cantidad posible de ella, es ya más fácil ir desprendiendo hoja a hoja la totalidad del libro.

c) Si no se tiene raspador, se debe tomar la primera hoja y separarla con precaución tirando de ella. Con la navajilla se corta la cola que sobresalga del lomo del libro y se sigue arrancando las hojas siguientes, hasta que se vuelva a cortar la cola y luego se arrancan las hojas.

Es importante que queden sueltas todas las hojas.

4.° Se recogen las hojas del libro y se igualan por cabeza y por el corte delantero.

Se revisa si están las tapas y las tres hojas guardas blancas, se colocan en el borde del lomo unas tiras de cartón y, todo esto igualado, se sujeta con unas tablas de madera a la mesa de trabajo por medio de unos tornillos de presión (FIG. 247).

5.° Con un taladro eléctrico y una broca de 3 ó 3,5 mm, se hacen 3 ó 4 agujeros según el tamaño del libro y a unos 4 mm del borde de la hoja. Los cartones sirven de protección al empezar y terminar de taladrar.

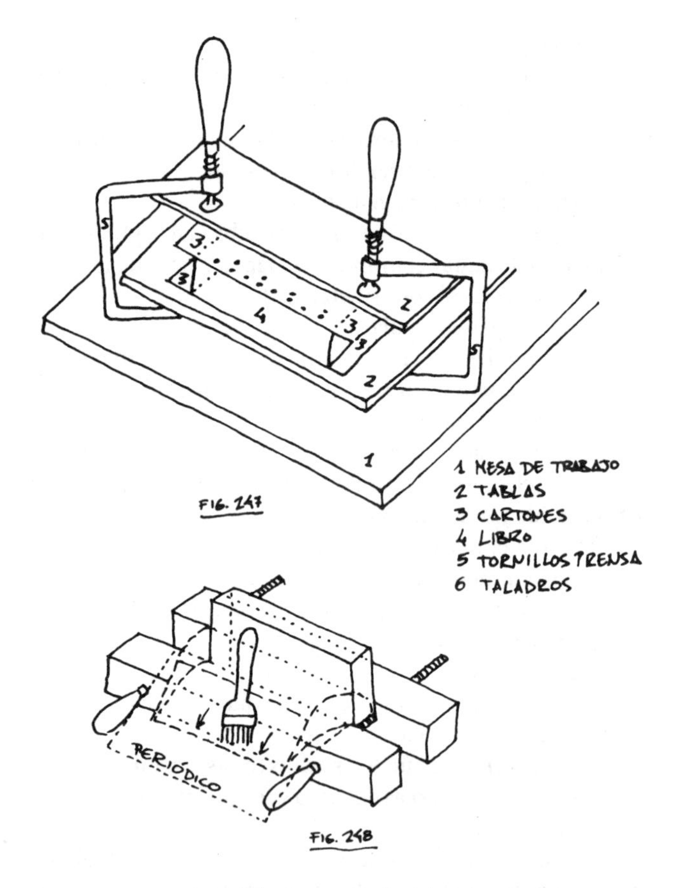

FIGURAS 247 y 248. Taladrado y encolado de hojas sueltas.

Hay que mantener la broca en perpendicular.

Si no se tiene un taladro se puede utilizar el berbiquí.

6.º Hechos los agujeros se quitan los tornillos de presión, pero teniendo el cuidado de enhebrar por los agujeros una cuerda, que se dejará sin apretar.

7.º El libro así sujeto y sin perder su aplomo se coloca en la prensa horizontal, se le quitan los cartones y se inclina (FIG. 248). En esta posición se le da cola blanca al lomo, siempre en la dirección de las flechas que se ven en el dibujo. Para no manchar la prensa horizontal se colocan papeles de periódicos.

8.º Una vez bien encolado todo, se giran las hojas y se le da cola en el otro sentido.

9.º Con todo así pegado, se toman los dos cartones y, apretando a cada lado del libro, se van subiendo hasta que lleguen a lo encolado, y allí se aprietan.

10.º Tensar las cuerdas y apretar las hojas para que no quede hueco entre ellas y junto a las cuerdas. Cortarlas dejando 4 ó 5 cm a cada lado.

11.º Cuando esté medio seco, ver si es necesario y posible guillotinar los cantos. De ser así, hacer el corte delantero. Si no se puede cortar, lijar lo suficiente para dejarlo limpio.

12.º Como aún sigue medio húmedo, se puede intentar redondear el lomo y hacer un pequeño cajo, amoldando con el pico del martillo las hojas y luego martilleando suavemente.

Es sólo un inicio de cajo, exclusivamente para facilitar la entrada del cartón.

13.º Si se ha podido guillotinar el corte delantero, en este momento se da el corte de cabeza y el de pie. Si no se puede, se pone en prensa y se lijan los dos cortes.

14.º Se deshace el torcido de las cuerdas y se pegan en abanico sobre las salvaguardas. Dejar secar.

15.º Se corta un trozo de tarlatana o telilla que tenga como ancho el lomo del libro más 6 cm (3 cm por cada lado), y se pega con cola abundante sobre el lomo. Luego se pega a los lados.

A partir de este momento, la continuación de la encuadernación será la que se decidiese en el «plan» de montaje del libro, que si fue «cartoné» sería:

16.º Cortar los cartones y colocarlos en el libro.
17.º Poner las cabezadas y el papel kraft en el lomo.
18.º Cortar y chiflar la piel del lomo y de las puntas.
19.º Hacer la lomera.
20.º Cubrir el libro.
21.º Cortar los planos y pegarlos.
22.º Poner las guardas pintadas y pegarlas.
23.º Prensar. Luego dejar secar bajo peso.
24.º Limpiar. Acabar.

3.ª sujeción por serrado

Es el procedimiento más rápido de sujeción y al que los americanos llaman «Perfect Binding».

1.º Se procede igual que el anterior caso para desarmar el libro y conseguir hojas sueltas.

Si el libro tiene cartulina de tapa que se desea conservar, se procede como se explicó antes.

2.º Se limpia el lomo de cola.

3.º Se cortan las 3 hojas de guardas blancas.

La 1.ª será la salvaguarda.

La 2.ª, sobre la que se pegará la guarda de color.

Y la 3.ª será la guarda blanca, sobre cuyo centro irá la lomera del libro, si se pone.

4.º Se iguala todo (el libro, las tapas y las guardas por cabeza y por el corte delantero), se colocan al ras del lomo dos tiras de cartón que no sean tan anchas como para cubrir el libro y se ponen entre dos chillas, que estarán 4 ó 5 mm más bajas que el cartón (FIG. 249). Se pone todo esto en la prensa horizontal.

5.º Se cortan 6 hilos de 15 cm de largo, preferiblemente finos y de fibra sintéticas.

6.º Se corta un rectángulo de tarlatana o telilla unos milímetros más larga que el alto del libro, y con el ancho del lomo más 6 cm (3 cm para cada lado).

7.º Con el serrucho se hacen en las hojas del lomo una serie de cortes inclinados, en forma de uves sin unir los trazos y hasta una profundidad de 3 ó 4 mm (FIG. 250).

8.º Sujetando el libro y las chillas con una mano por los puntos A y B (FIG. 249), abrir las teleras de la prensa horizontal y levantar ese todo sujeto de libro, cartón, chillas hasta que, al apretar de nuevo la prensa, sólo se sostengan las

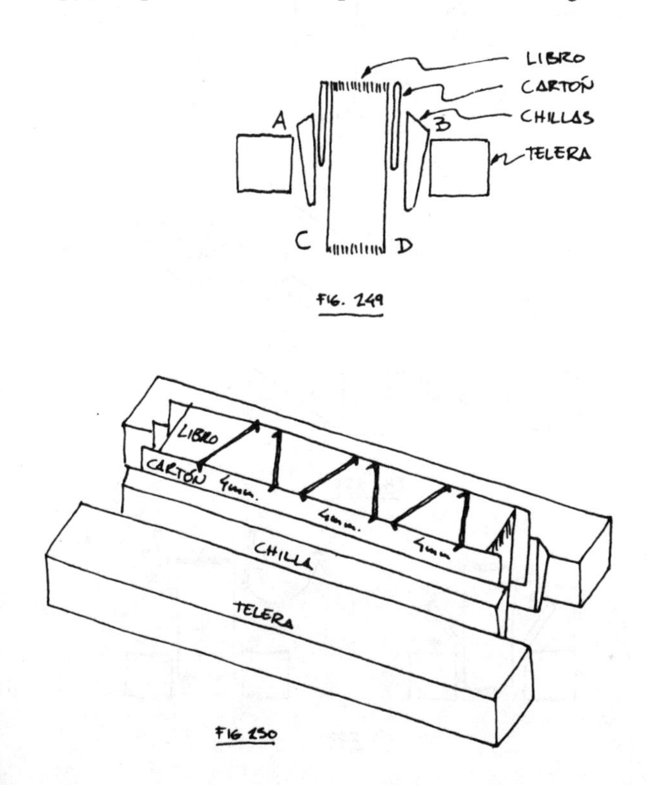

FIGURAS 249 y 250. Cómo serrar hojas sueltas.

hojas del libro a la altura de C y D. Ahí, sujetar firme. Soltar todo. Y sólo quedará el libro sujeto en la prensa.

9.º En la FIG. 251 se verá cómo queda de perfil el libro después de haber dado el paso anterior. Hojear varias veces para quitar el serrín de papel.

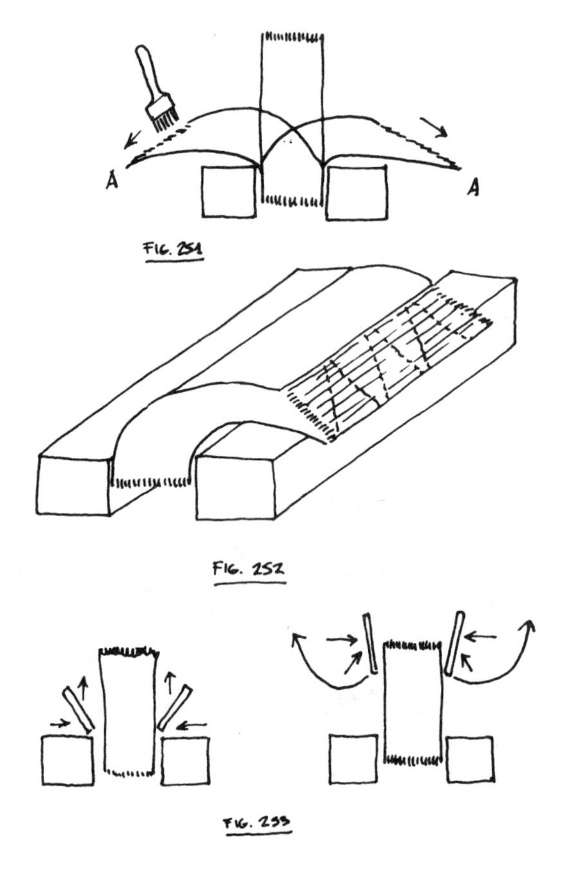

FIGURAS 251, 252 y 253. Cómo encolar hojas sueltas.

Colocar un periódico en el punto A e inclinar el libro hacia ese lado, lo cual hace que las hojas dejen cada una un filo libre entre ella y la siguiente (FIG. 252). A ese milímetro de filo que deja cada hoja por la parte del lomo, es al que se da cola blanca. Primero se da a un lado, luego se inclina en sentido contrario y se da también cola.

El ideal sería que cada una de las hojas recibiese a todo lo largo de su borde por el lomo una capa de cola blanca de 1 mm hacia adentro.

10.° Cuando se han encolado ambos lados, se toman dos cartones y, colocándolos junto a las teleras de la prensa, se van llevando hacia lo encolado, hacia el lomo, apretando hacia dentro y hacia arriba (FIG. 253) y se termina apretando como se aprecia en ella girando según se indica en las flechas, para poder separarlas del libro. Mucho cuidado al separar, por las posibles pegaduras de las hojas al cartón.

11.° Con cuidado hay que tomar los hilos ya cortados, e introducirlos uno a uno en los cortes dados en el lomo y que estarán llenos de cola. Por eso hay que llevar el hilo a que entre en el corte y estar seguros de que ha entrado y que no se queda pegado en la cola, pero fuera de su sitio (FIG. 254).

12.° Con todos los hilos en su lugar, dar una mano de cola sobre el lomo y pegar la tarlatana por la línea de centro ya trazada antes, A B (FIG. 255). Con el pincel, pasar varias veces sobre la tarlatana para que todos los poros se cubran de cola.

Con los dedos doblar la tarlatana a los lados sobre las hojas.

13.° Cuando esté medio seco, redondear un poco y hacer algo de cajo.

En este tipo de encuadernación no se pide ni un lomo redondeado perfectamente que nos dé en el canal delantero una media caña perfecta, ni tampoco un cajo exacto.

Con sólo un inicio de redondeo y de cajo tenemos suficiente.

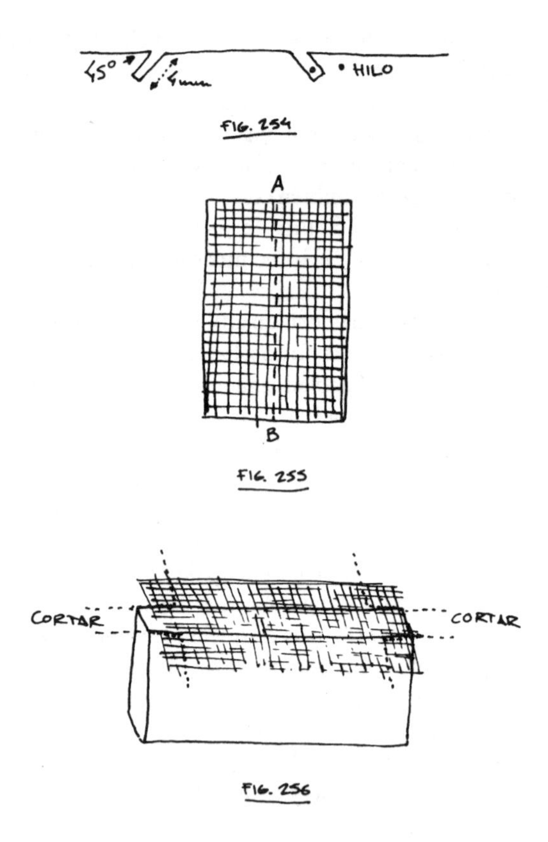

FIGURAS 254, 255 y 256. Cómo poner hilos y tartalanas.

Hacer más puede ir en perjuicio de la sujeción de las hojas, sujeción que sólo se debe a la cola, los hilos y la tarlatana que consolidan el lomo.

14.° Normalmente se han cuidado todas estas operaciones, por lo que el igualado de los cantos se ha mantenido, y con sólo lijar será suficiente.

Así quedará preparado para pintar o salpicar, lo cual también es una forma de disimular las manchas o suciedades en los cortes del libro.

15.º Con el lomo seco completamente hay que pegar los hilos y la tarlatana en las salvaguardas

Cortar la tarlatana al ras del lomo por cabeza y por pie (FIG. 256).

Cuando llegamos a este punto del proceso, la continuación se hará de acuerdo con el plan de montaje del libro que, si va en «cartoné», sería:

16.º Cortar los cartones y colocarlos en el libro.
17.º Poner las cabezadas y el papel kraft en el lomo.
18.º Cortar y chiflar la piel.
19.º Hacer la lomera.
20.º Cubrir el libro.
21.º Cortar los planos y ponerlos.
22.º Poner las guardas pintadas y pegarlas.
23.º Prensar y dejar secar bajo peso.
24.º Limpiar y acabar.

Como se habrá visto, encuadernar por este procedimiento es un proceso rápido, cómodo y que permite el uso de toda clase de materiales, por lo que puede ser usado en toda clase de libros, hojas sueltas, fotocopias, recortes de periódicos y hasta, si interesa, una mezcla de todas estas hojas.

Es IMPORTANTE que dominemos esta forma de encuadernar.

29. Pergamino

Como en todo, antes de empezar con un libro se piensa en cómo se va a programar y qué se va a hacer. Si es necesario todavía tomamos nota del plan que seguiremos.

En este caso particular, al pensar en nuestro trabajo sabemos que tenemos que darle una preparación muy especial al libro y una preparación también muy especial al pergamino.

Preparación del libro

1.° Tenemos que cortar tantas tiras de pergamino como cintas se van a emplear para coser el libro. Cuando menos, son **imprescindibles cuatro**; el que sean más depende del tamaño del libro.

Las tiras tendrán 4 mm de ancho, y el grueso del libro más 15 cm de largo, para que al terminar el cosido queden de 7 a 8 cm por cada lado.

2.° Se coserá con hilo fuerte y apretado cuidando de que los cuadernillos vayan bien aplomados. Seguido y por delante.

3.º Las guardas serán de papel preferiblemente hecho a mano, más bien grueso. Se pondrán dos pliegos. Se puede utilizar cualquier otro papel blanco, bueno y que estire poco (tiene su importancia), de ahí que se prefiera el papel hecho a mano.

No se usan guardas de dibujo ni de color.

4.º Una vez fuera del telar, encolar ligeramente el lomo para que éste no se mueva y quede sujeto.

En esta encuadernación todo se pega con cola blanca.

5.º Guillotinar el corte delantero.

6.º Redondear ligeramente mojando el lomo.

7.º Guillotinar cabeza y pie. Revisar el redondeo y encolar bien.

8.º Dejar secar. Poner cabezada. Revisar el redondeo del lomo que no ha de ser mucho. Consolidar con cola y papel de guarda blanca, que cubrirá la cabezada.

Preparación del pergamino

9.º Cortar el pergamino con un margen alrededor de todo el libro de 2,5 cm (FIG. 259). Medir el ancho del lomo, desde donde empieza la costura en las cintas hasta el otro plano y aumentar de 2 a 3 mm.

Trasladar esta medida al centro del pergamino (FIG. 257). Las medidas A B y C D serán iguales.

10.º El pergamino se forra con papel blanco hecho a mano y pegado con cola blanca, que tiene menos agua que el engrudo. Se deja secar 24 horas entre planchas y bajo peso.

Poner cuidado de no mancharlo, y vigilar si se ha ondulado mucho con la humedad.

Si es necesario, porque se ha combado mucho, se puede forrar otra vez.

11.º Volver a revisar las medidas por las que cortamos el pergamino. Marcar por dentro con la punta de la plegadera,

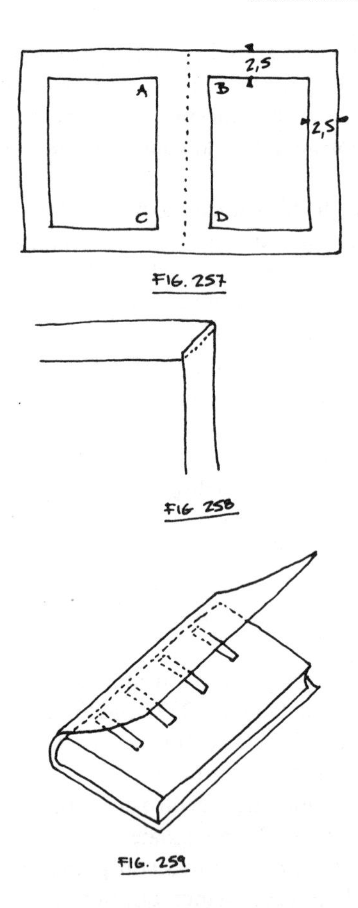

FIGURAS 257, 258 y 259. Pergamino.

a 2 ó 3 mm alrededor de todo el libro, lo que será la ceja que se desea.

12.° Con papel lija, lijar esos 2 cm largos de todo el borde y 1 cm más de forro. Luego doblar por la señal de la plegadera.

13.º Dar cola y pegar las vueltas al dorso del pergamino, que será en realidad sobre el forro de papel al que hemos lijado antes 1 cm para acomodar el doblez y que no resalte mucho.

Si hay dificultad en las esquinas es que no se ha lijado bien. Se arregla algo humedeciendo y golpeando con el martillo.

Las esquinas se doblan (FIG. 258).

Como esto se hace sin cubrir el libro, hay que cuidar las medidas para que al cubrir salga todo encajado en su sitio.

14.º Marcar con la plegadera y en el centro del pergamino las líneas A C y B D (FIG. 257).

Marcarlas de tal forma que el pergamino quede doblado por los dos pliegues y con el centro combado.

15.º Encajar bien el libro en ese hueco. Sujetar con el índice y el pulgar de la mano izquierda, para sentir bajo los pliegues el primero y último de los cuadernillos y las entradas de las cintas.

Con exactitud señalar dónde vayan a salir las cintas para que todas queden parejas y en sus sitios (FIG. 259).

16.º Con una regla y un formón de 4 mm, puestos paralelamente al pliegue antes señalado (será casi encima), dar en las marcas de las cintas, en esa línea, tantos cortes como cintas haya y a 4 cm de ese corte. Paralelamente a él haremos otro corte con el formón, para que al montar la cinta salga por fuera de la tapa y vuelva a entrar a continuación (FIG. 260).

17.º Cuando estén todas las cintas pasadas, atirantar para que el libro vaya a su sitio.

Acomodarlas en el papel forro, y cortarlas dejando sólo 3 cm a partir del segundo corte; es decir, desde que vuelve a entrar.

Encolar las cintas y poner el libro en prensa, cuidando de colocar entre guarda blanca y pergamino una chapa de metal fino, y sobre el pergamino una chapa metálica recubierta de papel blanco. Dejar en prensa hasta que se sequen.

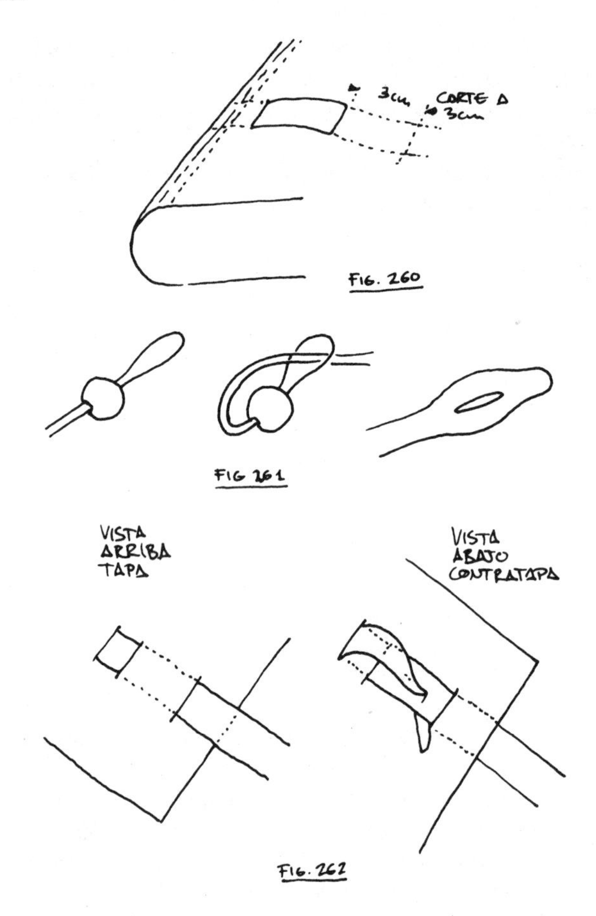

FIGURAS 260, 261 y 262. Pergamino. Confección del cierre de cintas.

18.° Pegar las guardas blancas y dejar secar entre chapas y bajo peso.

19.° Si después de seco el libro es difícil de abrir, y si además la superficie es desigual y hay tirantez en las guardas, no nos extrañe: es lo natural en todos los libros forrados en pergamino. Así el contenido del libro estará perfectamente protegido durante siglos, con una encuadernación que tiene su encanto.

20.° Si antes de pegar las guardas se teme que los bordes vayan a levantarse por el corte delantero, se le ponen una cinta con ojal y otra con bola para que le sirvan de cierre.

Se puede hacer de la siguiente forma:

Tomar una cuenta redonda de hueso y enhebrarle por el agujero una cinta enrollada que pueda pasar doble por él (FIG. 261), y luego volver la cinta y pasarla por el lazo. Tirar y tendremos firme la cuenta.

El otro lado será una cinta que tenga en su final una abertura por donde pase la cuenta (FIG. 261).

Se puede utilizar otro procedimiento:

Creo que se apreciará mejor la sujeción mirando las ilustraciones (FIG. 262).

A la cinta doble y hecha cordón que sujeta la cuenta, después de afirmada y antes de entrar en el pergamino, se le deslía el doblez que lleva y se hace de nuevo cinta y así entra en las rajas hechas en el pergamino. Como la cinta es doble, cuidar de que no abulte mucho.

Tener la precaución al afirmar el cierre de que no esté muy apretado y resulte excesivamente dificultoso abrir, porque podría rasgar la abertura del ojal:

Afirmar con cola el ojal en la tapa de arriba, que suele ser el de la cuenta, y presentar en la tapa de abajo el ojal en su sitio. Marcar éste y luego abrir y pegar el plano. Al pegar después las guardas blancas no se verán los enganches.

Antiguo con fantasía

Si se desea una encuadernación en pergamino y con fantasía, se puede seguir el mismo procedimiento de trabajo, sólo

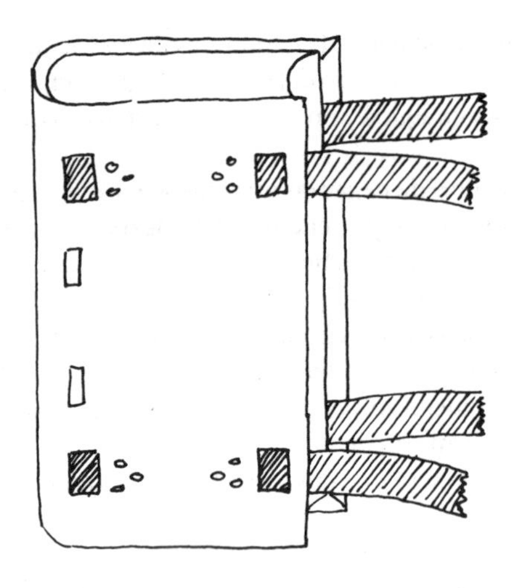

FIGURA 263. Pergamino. Adorno con cintas de terciopelo.

que las cintas que van arriba y abajo (es decir, la más cercana a la cabeza y la más cercana al pie). Se cambian al coser y en vez de pergamino se ponen dos cintas largas de terciopelo de 8 ó 10 mm de ancho (de un color granate o verde oscuro, son las más adecuadas) con el terciopelo hacia fuera y serán lo suficientemente largas como para que se les pueda hacer un lazo por el corte delantero (FIG. 263).

Si se desea, con un sacabocados podemos hacer al pergamino (en el sitio bajo el cual va a pasar la cinta de terciopelo), cualquier dibujo que permita ver la cinta roja o verde que pasa por debajo. Esa cinta se pegará debajo del pergamino para que no se mueva ni se afloje dentro.

No apretar mucho el lazo pues deformaría el pergamino.

Pergamino moderno

No voy a indicar en este procedimiento todas las etapas del proceso para cubrir el libro con el pergamino, pues el lector ya las conoce. Pero es necesario tener en cuenta lo siguiente:

El libro al que vamos a poner pergamino por este procedimiento ha de estar encuadernado estilo «Librería» o «Bradel», es decir:

1.° Cosido con cintas. Seguido y por delante. Hilo suficientemente grueso para hacer el cajo.

2.° Bradel, separación del cartón al cajo, pestaña y dos cartones.

3.° Lomera pegada al libro (cap. 15 «Lomera fija», punto 4).

4.° Los cartones doblados de papel blanco; las esquinas A junto al cajo en los dos planos, redondeadas (FIG. 264).

5.° Los cantos del cartón se pintan de blanco.

Y con esta preparación del libro vamos a ver qué preparación le damos al pergamino que va a cubrir.

Revisemos cada punto para no olvidar detalles:

6.° Sobre un papel de periódico, se saca una plantilla del tamaño del libro, se señala con bolígrafo el tamaño de éste y se aumentan 2 cm en todo su alrededor. Conforme a esta plantilla, cortar un trozo de pergamino.

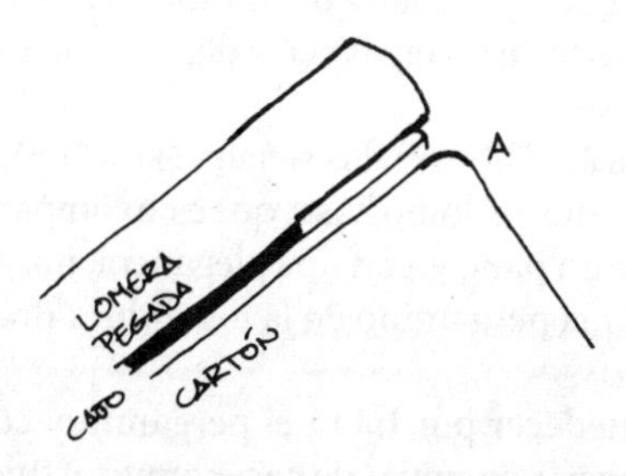

FIGURA 264. Pergamino moderno. Esquinas redondeadas.

Colocarlo de revés y poner el libro sobre él, centrado. Con un lápiz, y sin marcar mucho, señalar dónde han de ir las tapas, dónde la hendidura Bradel, y dónde el lomo.

7.° Lijar esos trozos para que el pergamino sea de más fácil manejo, sobre todo en la hendidura Bradel y donde vayan los dobleces del lomo, cabeza y pie, y en las esquinas.

8.° Buscarse un papel hecho a mano, antiguo o moderno, blanco y compacto, cortar el tamaño del pergamino, más 5 mm, en todo el contorno.

9.° Colocarlos separados y cuando estén los dos estirados darles con engrudo de almidón a los dos, procurando que no tengan exceso. Para ello es necesario humedecer el pergamino por la flor.

Tomar el pergamino y colocarlo sobre el papel. (Sobrarán 5 mm por todo su alrededor.) Ponerlo entre chapas de cinc y tableros y apretarlo hasta que no sea posible que quede algo sin pegar.

Para prensar bien, lo mejor es colocar el pergamino empapelado entre chapas de cinc; luego, por cada lado, unas revistas sin doblez que sirvan de base y acomodo, y luego los tableros. Prensar fuerte.

Estar seguros de que no pueda quedar ningún trozo de papel y pergamino que no estén pegados.

10.° Mantener la flexibilidad humedeciendo por fuera.

11.° Dar una ligera capa de almidón en la lomera y en una cuarta parte de las tapas cerca del cajo. Bien de almidón pero sin exceso.

12.° Colocar el libro en las señales (FIG. 265), y muy despacio ir apretando el lomo hasta que esté compacto. Colocar el libro sobre un paño y, con una plegadera, muy suavemente, introducir el pergamino en la hendidura Bradel entre el cajo y las tapas.

13.° Humedecer por fuera el pergamino, colocar en la hendidura un par de agujas de hacer punto, y sujetar con gomillas en las puntas, por fuera del borde del libro. Dar en-

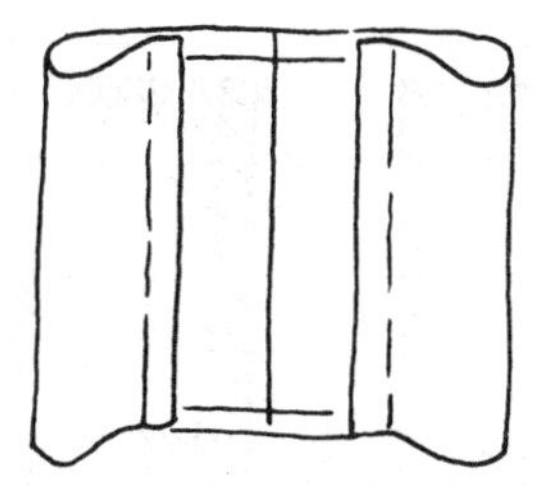

FIGURA 265. Pergamino moderno. Piel lista para cubrir.

grudo a todos los planos. Extender el pergamino sobre ellos cuidando que las marcas interiores vayan a su sitio. Poner entre tableros metálicos y apretar fuertemente durante un minuto. Sacar de prensa y revisar si todas las marcas han ocupado su lugar.

14.° Quitar las agujas y revisar nuevamente si las esquinas están en el sitio pensado. Si no lo están, acomodar la esquina a su sitio para que, al secar, pueda doblar.

15.° Empastar y humedecer los bordes del pergamino que van a doblar en la lomera. Humedecer también el pergamino por el lomo.

Doblar y meterlo tras la lomera. Pasando por el corte que se le dio, va hacia la hendidura. Dejar un sobrante de 2 mm para cofia en el centro de la lomera, que luego cubrirá a la cabezada.

Hacer los dos lados, cabeza y pie.

Luego y sin parar después de encolar los bordes, ir doblándolos hacia dentro para así pegarlos en la contratapa.

Si las vueltas de las esquinas quedan algo gordas, golpearlas con un martillo para adelgazarlas. La forma de hacer las esquinas es la corriente.

16.° Se vuelven a colocar las agujas en la hendidura y a sujetar con las gomillas. Colocar dos chapas finas entre la contratapa y el libro, y por fuera una chapa metálica y un tablero por cada lado. Prensar fuerte durante 10 minutos.

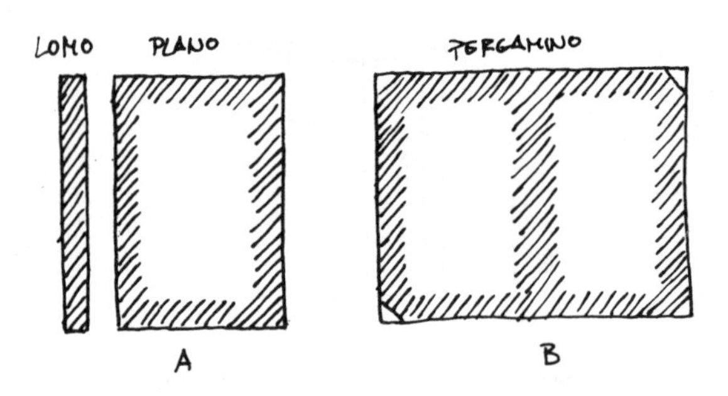

FIGURA 266. Pergamino moderno. Partes a encolar.

17.º Sacar de prensa y colocar en la hendidura un cordón blanco que no manche, apretando hacia abajo, y moldear la gracia y su cofia, así como la entrada de los planos.

18.º Lavarlo por fuera con agua, colocar las agujas otra vez y poner el libro con las chapas entre la contratapa y, todo esto, entre papel secante limpio, tableros y peso, mucho peso, mucho más peso.

Dejarlo hasta que esté todo seco: 24 ó 36 horas o las que sean necesarias.

El pergamino no debe tener contacto con hierro o sus compuestos, pues se mancharía de óxido.

Este tipo de encuadernación con pergamino exige que el proceso sea rápido y también pide que se sepa lo que se va a hacer, para no perder tiempo mirando notas.

A los pergaminos que tengan cierto grosor en sitios determinados, o cicatrices o durezas, es conveniente rebajarlos pasándoles un papel de lija hasta reducir ese grosor concreto.

Cuando todo el pergamino es grueso y se sospecha que al secar puede tirar y combar los cartones, se puede utilizar un recurso que consiste en lo siguiente: durante el proceso sólo se encola del libro lo que va sombreado en la parte A (FIG. 266 A) y en el pergamino sólo se encola lo que va sombreado en la letra B (FIG. 266 B). Es conveniente lijar esta parte sombreada para reducir la tensión.

El resto de la encuadernación se hará igual.

30. Mudéjar

En el estudio de la encuadernación española, la hispanoárabe o «mudéjar» es una parte importante, ya que las primeras encuadernaciones de los libros más antiguos, naturalmente manuscritos, fueron hechas de esta forma, ya fuesen mudéjares (moros que permanecieron entre los cristianos) o cristianos los artistas.

Los monjes eran quienes en la España cristiana escribieron aquellos manuscritos que les habían solicitado los reyes y nobles de aquel tiempo, y cuando desearon embellecer sus cubiertas buscaron para esa labor a los artesanos que trabajaban el cuero.

Los más famosos eran los «guadamecileros», que decoraban, repujaban y pintaban el cuero y las pieles que usaba la sociedad de aquel tiempo. Y como es natural echaron mano de ellos, siendo por lo tanto los colaboradores de las encuadernaciones de aquella época, lo mismo que los doradores lo son de la actual.

Como fácilmente se comprenderá, esa labor de labrar guadamecíes consistía no sólo en el dorado o plateado de las pieles, sino también en su pintura policromada y, de una forma especial, la estampación en relieve por medio de matrices prensadas sobre la piel: lo que nosotros llamamos «gofrado» o calor natural.

Este trabajo de los guadamecileros era similar al de los actuales babucheros que en los zocos de Marruecos trabajan el cuero humedecido con la matriz o florón y el mazo de latón, haciendo carteras, portafolios y toda clase de objetos de cuero, con gofrados o estampados en relieve.

En aquellos años del 1300 y 1400, con fuerte influencia del arte hispano-árabe, los planos de los libros fueron una serie de líneas rectas, combinadas con arcos, todas entrelazadas, formando lo que se llaman «arabescos» o «lacerías». Planos que, si se miran bien, tienen una gran similitud con los artesonados de muchas construcciones hispanomoriscas que hoy perduran por toda España.

Sea pues éste el **primer** dato característico de la encuadernación mudéjar. Estas líneas rectas y estos arcos se hacen con paletas filetes de distintos largos y con paletas filetes-arcos de distintos diámetros, para cubrir de arabescos la totalidad del plano.

El **segundo** dato característico es el fondo de estos arabescos, que está totalmente cubierto por uno o dos florones o hierros repetidos, que por la forma del grabado y por estar tan unidos entre sí parece como si formasen un todo, un fondo completo.

Estos hierros repetitivos, pese a su gran variedad, tienen de común el estar constituidos siempre por un motivo de **cuerdas entrelazadas**. Más adelante indicaré una serie de dibujos de estos hierros.

El **tercer** dato es el cierre metálico de latón o de plata, que en número de dos sujetan el libro por el canal delantero para que no se abra y que están colocados uno arriba y otro abajo. Hoy día, al hacerse las encuadernaciones más ligeras (pues se usa cartón en vez de chapas de madera), muchas veces se prescinde de esos cierres.

El **cuarto** dato que es significativo de las encuadernaciones mudéjares son los bullones o los clavos con cabeza repujada, como botones metálicos, clavados en la madera, que protegían los dibujos hechos en la piel o cuero del roce con el atril o los pupitres.

Ahora, al ser las tapas de cartón y por lo tanto más ligeras, y al ser también los libros más pequeños, ya no son necesarios esos clavos metálicos. Sin embargo, para no renunciar a la belleza de aquellos botones dorados en las tapas, hoy se pone un florón dorado que los imita.

El **quinto** dato característico de estas encuadernaciones es que todo el trabajo de paletas, arcos o matrices es gofrado con sólo calor natural.

¿Cómo hacer hoy día esas encuadernaciones?

El proceso del montaje del libro queda a buen criterio del encuadernador. Pero una buena encuadernación «cartoné», cuidada, puede dar un buen resultado en un libro pequeño. Si el libro es mayor y en vez de cartón se pone una placa de madera contrachapada de 3 ó 4 mm de grueso, mejor que mejor, aunque ya entonces se debe sujetar por medio de cuerdas o cintas que pasen por un agujero en la madera, con cuidado de que una vez cubierto el libro, esos agujeros no se noten bajo el cuero de las tapas.

No es necesario redondear el lomo: no se hacía en aquel tiempo. Pero, si se hace, creo que quedará más completo.

Donde verdaderamente se notará la encuadernación mudéjar es en la piel y en los hierros que cubren los planos y el lomo, y que, aparte el realce del gofrado, sólo dejan en el fondo de la impresión un color negruzco o pardo oscuro.

Esta característica hace que las pieles elegidas para la encuadernación mudéjar sean todas ellas de color claro, tipo badana, o chagrén de color beige o marrón claro, crema claro, o marroquín rojo o verde claro.

Pero casi todo depende de los hierros que se van a emplear y de la labor que se pueda hacer, así como del dibujo de ornamentación del plano.

FIGURA 267. Mudéjar. Hierros solitarios.

Voy a exponer la clasificación general que de estos hierros puede hacerse, según su aplicación en el lugar donde vayan a ser empleados o colocados. Aunque lo importante es decir que **todos llevan decoración de cordajes.**

Un **primer grupo** serán los hierros que podemos llamar **solitarios**, son florones que, ellos solos y por sí, constituyen un motivo de decoración, y que se usan para cubrir huecos o cuando no se pueden utilizar los hierros de composición (FIG. 267).

Un **segundo grupo**, que podemos llamar de **composición**, puede subdividirse así:

- Composición de **frisos y orlas** (FIGS. 268 y 269).
- Composición de **fondos** (FIG. 270).

Las **orlas y frisos** son bandas de distintos anchos, que llevan en su composición dos motivos complementarios; es decir que para componerlos se necesita de dos florones: uno, el de la esquina, que naturalmente sólo se usa cuatro veces (una vez en cada esquina); y el otro, el más usado, que es el que enlaza en una esquina y se va repitiendo a todo lo largo del marco o friso del plano hasta llegar a la esquina contigua (FIG. 269).

Para poner estos hierros se necesita una medición exacta, para calcular cuántos cabrán entre esquina y esquina, y así actuar.

FIGURAS 268 y 269. Mudéjar. Hierros de frisos y orlas.

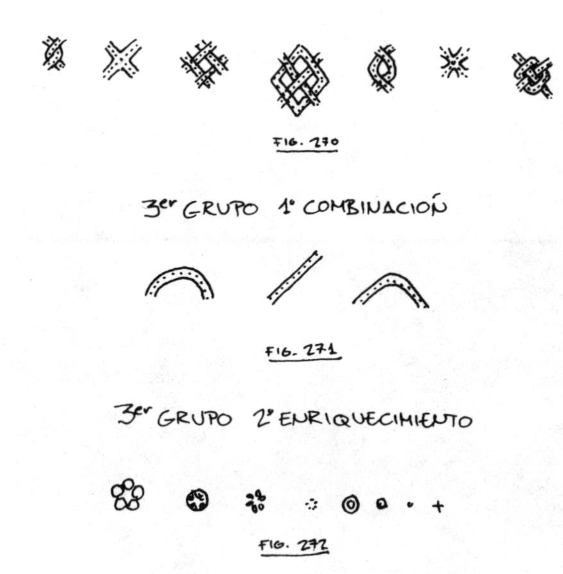

FIGURAS 270, 271 y 272. Mudéjar. Hierros de fondos, combinación y enriquecimiento.

De estas orlas y frisos hay una gran variedad de dibujos, pero que siempre estarán compuestos de los dos hierros, «la esquina» y «el friso».

Los **fondos** son los espacios que quedan entre los arabescos y que hay que rellenar con esos hierros que hemos llamado «de fondo».

Estos hierros suelen ser sencillos: un solo trazo de cuerda que se puede cambiar de dirección en 90° y así hacer como un enrejado. Algunas veces pueden ser complicados, con salidas en número par, para que enlacen con el mismo hierros puestos arriba y abajo o en la diagonal. Éstos se suelen emplear si hay una mayor extensión de fondo.

FIGURA 273. Ejemplo de encuadernación mudéjar.

Un **tercer grupo** de hierros lo podríamos dividir en:

- De **combinación** (FIG. 271).
- De **enriquecimiento** del plano (FIG. 272).

FIGURA 274. Ejemplo de encuadernación mudéjar.

Los de **combinación** son unos hierros pequeños que, colocados en las esquinas de ciertos hierros de fondo, nos permitan cerrar algunas de las cuerdas que han quedado libres o sueltas.

Los de **enriquecimiento** nos ayudan a cubrir ciertos huecos o claros que se hacen notar mucho en las tapas. Estos hierros figuran círculos, estrellas, crucecitas de varias formas o puntos de diversos tamaños y estilos que, puestos en la ornamentación final del libro, dan realce y cierran los dibujos.

Naturalmente un punto fundamental en la belleza de todo el trazado es procurar la uniformidad en la impresión y la profundidad de los hierros y en el color oscuro de esa estampación.

La encuadernación «mudéjar» es dificultosa de hacer y necesita de un cuidado especial en la temperatura del hierro, en la profundidad que se le da y, sobre todo, en el lugar donde se pone. Como es sumamente repetitivo, puede dar lugar a equivocaciones y, aparte de esto, tiene el inconveniente de que, por requerir una labor lenta, los encuadernadores rehúyen este tipo de trabajo.

Si a esto se suma el coste de unos hierros que, por ser de dibujos especiales, no pueden servir más que para este tipo de encuadernación, y la poca demanda por parte de los bibliófilos y de los aficionados a los libros en este estilo, todo ello hace que sea poco conocida y poco amada por el público en general.

Pero por ser una encuadernación tan española la he explicado, haciendo notar que lo único que la hace diferente de las demás es la ornamentación de las tapas. Son los **arabescos** y los hierros de **cuerdas**, simétricamente repetidos los que la hacen distinta y le dan cierto encanto.

Como prueba de lo que se puede conseguir con filetes curvos y hierros de fondo, véanse los ejemplos de la página anterior (FIGS. 273 y 274).

Si nos decidimos en algún momento a encuadernar un libro en este estilo, con sólo 3 ó 4 hierros y unos cuantos filetes rectos y curvos que podamos comprar, conseguiremos una serie de libros muy vistosos.

31. Imitación gótico

Conseguir que un libro quede cubierto, imitando una encuadernación de estilo «gótico» sobre chapa de plata (que sustituimos por una chapa de estaño plateado), no es complicado. Basta seguir el procedimiento utilizado para encuadernar un libro estilo «cartoné» con lomo recto y, cuando llegue el momento de cubrir con piel, hacer lo siguiente.

Veamos primero qué tenemos en el libro hecho:

a) Los cortes de **bibliófilo**, es decir, la cabeza lijada y pulida, con más o menos ornamentación, y los demás cortes con barbas o cortados con cizalla.

b) Está cosido con cintas.

c) Cabezada de piel enrollada o de arpillera doblada.

d) Con la telilla y el papel de refuerzo pegados al lomo.

e) No lleva cajo.

f) Encartonado a 7 mm del lomo.

g) El cartón cortado en el sitio justo. Se encartona normal (cartoné).

h) Se hace la lomera suelta a la medida de dicha encuadernación cartoné y con igual grueso que el del cartón de las tapas.

A partir de aquí se hace lo siguiente:

Esa lomera se sujeta a las tapas del libro por medio de un trozo de piel que cubrirá 2,5 cm por cada plano. Al sujetar la lomera en su posición habrá que dejarla unos 2 mm separada del lomo, para que ese hueco facilite la entrada de la hoja de estaño.

Lo mejor para mantener esa distancia es intercalar entre el cartón-lomera y el lomo recto del libro **un cartón de 2 mm de grueso**, del ancho de la lomera y mucho más largo que la piel del libro (FIG. 275).

Cuando la piel quede bien sujeta a los planos, se tira de esa banda de cartón para que, una vez quitada, se pueda volver la piel a la contratapa.

Esta piel estará chiflada en todo su alrededor, y en perfecto declive en el trozo que va a ser pegado sobre el cartón de las tapas, de forma que no haga escalón. Una vez pegado se prensa fuerte entre chapas finas, se saca y se deja secar bajo peso.

La piel será de color granate, verde oscuro o negra.

Pero vamos a ver cómo se cubre con la chapa de estaño enriquecida en plata y la preparación que hay que hacer en esas chapas.

Se adquiere un trozo de estaño de buena calidad, con la cara enriquecida en plata, para que luego quede brillante y pueda ser tratada, para que quede como plata vieja. Será de tamaño suficiente para que cubra los dos planos y el lomo.

También hay que adquirir unos cabujones de vidrios de distintos colores y tamaños, para luego elegir los adecuados, según se vayan a colocar.

Sobre la hoja de estaño, una vez cortada a su medida, habrá que señalar cuál es lado bueno (el enriquecido en plata) y qué irá hacia fuera.

Se elige el dibujo estilo gótico con ojivas y trenzados de la época, que se acoplará al tamaño del libro.

Se dibuja sobre un papel, indicando lo que va en realce y lo que va hundido, así como el lugar de los cabujones. Todo

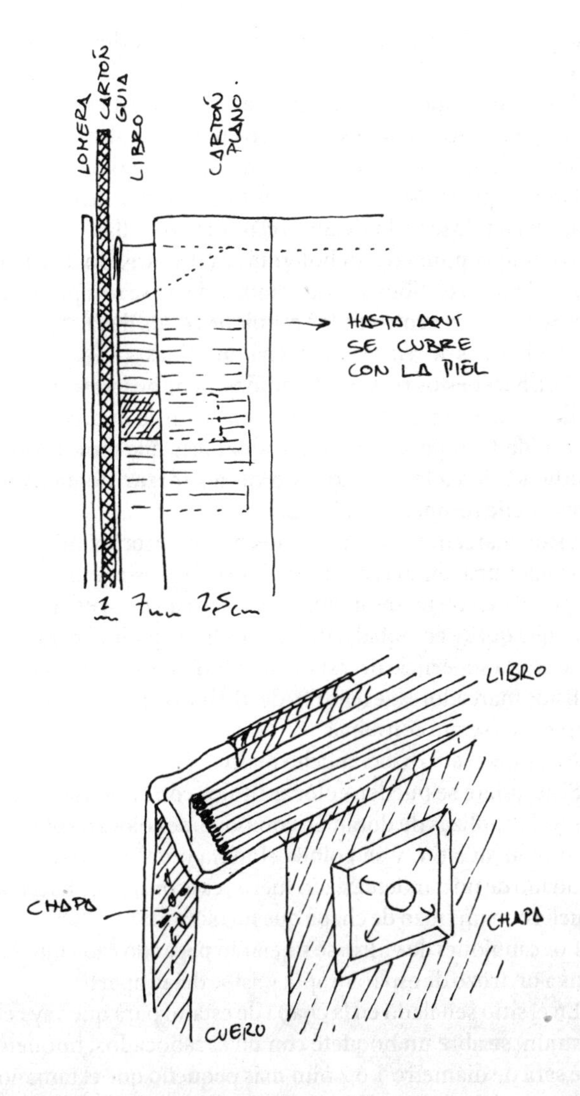

FIGURA 275. Imitación gótico. Fijación de lomera.

este plano cubierto de dibujos habrá que pasarlo a la chapa de estaño.

Lo primero que tenemos que hacer sobre ésta es señalar los límites de los cartones, dejando en todo su alrededor los 2 cm que han de volver en el contraplano, menos en la línea del lomo, que irá lo más cerca posible de la charnela o bisagra, cubriendo la piel y dejando el mínimo de ella.

Usando la punta de un bolígrafo ya descargado de tinta, se señala todo el dibujo, procurando que no se rompa el papel. Se señala el centro de los cabujones si los lleva, y cuáles son las bandas de realce y cuáles las hundidas.

Para hacer estos realces y hundidos, debe buscarse un trozo de paño o de tela de goma espuma sobre la que, con mucho cuidado, ir pasando el marcador hasta que tome la profundidad deseada, y **cuidando de no forzar demasiado pues puede romperse la chapa.**

Estos marcadores los podemos hacer nosotros mismos. Cortamos una ramilla de madera dura del grueso de un lápiz y la aguzamos con un sacapuntas, matamos un poco esa punta, para que quede embotada, y frotamos hasta pulirla, para que no arañe la superficie del estaño ni por detrás ni por delante.

Estos marcadores se tendrán de distintos gruesos para ser empleados según convenga.

No es necesario hacer mucho realce.

Si se quiere se pueden colocar títulos con las letras grandes de las pólizas de dorar. Se compone, se colocan sobre el estaño en su sitio, y se golpea el mango del componedor (cuidado de no dar demasiado fuerte, es aconsejable hacer la prueba con un trozo de chapa que nos sobre).

Los cabujones de vidrio se sujetarán pegando cada uno de ellos a un trozo de esparadrapo, y así se dejan aparte.

En el sitio señalado en la chapa de estaño para que vaya el cabujón, se abre un boquete con un sacabocados, boquete que será de diámetro 1 ó 2 mm más pequeño que el tamaño de la base del cabujón.

Se mete la cabeza del cabujón sujeto por el esparadrapo y se aprieta empujando en ese boquete, lo que costará trabajo porque ese boquete es más chico que el cabujón, pero esto hace que quede en realce el estaño, y entonces se aplasta para que quede más firme, o se hacen como unas garras perpendiculares al eje del cabujón, o se le hace como un círculo concéntrico y se sujeta fuertemente al esparadrapo (FIG. 276).

Los realces del estaño estarán por la cara del libro y serán por la parte de atrás hundidos, y cuando todo el trabajo esté ya terminado y listo para cubrir, habrá que hacerle una operación para que dicho realce no se estropee. Hay que darle consistencia y dureza, lo cual se consigue poniendo cola con serrín, con harina o cualquier cosa similar, que al fraguar impida el deterioro del realce, si el libro se aprieta o aplasta por el uso.

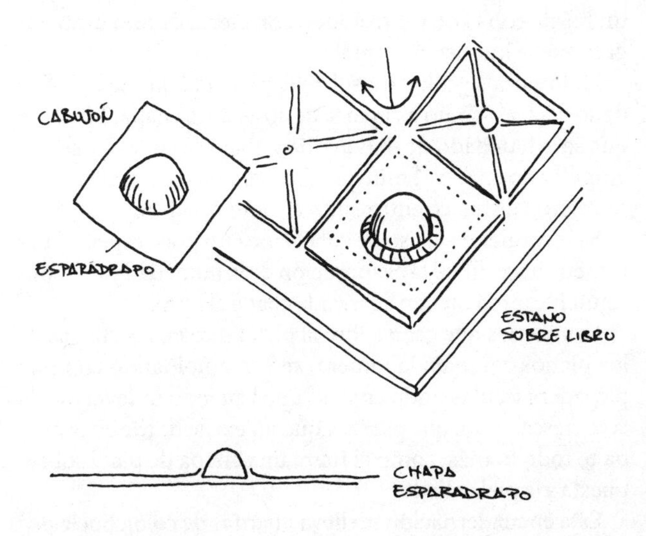

FIGURA 276. Mudéjar. Hierros solitarios.

Todo esto se refiere a la parte de delante, pues la parte de atrás, o bien se hace igual a la de delante, o nos limitaremos a señalarle el dibujo con el trazador y dejarla sin realce alguno.

Las dos chapas estarán lisas por la parte de atrás para que se puedan pegar al cartón.

La lomera se hace igual a la tapa de delante, con sus realces y sus cabujones por la cara; por el dorso se rellena con serrín y cola para que quede liso y se pueda pegar a la piel.

A la hora de pegar las dos chapas a los planos se encolan éstos y las chapas, y se colocan en sus sitios, después de probar si encajan bien.

Con las manos y con la tela de gomaespuma cubriendo la tapa se aprieta ésta hasta que quede pegada al cartón, luego se voltean por arriba, por abajo y por el frente esos 2 cm que se habían dejado de exceso. Hay que tener cuidado, al cortar las esquinas, de que no se noten ni la punta ni la unión, lo que se consigue (cuando aún está la cola fresca) apretando un borde con el otro y frotando con cierta dureza hasta lograr que se incrusten entre sí.

La lomera se colocará sobre la piel, a la que se le habrá dado cola, así como a la parte de atrás de la chapa. Los 2 cm que se le han dado de más arriba y abajo se curvan y se van empujando en esos 2 mm que al montar la lomera de cartón se dejaron de hueco entre ésta y el lomo del libro.

Se recomienda el uso de cola blanca un poco espesa, pues el metal hace difícil la evaporación de la humedad y por consiguiente tarda más en agarrar la chapa al libro.

Los bordes que caen sobre la piel, tanto en las chapas de los planos como en la lomera, se van amoldando con una plegadera y aplastando contra la piel cuando todavía esté la cola fresca, hasta que parezca que no existe borde en la chapa o, todo lo más, como si fuera una chapa de plata sobrepuesta a la piel entera.

Esta encuadernación no lleva guardas de color. Suele ponérsele un buen papel hecho a mano de color blanco o hueso, o una tela muaré o terciopelo de seda natural de color apropiado al del cuero que se vea en la bisagra y que se pegará como ya se ha indicado en el capítulo 5.

No lleva piel en la charnela, sino la misma tela.

Cuando todo esté terminado, con un paño húmedo se lava el exceso de cola que pudiera manchar la piel y la chapa de estaño. Se seca bien, se le da brillo y se le pasa una muñequilla con pátina especial de estaño, para que se quede en la base de los realces, lo que dará a la encuadernación una apariencia de antigüedad.

Se recomienda reproducir los planos de cualquier encuadernación antigua, que puede servir de modelo, procurando que la primera vez no sea muy complicado el dibujo elegido, para así no desesperarse.

32. Papel jaspeado

Según el Diccionario de la Academia, **jaspe** es, en su segunda acepción, el «mármol veteado» de donde **jaspear** es «pintar imitando las vetas y salpicaduras del jaspe» y, consecuentemente, **jaspeado** es el «veteado o salpicado de pintas como el jaspe», así, como la «acción y efecto de jaspear».

Pero en las páginas siguientes vamos a referirnos exclusivamente a ciertas técnicas de origen extremo oriental para teñir el papel y, accesoriamente, otras materias, a fin de conseguir esa apariencia como de jaspe o mármol. A este papel así teñido o decorado se le llama «jaspeado», «de aguas», «de guardas» (por su habitual empleo en las guardas de los libros) e incluso, expresivamente, «papel bonito».

El papel tuvo su origen en China, unos cien años antes de Cristo, aunque la leyenda fija su aparición en el año 105 d.C., y atribuye su invención a un tal Cai Lung. Muy pronto el papel se decoró de diversos modos, y todavía los últimos papeleros arábigo-andaluces lo teñían de un color homogéneamente rosado, e incluso rojo vivo, casi morado en ocasiones. Era el papel nashrí o nazarí, especialmente usado en la correspondencia diplomática.

Pero el jaspeado del papel mediante su contacto sobre tintes de diversos colores, imaginativamente dispuestos y removidos sobre una base de gelatina más o menos suave, y que le sirve de sustentación, tiene un remoto origen japonés; es la técnica del **suminagashi,** que aparece durante la era Eian (795-1186). Por aquel entonces tuvo un doble motivo de inspiración: el del movimiento ondulante de una tela blanca azotada por el viento, y el de los dibujos que forma el agua al discurrir mansamente sobre la tierra.

Cuatro hojas de papel así pintado forman parte de la antiquísima *Obra poética de treinta y seis hombres.* A los tintes se les agregaba a veces mica en polvo o alguna otra materia que le diese un aspecto irisado y brillante.

Durante esa era (y los japoneses designan como una era distinta de otra al período en que una diversa ciudad fue capital del imperio) la decoración a que nos referimos no cubría la totalidad de la hoja sino sólo una pequeña zona en la parte del ángulo superior derecho (por el que, de arriba a abajo, se comienza a escribir en japonés) y tal papel solía reservarse para la caligrafía de muy breves y elegidos poemas.

Más tarde, en la era Yedo (1650-1868), se colorearon incluso las dos caras de la hoja, se emplearon especialmente los colores índigo y rojo, y el suminagashi llegó a ser una conquista de la clase media al mismo tiempo que se extendía a la seda y otros tejidos.

En la Segunda Exposición Industrial Nacional (1881), un descendiente en quincuagésimo tercera generación de la familia Hiroba -ininterrumpidos creadores de suminagashi- expuso su obra y fue nombrado proveedor de la Casa Imperial.

En su camino hacia Occidente, al que todas las culturas van a dar, esa técnica se practicó ya en Persia y Turquía a fines del siglo XVI, de lo que le sobrevino el nombre de papel «turco» o «a la turca», aunque allí se conoció como «ebrú». Pero muy pronto fue del dominio de toda Europa.

Entre ellos la tradición admite que este método se empleó también en Francia en el siglo XVII por Mace Ruette, encuadernador del rey Luis XIII, quien lo desarrolló hasta obtener un papel que sugiriese el mármol, de varios colores y distintas vetas, de ahí su nombre de papel jaspeado.

Pese a su aplicación al cuero, la madera, la seda y otros materiales, el uso del «jaspeado» aparece siempre especialmente asociado al papel, bien sea para recubrir el interior de las arcas y armarios, bien para teñir los cortes o las guardas en el proceso de encuadernación de libros, cuadernos, álbumes, carpetas, agendas, etc., aparte de constituir por sí mismo una ocupación de creciente apasionamiento en este momento de «hágalo Vd. mismo».

Naturalmente no voy a exponer aquí todos los procedimientos para jaspear papel: hay bibliografía suficiente para que la persona interesada en adquirir un conocimiento pleno de esta artesanía pueda dedicarse a estudiar, investigar y si quiere practicarla hasta llegar a la perfección.

Pero es importante que la persona que se dedica a encuadernar sepa cómo jaspear sus papeles, y unos papeles que sean lo suficiente bonitos para que los pueda utilizar sin desdoro y hasta con admiración de quien los vea. Por eso, igual que indicaré cómo pueden teñirse las pieles, diré aquí dos modos o procedimientos para jaspear, a fin de que una vez probados pueda decidirse cuál es el de mayor agrado de cada.

Iniciación al trabajo

Puesto que el jaspeado del papel se consigue por la transferencia a éste, mediante un breve contacto, de los tintes dispuestos en flotación sobre un líquido de mayor densidad, tenemos que pensar que cada pigmento requiere un disolvente idóneo y que, una vez disuelto, precisa además de un líquido sobre el que flotar (una cola o gelatina) también adecuado. Por eso podemos establecer tres grandes grupos de tintes, en relación con su disolvente.

1.° Las tintas, anilinas, acuarelas, etc., que se disuelven en **agua.**
2.° Las tierras de color y pigmentos (no solubles en agua) y anilinas, que todas ellas se disuelven en **alcohol metílico.**
3.° Los tintes grasos, que se disuelven en **aguarrás o similares.**

La clasificación no debe hacerse en relación con el producto (cola o gelatina) sobre el que se dejan las tintas en flotación, porque, por ejemplo, la cola de tragacanto sirve indistintamente para anilinas solubles en agua o en alcohol y para los tintes grasos disueltos en aguarrás, simil-aguarrás, gasolina, etc.

La combinación de esos tintes con las diversas substancias que se le añaden (más adelante se indicarán) han de conseguir que esa pintura deje de ser soluble en el agua, pues de no conseguirse esto, mancharía de ese color la cola o gelatina que nos sirve de base para depositar los colores.

Como veremos, hay muy diversos modos de obtener el jaspeado, pero sólo vamos a referirnos con detalle a dos procedimientos: el que emplea como base el carragaen y el que utiliza la solución de metilcelulosa.

Útiles que necesitaremos

El papel que vayamos a jaspear. Este papel deberá ser un papel no muy satinado de 25 ó 35 kg por resma de 100 × 70 cm el tamaño del pliego, blanco o ligeramente coloreado a tono con los distintos tintes que vayamos a utilizar.

Agua destilada, en su defecto agua corriente tratada con «Calgón» o con 15 gr de polvos de bórax cada 10 litros, si el agua es muy dura.

Dos bandejas o cubetas de las usadas por los fotógrafos para revelar de 56 × 62 cm de tamaño y que sean blancas. Si antes de empezar queremos practicar con papeles pequeños, debemos buscarnos una cubeta que sólo sobrepase ligeramente el tamaño de esos papeles de pruebas. También podemos fabricarnos una bandeja de madera de contrachapado de 5 mm de grueso, con un tamaño de 73 × 53 cm y los laterales, con una altura de 4 cm para utilizar una hoja la mitad del pliego (pliego de 100 × 70). Esta bandeja irá revestida de una capa de plástico.

Una caja de cartón. Para tirar los desechos de los papeles de periódicos sucios de limpiar la gelatina.

Papel de periódicos cortados en bandas. Para limpiar la superficie de la gelatina.

Una esponja fina. Que nos servirá para, mojada, limpiar la superficie del papel ya pintado y quitarle el exceso de pintura y gelatina.

Una suplemento de alcachofa o difusor puesto en el grifo. Es lo mejor para lavar al chorro las hojas pintadas.

Una chapa de «Formica» de 80 × 65 cm. Sobre ella se pone el papel pintado para así poder regar bajo el grifo y lavar con la esponja.

Ocho o nueve marcos de madera, a los que se les cruzan unas cuerdas que formen como un soporte sobre el que poner a secar los papeles recién pintados. Estos marcos se pueden poner unos sobre otros para que no ocupen mucho sitio, para suplir la carencia o insuficiencia de tendedero.

Un paquete de cola de empapelar (cola de metilcelulosa) de 125 gr. La marca «Alcasit» de la Hoeschst AG reúne las condiciones idóneas para una gelatina perfecta. Con otra marca de cola de empapelar tendremos que hacer pruebas.

La cola piscis es otra gelatina que se puede utilizar.

Tragacanto, goma o resina, es la más parecida en su comportamiento al carragaen.

Carragaen, que se utiliza preferentemente cuando se emplean tintes solubles al agua o al alcohol. Es la solución con la que se consiguen más bellos y delicados dibujos. También es la más difícil de manejar.

Pequeñas cantidades de todos los colores que consigamos de **tintas de imprenta**, pues aunque podemos mezclar esos colores, es mejor evitarnos esa complicación.

Anilinas naturales, gouache, temperas, acuarelas, etc., que se disuelven en agua destilada, si se trabaja sobre carragaen.

Anilinas solubles al alcohol, tierras de color o pigmentos (no solubles en agua).

Hiel de buey (naturalmente purificada).

Formol al 40% o solución de formaldehído.

Un tarro de esencia de trementina; es decir aguarrás puro.

Un tarro con aceite de linaza.

Un tarro o botella con gasolina.

Un tarro con disolvente.

Alumbre (sulfato de aluminio y potasio), 250 gr.

Una esponja para humedecer las hojas de papel que se van a jaspear.

Tarros goteadores, tantos como tintas diferentes dispongamos. Si no se consiguen estos tarros (pregúntese en las peluquerías de señoras por los tarros vacíos de tinte) tendremos que buscar cuentagotas en cualquier farmacia o en ortopedias.

Palillos largos. Son muy propios los que se usan para preparar las brochetas. Se pueden también usar cualquier alambre fino o aguja de hacer punto.

Algunos pinceles, para salpicar los colores. Podemos hacernos con manojitos de paja o rafia, atados, que nos sirvan de salpicadores.

Peines, para pasarlos sobre las tintas dispuestas sobre la gelatina. Unos deben tener el largo de la cubeta; y otros, el ancho de la misma. La separación entre las púas debe ser, tanto en unos como en otros, de 5, 10 ó 20 mm. En total tendremos 6 peines.

Hay otro tipo de peines para dibujos especiales, que en su momento se explicarán.

Una plancha, cera virgen y un paño.

Una carpeta para guardar las hojas ya jaspeadas.

Un par de cartones para guardar las hojas húmedas de alumbre antes de jaspearlas para que así se mantengan rectas y planas.

Estos útiles que precisamos se pueden emplear en cualquiera de los dos grupos que hemos dividido las distintas formas o maneras de jaspear. Naturalmente con la debida limpieza de uno a otro uso.

Primer y segundo grupos. Anilinas y tintas solubles en agua y en alcohol

Llamamos «acuarelas», de una manera general, a todos los tintes solubles en agua, característica por la que, precisamente, reciben su nombre.

Preparación de la gelatina o líquido base

El jaspeado con acuarelas se consigue disponiendo las mismas (después de hacerles un tratamiento especial), generalmente sobre aceite de linaza, sobre cola de tragacanto o sobre cola de carragaen.

Aceite de linaza. Éste se adquiere ya extraído de las semillas del lino cultivado, que exprimidas en frío dan un aceite amarillo claro, y que exprimidas en caliente dan un aceite de especial consistencia, color pardo y sabor particular.

Goma tragacanto. Ésta se obtiene disolviendo en agua la resina que fluye naturalmente del tronco y las ramas de un arbusto de ese nombre abundante en Persia y Asia Menor, de frecuente uso en farmacia e industria. Para su utilización sólo precisaremos disolverla en agua, a la temperatura ambiente, dos o tres días antes de su empleo. Si presenta grumos puede batirse con una «minipimer» y pasarla luego por un tamiz muy fino: una media de nylon, por ejemplo.

Hoy día la industria consigue vender esa resina convertida en unos polvos deshidratados, con lo que se consigue una preparación rápida y cómoda. Las proporciones de la mezcla de ingredientes son similares a las del «carragaen».

Musgo carragaen. En cuanto al musgo «carragaen», ese nombre es la adaptación española del término inglés **carragaen**, que designa al «musgo perlado» o «musgo de Irlanda» (*Chondrus crispus*). Su preparación es como sigue.

Se ponen 30 gramos de algas en 1 litro de formol (que se adquiere ya preparado en una solución al 40%). Se hierve a fuego lento y se mantiene en ebullición durante 1 a 3 minutos, removiendo mientras tanto. Se le añaden 2 litros de agua fría y se filtra a través de una fina manguilla de lino. (Previamente se puede pasar por un colador a fin de separar más fácilmente los residuos mayores.) Se deja reposar toda la noche en un algún sitio fresco y, antes de su utilización, conviene proceder a un nuevo filtrado. El formol se usa en fotografía precisamente para endurecer la gelatina, y en curtición para dar solidez a ciertos colorantes.

Igual que el tragacanto, hoy en día se consigue el carragaen en polvo por lo que no es necesaria una preparación tan compleja, basta con colocar en un cubo 4 cucharadas de sopa de los polvos carragaen, y se mezclará o batirá con 3 litros de agua destilada, cuando esté suficientemente mezclada se le añadirán de 3 a 6 cucharadas de sopa, de formol (con esto se conseguirá que el engrudo pueda ser utilizado varios días), se removerá y poco a poco se le irá añadiendo 5 litros más de agua destilada, hasta que se consiga una consistencia parecida a la de la leche.

El procedimiento en el que se utiliza la cola carragaen se considera como el modo «clásico» de jaspeado mediante tintes solubles en agua, o así lo estima la literatura anglosajona relativa a estos procedimientos. Lo que de ningún modo autoriza a desestimar los restantes modos de operar.

Un vez vertida en la cuba o en la bandeja esta cola debe procurarse que la temperatura del cuarto se mantenga estable y húmeda en lo posible, evitándose a toda costa cualquier corriente de aire (durante la operación de jaspear): el simple desplazamiento brusco de aire por el cuarto puede producir irregularidades en el jaspeado del papel. La temperatura de la cola de carragaen, y la de los tintes que empleemos, debe de estar entre los 10° y los 18°. Y siempre, 3 ó 5 grados por debajo (nunca por encima) de la temperatura de la habitación. (Estas temperaturas requeridas son lógicamente lo que han dificultado aquí, en Málaga, que se generalice entre nosotros el empleo de este tipo de cola.) De ningún modo debe dar el sol sobre la cola ya vertida en la cubeta, porque (lo mismo que las corrientes de aire) desecaría la superficie de esa cola produciendo una costra elástica que impediría la correcta dispersión de los tintes. La simple permanencia a la intemperie durante unos minutos de la cola produce ya esa costra, por lo que periódicamente habrá que retirársela con la ayuda de tiras de papel. Igualmente hay que proceder a ese descostrado tras el jaspeado de cada papel, aunque en este caso sólo para mantener la limpieza de su superficie.

Preparación del papel

Después de dispuesta la cola es necesario preparar el papel, si no lo hemos hecho aún.

Es conveniente elegir un papel como el ya reseñado, más bien poroso, porque recogerá mejor los tintes con los que ha de ponerse en contacto.

La cara que vaya a jaspearse de cada papel se humedece con la solución de mordiente ya preparada del siguiente modo: a medio litro de agua tibia se le añaden 60 gramos de alumbre y se deja reposar un cuarto de hora a fin de tener la certeza de que la solución está saturada a la temperatura ambiente. En esta solución así preparada mojamos la esponja, con ésta se humedece la hoja que vamos a jaspear y dejamos ésta entre dos cartones para que no pierda la humedad y se mantenga sin arrugas.

Como la solubilidad del alumbre aumenta muy rápidamente con el calor, debemos esperar a que nuestra solución se enfríe, para estar ciertos de que no lleva porciones de alumbre sin diluir. De presentarse, deben hacerse desaparecer por agregación de más agua. Tengamos en cuenta que en las zonas de papel excesivamente recubiertas de alumbre se producirá después un descamado con la consiguiente aparición de las manchas blancas antes aludidas. (Este baño de alumbre es usual en tintorería y papelería.)

Recuerde que la hoja de papel que va a jaspearse deberá estar aún húmeda y blanda pero no mojada: pensemos que los tintes que vamos a emplear se disuelven precisamente en agua. Tiene que estar en su justo medio, pues por falta de mordiente no se adherirá el color a aquellas partes del papel que haya quedado sin el baño de alumbre; pero por otra parte un exceso de agua (en la que el alumbre se ha disuelto) sobre la hoja de papel disolverá a su vez los tintes dispuestos sobre la bandeja de jaspear, y el papel quedará blanco.

El papel que vaya a jaspearse debe de aplanarse bajo un ligero peso, a fin de que su contacto con la superficie de la cola sea perfecto y total.

Preparación de los tintes

Y ya ha llegado el momento de ocuparnos de los tintes apropiados para su flotación en el tragacanto o en el carragaen y de advertir que trabajaremos con mucha más seguridad con los tintes de disolución en alcohol que con los que se disuelven en agua.

La anilina-alcohol se disuelve en alcohol metílico, pero con la agregación de una porción mínima de hiel de buey, que tendremos preparada en un cuentagotas. (La hiel de buey es espesa y hay que disolverla en cierta cantidad de agua, para poderla gotear. Suele emplearse por los artistas mezclada con los colores que se disuelven en agua para darles más solidez y fijar los colores, además de conseguir que se forme como una pequeña barrera entre un color y otro, lo cual permite hacer líneas de un color junto a otro sin mezclarse.) La porción de hiel de buey que va a utilizarse es muy pequeña; unas 6 gotas por 60 gramos de tinte ya disuelto en su agua correspondiente, pero tienen que estar bien mezcladas y removidas con el color.

Los tintes idóneos para su flotación en la cola de carragaen (disueltos en alcohol y con su porción de hiel de buey) se esparcen sobre dicho engrudo, salpicados con una escobilla, esparcidos con un cuentagotas, etc., y se remueven ligeramente con la punta de una aguja o mediante uno o varios peines, pero sin que esas púas penetren en la cola de carragaen, porque romperían la superficie de la misma, y esa superficie tiene una densidad adecuada para sostener las gotas de tinte, pero diferente a la del resto de la masa de cola.

Sobre el dibujo realizado en los tintes, se deposita la hoja de papel que teníamos preparada (húmeda en la solución de alumbre). Se levanta con la impresión, se lava para eliminar el exceso de tinte y de posible cola, y se cuelga a secar, o se pone en los bastidores de cuerda para que seque.

Una vez secas, las hojas se planchan y se dejan entre cartones para que no se arruguen.

Si queremos trabajar con tintes, anilinas, acuarelas o gouache que se disuelven en agua, tenemos que tener mucho cuidado para conseguir mediante la adición de gotas de hiel de buey, que ese determinado color que estamos preparando consiga una unión perfecta con la hiel, la cual envuelve el color con lo que le impide disolverse en el agua del engrudo (carragaen o del que sea).

Probemos con 2 ó 3 centímetros que apretamos de un tubo de gouache, le añadimos agua destilada, mezclamos hasta conseguir un color líquido al que le añadimos 4 ó 6 gotas de hiel de buey, batimos todo el color para mezclarlo bien. A partir de ahora tenemos que ir haciendo pruebas una y otra vez hasta conseguir una gota que se extienda (sobre el engrudo) del tamaño de una moneda de 500 pesetas.

Tenemos que tener presente que si la gota de color se hunde en el engrudo, es que le falta hiel de buey que la expansione; por contra, si la gota se extiende sobre todo el engrudo, necesita más color en la mezcla, hay exceso de hiel de buey.

Si el engrudo está muy frío, puede causar que la gota se hunda. Un vaso de agua caliente mezclado al engrudo hará que éste cambie su temperatura y no ocurra este percance.

Para conseguir esto hay que probar una y otra vez sobre una bandeja que contenga del mismo engrudo que se usa en la batea, hasta que notemos que el color no se hunde en el engrudo, y que la extensión de la gota es la apropiada. Preparar primero sólo dos colores y probar con el clásico empedrado (salpicando con un pincel) el dibujo que nos determinará la calidad del tinte que hemos preparado.

Pensemos también que el segundo color que dejemos caer en el engrudo, debe tener unas gotas más de hiel de buey, pues tiene que empujar para hacerse sitio en una superficie ya ocupada por otro color con su hiel de buey que le produce una cierta expansión.

Si se emplea agua destilada con unas gotas de hiel de buey, y salpicamos el dibujo empedrado que acabamos de hacer, conseguiremos hacer en el dibujo unas como vetas o venas de los colores antes aplicados, muy bonitas pero, cuidado, porque al estar el color más denso en esas venas puede que el peso haga que rompan la tensión de la superficie y se hundan al fondo de la batea.

Tercer grupo. Tintes grasos

Preparación de la gelatina

Se diluye el contenido de un paquete de «Alcasit» (125 gr) en 8 ó 10 litros de agua. Debe ser agua destilada, si es posible y si queremos quitarnos problemas por exceso de cal, cloro, etc. Si el agua que utilizamos es la del grifo, debemos de hacerle un tratamiento con «Calgón» para eliminar su dureza y el efecto que puedan causar otras sales.

El «Alcasit» se disuelve por la tarde y se deja reposar toda la noche. Al día siguiente se remueve y si es necesario se filtra por un tamiz, para que la gelatina no tenga grumos.

La temperatura a que ha de mantenerse esta solución de gelatina para que no cambie su fluidez debe ser algo más baja que la usual de la habitación. Alrededor de 16° a 18° será lo ideal. Una excesiva condensación de esa gelatina, que llega a impedir nuestro trabajo, nos recordará este cuidado que debemos tener.

La cubeta debe llenarse con un fondo de 4 a 5 cm, y ha de conseguirse un determinado equilibrio en la densidad de la gelatina. Si es muy espesa se notará cierta dificultad al mover los peines y, sobre todo, al retirar la hoja con la impresión del dibujo ya hecho en ella; también se notará que arrastra una gran cantidad de la gelatina, lo cual es causa de que al poco tiempo nos hayamos quedado sin ella y tengamos que hacer una nueva.

Por contra, dosificando bien la densidad de la gelatina, no se desperdiciará al limpiar el papel, y será más fácil y ligero dibujar sobre la misma.

En ningún momento, mientras se trabaja sobre la superficie, se pueden permitir pompas o grumos, que si se forman deberán ser eliminados enseguida, pues al pasar nuestro dibujo a un papel, éste quedará estropeado con un punto blanco ocasionado por aquella pompa.

Como el tamaño del papel es menor que el de la cubeta, hay que limpiar el exceso de color extendido por la misma y especialmente por sus bordes. Si no se quita de ahí, puesto que el papel no se lo lleva, se acumulará y terminará por ponerse seco, tieso y sin elasticidad, por lo que ya no pueden hacerse dibujos en él.

Por eso, cada cierto número de hojas, y cuando se cambia de tintas en la bandeja porque se piensa emplear otros colores, es importante limpiar la superficie de la gelatina.

Para ello lo mejor es pasarle por encima una banda de papel de periódico que arrastre las tintas que quedan sin emplear y aplastarlas sobre los bordes de la batea o bandeja, de donde se retirarán en lo posible, quedando así toda la superficie limpia.

Preparación de los colores

Vamos a emplear **tintas de imprenta** sean tipográficas o sean litográficas (de offset). No es la perfección de la anilina vegetal; pero, por contra, nos quitamos la lata de tener que preparar el papel con un mordiente de alumbre. Además los dibujos que podemos hacer con estas tintas de imprenta son francamente buenos.

Esta parte de la preparación de las pinturas es en la que debemos poner mayor atención, pues los resultados que obtengamos dependerán, en un tanto por ciento muy elevado, de la disolución que hagamos con ellas.

Yo diría que todo depende de cómo se hace esta preparación.

Porque pueden darnos las normas, pero somos nosotros, y solamente nosotros, quienes debemos pensar en la dosificación y probar una y otra vez hasta que en cada color consigamos esa dosificación deseada.

¿Y cuál es esa dosificación?

Se toma con una espátula o con la punta redonda de un cuchillo un poco de tinta espesa de imprimir, y en un tarro de mermelada vacío se disuelve esa tinta en esencia de trementina (es decir, en aguarrás puro).

Con un pincel se ayuda a desleír hasta que pueda caer una gota de tinta de ese pincel. Entonces estará bien la solución.

Se hace esto con todos los colores, para estar seguros de que la concentración o disolución del color está en su punto. Tenemos que conseguir que esa gota que cae del pincel (o de un goteador) sobre la gelatina, se extienda, pero sólo hasta ocupar el espacio de un círculo de 2 ó 3 cm de diámetro.

Debe tenerse en cuenta:

1.° Que cuando la gelatina está limpia y por primera vez se echan las gotas de pintura, éstas se extenderán mucho más que si ya se hubiesen echado antes otras de ese u otro color. Es decir, a medida que sobre la gelatina hay más gotas, éstas encuentran más dificultad para extenderse.

2.° Eso quiere decir que tenemos que dosificar la tinta que va por primera vez a la bandeja, ya que tiene más capacidad de dispersión que la que irá en un segundo turno, y esto es válido incluso para un mismo color o tinta. (Véase 4.°)

3.° Se pueden gotear dos colores distintos con la seguridad de que, si están bien equilibrados, no se mezclarán. Hay como una especie de valla que los separa; de ahí que se puedan hacer dibujos separados como por hilos de otro color.

4.º Estos colores se pueden gotear unos sobre otros, con la certeza de que éstos, si están bien equilibrados, abrirán al primero como un anillo que cercase o rodease al recién echado en todo su contorno.

5.º Si se emplea un tercer color, éste necesitará más capacidad de dispersión, mayor fuerza de expansión que los dos anteriores. Pues, de no tenerla, no podrá extenderse como los anteriores.

Estos cinco puntos son tan importantes que constituyen la base para equilibrar los colores.

Pero para la dosificación y equilibrio de los colores hay que tener en cuenta lo ya apuntado.

Primero. El color o tinta de imprenta es una pasta que se ha de disolver, como ya se ha dicho, en aguarrás puro (esencia de trementina, así tiene que pedirse en la droguería para que no nos den un mal sustituto aunque más económico). No hay que exagerar y echar más de la cuenta.

Cuando creamos que está en su punto, se hace la prueba de la expansión (el círculo de 2 ó 3 cm).

Si queremos que se extienda más, podemos aumentar la dosis de aguarrás, pero esa dispersión tiene un límite, pues el color se extiende tanto que ya no se puede dibujar con él.

Segundo. Por contra, el aceite de linaza hace el efecto contrario; concentra e impide que se extienda el color. Se echan unas gotas y se prueba también el resultado comparándolo con el primero.

Es importante saber que algunos de los disolventes que igualmente se compran en las droguerías desnaturalizan a determinadas tintas, llegando a formar un punteado que, en determinados dibujos, hasta puede hacerlos interesantes.

La mezcla de aguarrás con gasolina puede también descomponer las tintas.

Varían también los resultados con los colores y con las marcas de las tintas, tanto si se emplea gasolina como cualquier otro disolvente.

Es aconsejable probar antes de ponerse a pintar en papel grande y bueno, y empezar por hacer ejercicios con dos o tres colores, siempre los mismos, hasta adquirir cierta maestría con ellos; luego se pasará a más colores y papel grande. Debe empezarse con un dibujo sencillo y luego pasar a los más complicados. Cuando expliquemos cómo se dibuja, se comprenderá más claramente lo que quiere decirse aquí.

Uno de los inconvenientes de este procedimiento de pintura con tinta de imprenta o con pintura de óleo es la suciedad en que quedan los peines, palillos, goteadores y todo lo que se emplea en el trabajo.

Pero pensemos que, con un buen trapo empapado en disolvente o gasolina, puede eliminarse toda mancha de pintura. Por eso es aconsejable que se tenga siempre a mano un tarro del uno o de la otra, y perder un poco de tiempo en la limpieza, cuando la pintura está aún fresca y no dentro de una semana cuando queramos volver a trabajar y esté seca en el peine, en la batea o bandeja, en los palillos y todo lo demás que hemos usado.

Cómo dibujar

Como se habrá observado al dejar caer las gotas sobre la gelatina, si la pintura que empleamos está bien dosificada y la temperatura es la idónea, con sólo pasar la punta de un alfiler por el borde de la gota redonda se arrastra la pintura y se configura como se desea.

Si se tiene la suerte de haber equilibrado rápidamente dos colores y se dejan caer uno junto al otro, no se mezclarán, y al pasar por encima de ellos rozando ligeramente las gotas, se arrastrará el color de un lado uniéndose sin mezclarse, permitiéndonos formar líneas y líneas, unas junto a las otras, hasta obtener un veteado sorprendente y completamente inesperado.

Si la elección de los colores es acertada, tendremos la sorpresa de encontrarnos con un jaspeado que será único, muy bonito, hecho por nosotros y que, si lo trasladamos al papel, podrá emplearse en las guardas de un libro que estamos encuadernando.

Pero lo importante de este procedimiento de jaspear no es sólo la facilidad con que se hace. Lo importante, lo que le da categoría al artesano, es su capacidad de repetir el dibujo.

Repetición del dibujo

Un artesano que jaspea papel por este procedimiento, con muy poco esfuerzo puede conseguir, casi, repetir el dibujo elegido tantas veces como desee.

Vamos a fijarnos en cómo lo hacemos para recordarlo; si hemos puesto, por ejemplo, 6 gotas de color azul a todo lo largo de la batea y 4 a todo lo ancho, en total hemos puesto 24 gotas azules; y si al lado, entre azul y azul, hemos puesto, 5 gotas amarillas a lo largo y 3 a lo ancho, y a todo eso, le añadimos en el centro de la batea una gota negra y en cada mitad que queda otra gota negra, **siempre que hagamos la misma distribución de gotas y hagamos el mismo movimiento con los peines o los palillos** nos saldrá el mismo dibujo.

Es muy fácil por lo tanto hacer y controlar tantas hojas iguales (casi iguales) como queramos. Basta recordar, de un entintado a otro, qué colores se emplearon, en qué relación y disposición y cómo se removieron. Ello nos permite usarlas en libros de una misma colección, o en obras compuestas por varios tomos.

Naturalmente no serán idénticas, pero sí tan parecidas que se verán como iguales ya puestas en el libro. Tengamos en cuenta que dentro de una misma hoja jamás hay dos porciones iguales.

Cómo entintar

Pueden dejarse caer los colores sobre la gelatina de varias formas.

1.º Salpicándolos. Es decir, puesto que ya tenemos el color desleído y en su punto en el tarro de mermelada, metemos dentro de ese tarro un pincel de cerdas gordas o una escobilla, tomamos pintura, la llevamos sobre la gelatina y la golpeamos con la mano o con un palito para que, por la sacudida, caigan un montón de gotas y gotitas sobre dicha gelatina, aunque desgraciadamente, también, sobre todos los alrededores de la bandeja.

Naturalmente ése es el inconveniente de este procedimiento: que se mancha de pintura todo lo que hay alrededor de la cubeta o bandeja.

Por eso es más aconsejable el procedimiento que se expone a continuación.

2.º Goteando. Esto se puede hacer tomando la pintura con un cuentagotas y dejando caer esas gotas una a una sobre la gelatina.

O bien, puede buscarse un tarro de plástico con tapón cuentagotas. Llenamos con la pintura ya preparada ese tarro y vamos depositando con cuidado las gotas (FIG. 277).

Antes de que la cubeta esté enteramente entintada, es decir, cubierta de gotas, tenemos que decidir si vamos a emplear un solo color o varios, pues sabemos que si la gelatina está cubierta completamente, el siguiente color que pongamos tiene que tener más dispersión para abrirse espacio en la superficie.

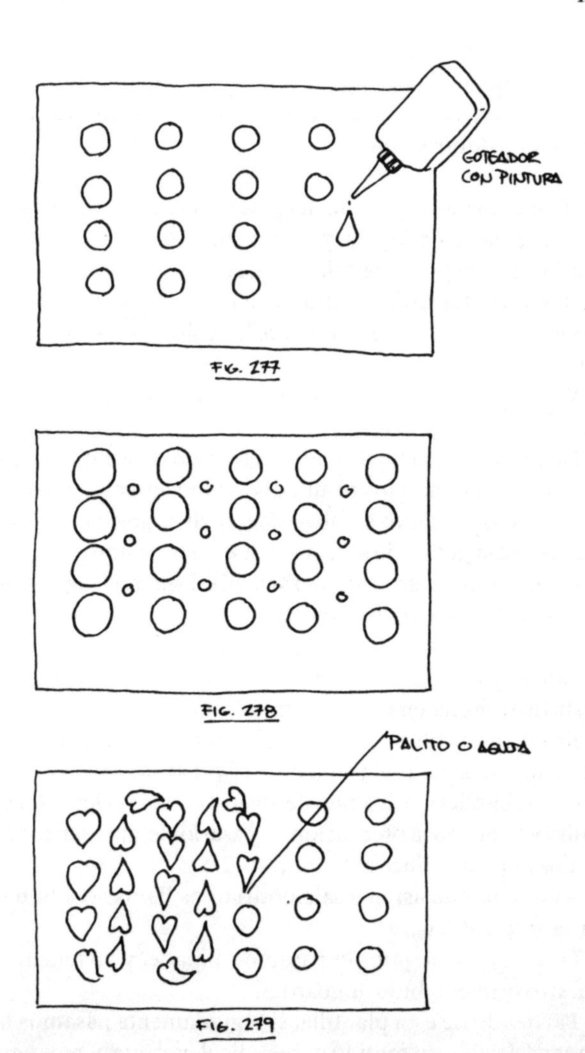

FIGURAS 277, 278 y 279. Pasos para preparar la plantilla.

Para prevenir esto y no tener que usar el tinte de segunda dispersión, no llenaremos la bandeja totalmente de gotas, sino que dejaremos espacio para que quepan otras del mismo color o de otros colores.

Hemos elegido la forma del goteo con tarros cuentagotas, que es la más cómoda, y hemos cubierto la superficie de la gelatina con gotas de colores que pueden haber sido goteadas unas al lado de las otras o bien unas sobre otras: esto nos es igual, pues ya sabemos que los colores no se mezclarán.

Y ahora tenemos que dibujar en esa superficie llena de gotas.

Partimos del hecho de que hacemos un determinado tamaño de gota, pues los resultados, como apreciaremos en cuanto nos pongamos a trabajar, serán distintos según el tamaño de esa gota, y nos gustará disponer de unos dibujos nuevos, con una variación tan sencilla. Dejamos caer gotas de 2 ó 3 colores que cubran la cubeta.

Creo que es más fácil comprender cómo debe actuarse mirando la FIG. 278 en la que se representa lo que hemos acabado de hacer en el párrafo más arriba.

En ese momento se toma un palito largo o una aguja fina, y se empieza a pasar el palito de arriba a abajo a todo lo ancho de la bandeja, volviendo de abajo a arriba sin levantar el palito y teniendo la precaución de pasarlo siempre separado a unos 2 cm de la línea anterior (FIG. 279).

Al dibujo que así nos sale podríamos llamarlo «dibujo base» o «plantilla».

Que nos gusta, pues lo pasamos al papel y ya tenemos nuestro primer dibujo de guardas.

Partiendo de esta plantilla, si seguidamente pasamos la punta del palito en sentido perpendicular al que hemos empleado para hacer el dibujo base y separándolo unos 4 ó 5 cm siempre en el mismo sentido, conseguiremos entonces

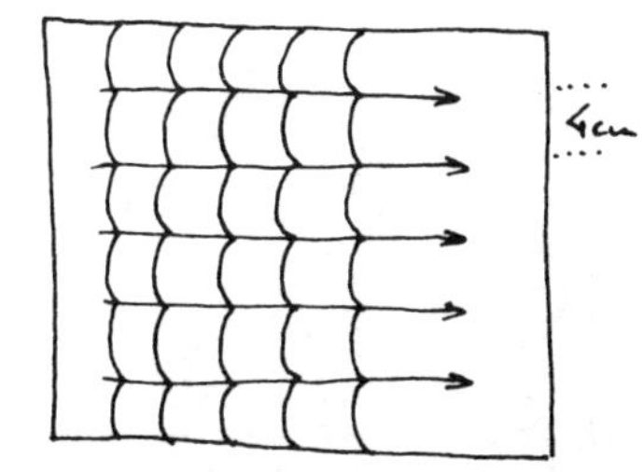

FIGURA 280. Dibujo de palmas.

sobre la superficie entintada de la gelatina un dibujo que, por su aspecto, podríamos llamar dibujo de palmas o cascada (FIG. 280).

Volvamos de nuevo a partir del dibujo base o plantilla: Si lo que hacemos ahora es pasar la punta del palito perpendicular al sentido en que se hizo el dibujo base, y el siguiente pase (paralelo a 3 cm) en sentido contrario, y estos dos trazos los repetimos, al terminar de dibujar tendremos en toda la superficie una FIGURA que podemos llamar de uves, de vaivén o plumas (FIG. 281).

Ya tenemos dos bases distintas, o dos formas de proceder que, según el tamaño de las gotas, la diversidad del colorido y el ancho que se les dé al pasar el palito, pueden darnos muchos dibujos distintos para papeles de guardas.

Vamos a embellecer estos dibujos ya conseguidos con unas nuevas figuras. Para ello es necesario que las tintas que empleemos estén perfectamente equilibradas con respecto a su dispersión, pues pensemos que vamos a actuar sobre una superficie con un dibujo ya hecho con pintura de varios colores, y naturalmente con distintas tensiones sobre ella, lo cual dificulta la realización.

DIBUJO U O VAIVÉN O PLUMAS

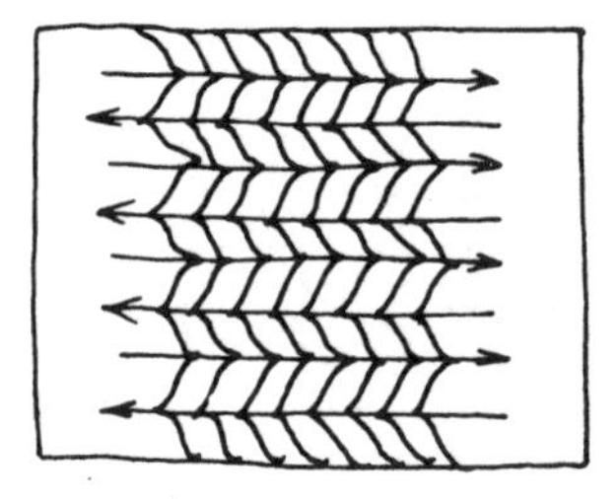

FIGURA 281. Dibujo de plumas.

Yo aconsejaría que, para hacer estos dibujos sobre superficies ya cubiertas de pintura dibujada, se preparasen tarros especiales con mayor dispersión con sólo 4 ó 5 colores, que se tendrán reservados para este menester. Hacer una marca en el bote.

La forma de actuar es sencilla y la dificultad está en la dispersión del color: es decir, que la gota esté en su justo medio, que no ensanche mucho y que no se quede tan chica que no nos permita dejar caer sobre ella otra gota más.

Partimos de cualquier «plantilla» ya hecha sobre la gelatina.

Se toma el color y se deja caer una gota sobre la superficie pintada. Esta gota se extiende como un círculo de 2 ó 3 cm de diámetro. Sobre ella, en el centro, se deja caer una gota de otro color. Ésta, a su vez, dilata la anterior y ella misma se hace del tamaño de la primera. Sobre el centro de ese segundo color se deja caer una tercera gota de color distinto, que a su vez ensancha los colores anteriores y queda como centro de dos anillos más o menos anchos.

Se pueden poner distintos colores, o repetir algunos haciendo combinaciones que resulten vistosas.

Y sólo ahora, a partir de este centro de anillos y precisamente sobre él, podemos actuar con la punta de un palillo y tendremos distintos dibujos. Véase la FIG. 282 donde se aprecia cómo, partiendo de unos anillos base, se consiguen estrellas, flores, corazones, etc., seguramente impropios para un papel de guardas pero útiles para otros fines decorativos.

Cómo usar los peines

Pero lo que podemos considerar como un paso avanzado en la preparación del papel de guardas es el que llamamos papel de peines o de ondas.

Para ello necesitaremos varios tipos de peines, que más adelante diré cómo puede fabricárselos uno mismo. Pero ahora pensemos que tenemos en nuestro taller los siguientes peines, ya hechos:

Un peine cuyo largo sea el ancho de la bandeja (ya dijimos que la ideal, para aficionado, era de 56 cm). Y que tenga una separación de 30 mm entre el eje de las púas.

Un peine cuyo largo sea el de la bandeja (que ya dijimos era de 62 cm) y con 30 mm entre ejes de púas.

Un peine con 56 cm de largo y con 10 mm entre ejes de púas.

Un peine con 62 cm de largo y con 10 mm entre ejes de púas.

Un peine con 56 cm de largo y con 5 mm entre ejes de púas.

Un peine con 62 cm de largo y con 5 mm entre ejes de púas.

Para usarlos se parte de lo que hemos llamado dibujo base o plantilla (FIG. 279), a la que haremos ahora una serie de ajustes.

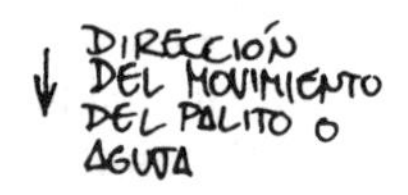

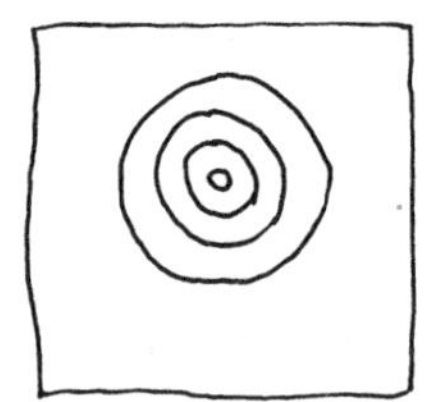

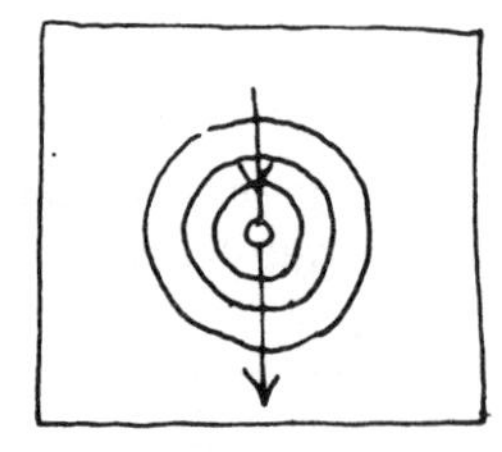

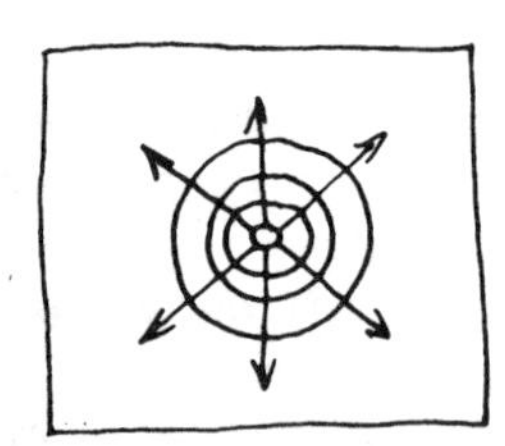

FIGURA 276. Dibujos sobre gotas concéntricas.

Si las eses que habíamos hecho iban todas en sentido vertical, ahora sobre ellas haremos otras en sentido horizontal, y luego otras nuevamenmte en sentido vertical. No nos importe nada lo que vaya manifestándose y que ahora podrá parecernos emborronado.

Ahora tomamos el peine cuyo largo corresponde al ancho de la bandeja (el que entra justo en sentido vertical) y, metiendo las púas del peine dentro de la gelatina, en el borde vertical (es decir, atravesando lo pintado por borroso que nos parezca) lo vamos desplazando, deslizando suavemente las púas sobre lo pintado pero sin hundirlas mucho. Todo esto con continuidad en sentido horizontal.

Veremos cómo toda la superficie forma una serie de ondas de los distintos colores que hemos goteado sobre ella y que hemos alineado después vertical y horizontalmente. Si este dibujo lo pasamos al papel tendremos el tan deseado papel de ondas o de peines.

Si nos paramos a considerar, veremos que los dos dibujos que se explicaron antes (el dibujo de palmas y el dibujo de vaivén) los podemos hacer directamente con los peines de 30 mm de abertura entre ejes de púas. Sólo tendremos que hacer un pase en sentido horizontal y conseguimos el dibujo de palmas: y si desplazamos 1,5 cm hacia arriba o hacia abajo y damos otro pase en sentido contrario, tendremos el dibujo de vaivén de un ancho de 1,5 cm (FIGS. 283 y 284).

Este dibujo de ondas, como se imaginará, puede hacerse con los distintos peines que hemos expuesto al principio; sólo tenemos que preocuparnos de saber que terminamos en horizontal con el palito y que tomamos el peine que entra en sentido horizontal y pasarlo de arriba abajo (en sentido vertical).

Esto lo hacemos con cualquier tamaño de peine. Naturalmente, sobre estos peinados, podemos hacer los dibujos de estrellas, flores, etc., que ya explicamos anteriormente.

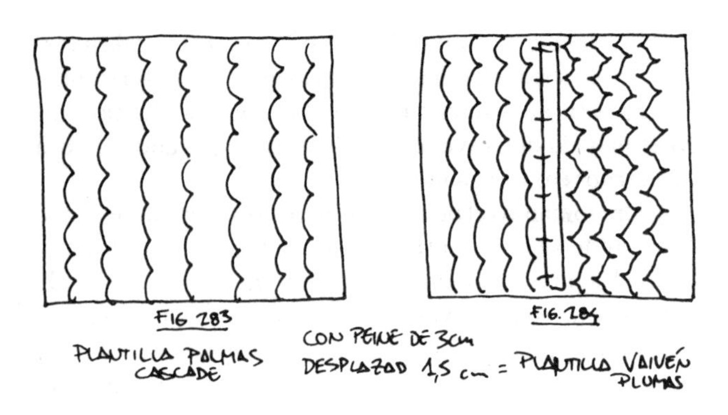

FIGURAS 283 y 284. Dibujos de plumas y palmas con peine.

Pasemos ya a dibujos más complicados, y para ello partiremos de un nuevo dibujo base, de una nueva plantilla que será ahora cualquiera de nuestros dibujos de peines.

Dibujo de espiral

Sobre cualquier dibujo de peine y con la punta de un palito se puede ir haciendo sobre la superficie pintada una serie de espirales de manera que se siga viendo el dibujo de peines y las espirales o la espiral que hayamos dibujado. Se consiguen dibujos muy bonitos, ya que se puede combinar los tamaños de los peines y los tamaños de las espirales.

Si se van a hacer muchos dibujos de espiral, puede prepararse un peine con una separación de 8, 10 ó 12 cm entre las púas y, poniéndolo paralelo al borde de la bandeja, se hace la espiral con una aguja y así saldrán tantas espirales como agujas haya puesto en el peine.

Otros dibujos de gran belleza nos pueden salir con el empleo de un peine de 4 ó 5 cm de separación entre las púas. Si tenemos una plantilla de ondas en horizontal sobre la batea, moviendo el peine despacio de arriba abajo y al mismo tiempo avanzando en el sentido de la onda tendremos una plantilla de **bouquet o ramos**, no con la perfección como se consigue según se explica más adelante pero sí bastante agradable de ver. Según sea la separación o movimiento de arriba abajo, conseguiremos distintos dibujos.

Dibujos cola de pavo real y ramos

Podríamos llamarlos los reyes de los dibujos, por ser los más perfectos y de mayor belleza de los que se conocen hasta ahora.

Cola de pavo real

Para obtener esta belleza necesitamos partir de un dibujo de vaivén o plumas que sea perfecto en cuanto a su realización y a su colorido.

Igualmente, tanto la técnica del empleo del peine especial o rastrillo, como la forma en que se deja caer el papel sobre la bandeja, será importante para conseguir ese especial papel guarda que tanto deseamos.

Para este dibujo se necesitan un par de reglas con un lateral cortado en zigzag de 90° y clavadas sobre una banda de madera chapeada fina, de forma que estas bandas dejen unos 3 cm desde la punta del diente al borde de la banda. Estas bandas se afirman a una determinada altura a los lados de la bandeja donde haremos el dibujo de ondas (FIGS. 285 y 287).

Se necesita también un rastrillo con una forma especial en la colocación de sus púas: este rastrillo terminará en ángulo de 90° saliente por cada lado, de forma que esos ángu-

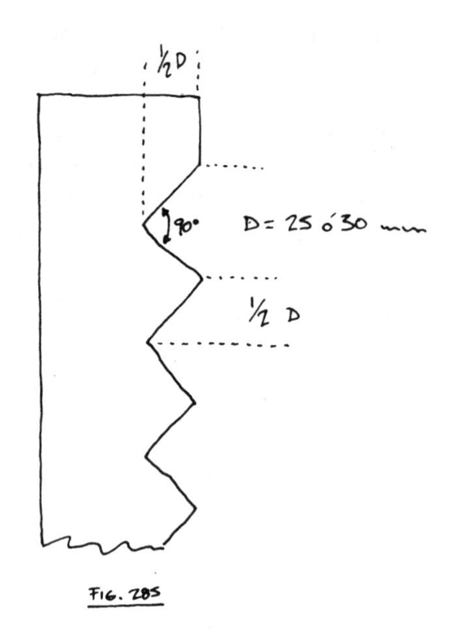

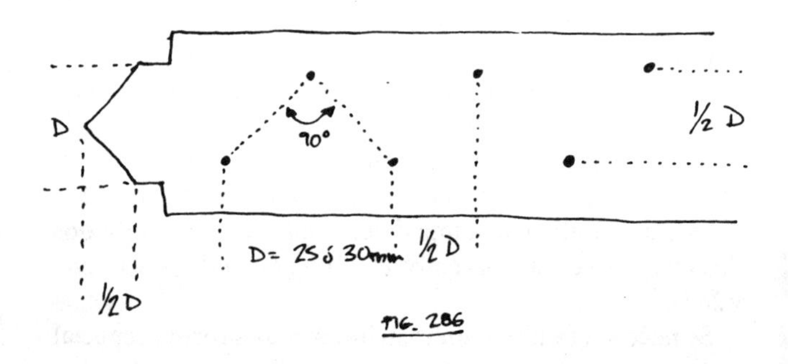

FIGURAS 285 y 286. Construcción de marco y rastrillo peine.

los se ajusten con un entrante y con el saliente opuesto de los dientes del zigzag de las bandas laterales (FIGS. 286 y 288).

El rastrillo tiene una doble hilera de púas. Estas púas de alambre estarán insertadas y dispuestas al tresbolillo. La distancia (FIG. 286) de 25 ó 30 mm es la ideal para conseguir dibujos perfectos. Será idéntica al zigzag de las reglas laterales.

Nos daremos perfectamente cuenta de cómo funciona toda la técnica de pintar cola de pavo real mirando las FIGS. 287 y 288.

Debemos hacer previamente una prueba, sin pintura, sobre la gelatina. Para ello se procede así:

1.° Se ponen las bandas zigzag sin que sus bordes sobrevuelen la bandeja, enfrentados a uno y otro lado de la misma.

2.° Los listones sierra deben quedar de forma que, a cada ángulo diente, se oponga al mismo nivel un ángulo entrante.

3.° La distancia entre cada saliente y el entrante opuesto será exactamente la del largo del rastrillo.

4.° El rastrillo tendrá las púas lo suficientemente largas para que se hundan en la gelatina y así, al deslizarse en vaivén entre los dientes de los listones laterales y sobre las bandas, dibujar en la superficie.

5.° Las púas deben aproximarse hasta los laterales de la bandeja, pero sin tropezar contra ella.

Hecha ya la prueba de que el rastrillo se desplaza fácilmente entre los listones laterales, se puede pasar a pintar una plantilla de peine más o menos estrecho que nos sirva de base para, seguidamente, pintar nuestro papel cola de pavo real.

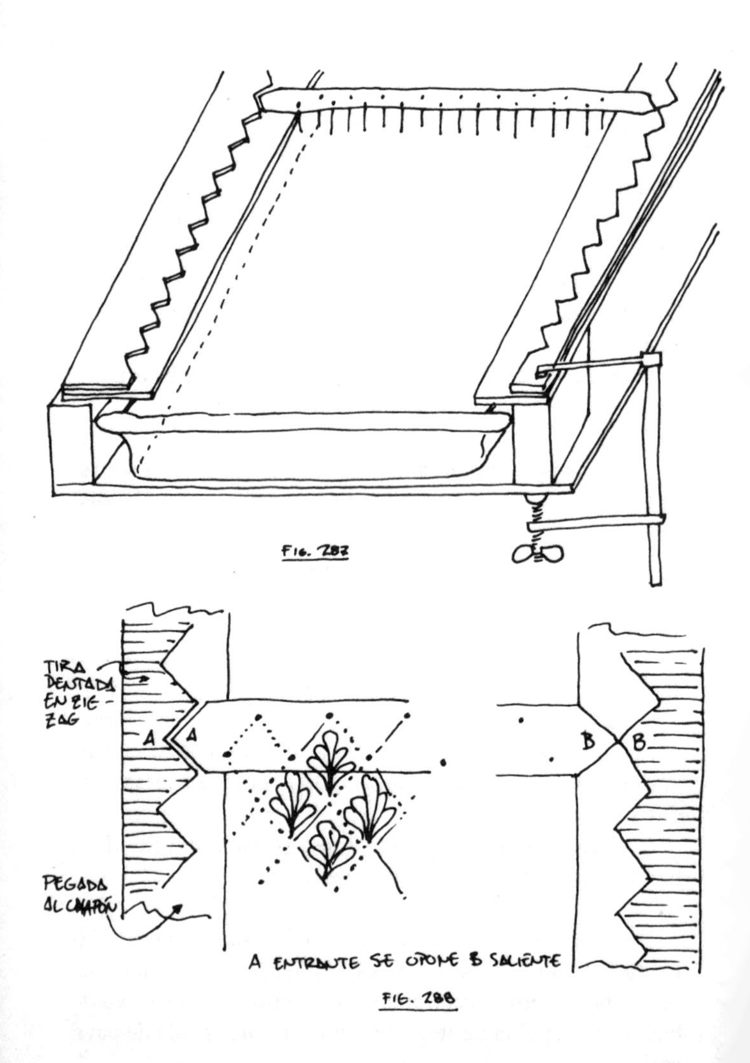

FIGURAS 287 y 288. Colocación y uso de marco y rastrillo.

Ramo

Otro dibujo que podemos hacer con este procedimiento y empleo del rastrillo es partir de una plantilla de ondas o «nonpareil» hecha en sentido vertical en la bandeja, y pasar el rastrillo también en sentido vertical, así conseguiremos el dibujo llamado ramo.

Hoja

Partiendo de la plantilla de «ondas» en sentido vertical y pasando el rastrillo en sentido inverso al que se han hecho las ondas se obtendrá este bonito dibujo.

Ondas aladas

Si tenemos la plantilla de ondas en vertical, y con una aguja trazamos en sentido horizontal ondas anchas y paralelas y a continuación en sentido contrario, también en horizontal, y cruzándose con las ondas ya dibujadas trazamos otras, conseguiremos esta nueva plantilla.

Otros dibujos de jaspe

Estos dibujos se hacen salpicando el color sobre el engrudo o solución de base. Sólo se acostumbra a usar dos o tres colores el rojo, marrón o beige. Esto nos dará un **empedrado**. Con un palito se remueve muy ligeramente. Se pasa el papel.

1.° Si a uno de los colores le añadimos aceite (ya sea de oliva, lino, o de almendras) tendremos que al salpicar, entre los colores, se nos formarán unas venas. A más aceite en el color las venas serán más estrechas. Se pasa un papel.

2.º Si sobre el dibujo empedrado salpicamos una solución de una parte de hiel más diez partes de agua destilada, se nos formará un nuevo empedrado con color blanco. Se pasa un papel.

3.º Hacer el dibujo empedrado con gotas muy chicas. Sobre ellas salpicar aguarrás o símil-aguarrás. Se pasa un papel.

4.º Sobre el empedrado y gota a gota se pueden dejar caer las siguientes composiciones químicas:

a) Disolver albúmina de huevo batida con agua y añadirle algunas gotas de sulfato de cobre. Pasar una hoja de papel.

b) Disolver igual cantidad de potasa, alumbre y sosa en agua caliente, dejar enfriar y gotear sobre el empedrado. Se pasa el papel y tendremos un empedrado llamado «ojo de tigre».

c) Igual que el anterior pero añadiéndole a esa solución un color de los indicados. Obtenemos el «ojo de tigre» en color.

Resumen de un cuadro de control

Cómo controlar la solución base y los colores.

1. Se deja caer una gota de color sobre la gelatina.
2. Bien: Si la gota se expande en un círculo de 2 cm.
3. Mal: Si la gota no se extiende en ese tamaño.
   Hay que añadir algunas gotas de aguarrás al color.
   Si no da resultado, añadir agua a la gelatina, está espesa.
   Una vez hecho, volver a 2.
4. Dejar una gota del 2.º color sobre el anterior.
5. Bien: La gota queda redonda y forma un anillo con el 1.er color.
6. Mal: Si la gota no se extiende.
   Añadir algunas gotas de aguarrás al 2.º color.

8. Mal: Si no queda nada del color 1.º
Añadir algunas gotas de pintura al 1.º de los colores.
9. Mal: Si la gota de pintura se extiende cuando cae en la gelatina y a continuación se contrae.
Esa gelatina está muy fría y hay que calentarla.

Cómo colocar el papel sobre el dibujo hecho en la gelatina

Esto es algo que parece tonto y, sin embargo, cuántos dibujos perfectos se han destruido por un defecto al colocar el papel sobre ese dibujo hecho en la superficie de la gelatina.

Primero tenemos que tener cuidado con el papel.

Ha de ser un poco más pesado del usual, algo así como de 27 ó 32 kilos de peso resma de 70 × 100 cm .

No debe tener señales de arrugas o de doblados.

No debe tener señales húmedas de gotas, que le hayan podido caer tal vez por falta de cuidado al lavar otros dibujos. Donde haya humedad por gotas o por tomar el papel con los dedos mojados no prenderá el color puesto en la bandeja y tendremos allí un lunar o una mancha blanca.

Hemos de actuar con soltura y sin rigidez, seguidamente y sin parar. Naturalmente no se puede quebrar el papel. Acordémonos del sentido bueno del papel y del malo en el que se quiebra, según el entramado de sus fibras en la cinta continua.

¿Cómo se procede?

Puede actuarse de dos maneras:

1.ª Tomando el papel por el centro de los lados pequeños y uniendo ligeramente las manos para que se forme como una bolsa en el centro de la hoja, en forma de U, se van bajando las manos hasta que ese centro toca la gelatina y, entonces, suave y continuamente, se va dejando caer la hoja por los dos lados a la vez hasta que quede descansado sobre el dibujo. Se puede, si es necesario, presionar levemente para que todo el papel haga contacto con el dibujo.

Se debe procurar no manchar la parte del envés con los colores que pueden sobrenadar la hoja por los bordes, pero esto no tiene mayor importancia. Incluso hay quien lo procura como testimonio de un trabajo artesano.

Donde está el peligro es:

En la pompa de aire hecha en la pintura.

En el grumo de un color que no se ha extendido bien.

En los defectos del papel que ya se han explicado.

En que la gelatina esté muy espesa. Esto se traduce, primero en cierta dificultad al hacer el dibujo, y segundo en que al levantar el papel el peso de la gelatina retiene el dibujo y se lleva parte de la pintura. Naturalmente allí queda un espacio en blanco.

Pero el peligro principal está en las bolsas de aire que pueden quedar entre el papel y lo dibujado en la gelatina. Esto se puede reducir evitando las corrientes de aire, ventanas o puertas abiertas, moverse alrededor de la bandeja o los movimientos en ella. Controlado lo anterior hay que proceder con suavidad al depositar la hoja.

2.ª Otra forma de depositar el papel sería la de tomarlo por las esquinas opuestas en diagonal, y depositarlo teniendo cuidado de que las puntas libres caigan en las esquinas de la bandeja.

¿Cómo se levanta?

Se toman las dos puntas del lado corto de la derecha de la bandeja. Con la mano izquierda el más alejado de quien saca el papel y con la mano derecha el más próximo. Se van levantando lentamente pero sin detención y procurando no arrastrar el papel por la superficie de la gelatina.

Lavado

Hemos levantado la hoja después de haberla puesto en contacto con el dibujo de la bandeja, y seguidamente la colocamos sobre una chapa de «formica» o de cualquier otro material impermeable, ligero y que mantenga la hoja extendida y sin arrugas.

Seguidamente se coloca la hoja ya jaspeada y dispuesta sobre esa chapa, bajo un grifo con alcachofa o difusor. Se abre el grifo y veremos que lo que habíamos dibujado en la batea está pintado en el papel, y que el agua del difusor elimina el exceso de pintura, así como el exceso de gelatina que haya quedado pegada al papel.

Hay que tener cuidado con esto. Por dos cosas.

Porque si se arrastra mucha gelatina, quiere decir que la solución está muy espesa. Un poco de agua templada le vendrá bien, la hará más ligera y más fácil de jaspear, y al levantar el siguiente papel se la llevará en menor cantidad.

Y porque, al estar el papel tan cargado de cola, con sólo el agua del grifo no será suficiente para quitársela y tendremos que pasarle una esponja de grano fino para eliminar ese exceso. Mucho cuidado entonces, pues aunque lo pintado permanece sobre el papel, si frotamos muy fuertemente veremos que parte del colorido se va o pierde su brillantez. Esto hace feo y se nota el arrastre en el dibujo, sobre todo al secarse.

Es aconsejable sin embargo que a todas las hojas se les dé suavemente con la esponja fina, y al pasarle la mano nos daremos cuenta de si aún queda cola o ya no. Esto de eliminar la cola es importante, pues al colocar esa hoja guarda seca en el libro, la humedad del engrudo con que se quiere pegar puede activar esos restos de solución base y causar un desastre al pegar cara con cara.

Secado y planchado

Para secar las hojas ya decoradas, si se dispone de mucho espacio, se cuelgan en un sitio aireado con pinzas de tender la ropa, y se espera a que estén secas.

Si no se dispone de mucho sitio, es aconsejable (como ya se dijo antes) hacer con listones de madera unos marcos y unir sus lados opuestos con cuerdas como un tosco enrejado. Sobre esta especie de bastidor, puesto al lado de la mesa, se deposita la hoja jaspeada y lavada, que quedará sobre las cuerdas. Se pone otro marco vacío sobre el anterior y, cuando tengamos la siguiente hoja lista, la colocamos sobre las cuerdas.

Esto nos permite en muy poco espacio montar 8 ó 10 bandejas o las que queramos, con otras tantas hojas decoradas, y dejarlas ahí si no tenemos otro sitio donde poderlas secar.

Una vez tengamos las hojas secas, lo normal es que presenten arrugas, por lo que entonces tendremos que plancharlas.

Para ello lo mejor es calentar una plancha corriente y pasarla por un paño en el que hayamos puesto un poco de cera virgen de abeja. Esto hace que la plancha se deslice muy fácilmente sobre el papel, dejándole un brillo muy vistoso.

Las hojas debemos mantenerlas siempre planas. Quiero decir que perdamos la mala costumbre de enrollarlas (porque inevitablemente el rollo se aplasta y entonces el papel se resquebraja) si es que lo hacíamos así.

Cómo se pueden hacer los peines

Indicaré ahora un procedimiento fácil para colocar una serie de púas o alambres uno junto a otro y a la distancia que elijamos. El tamaño del peine será también decisión nuestra, igual que la distancia entre las púas.

Buscamos una madera contrachapada de buena calidad, de 3 ó 4 mm de grueso y si posible recubierta de «formica» por los dos lados (para su mayor consistencia). Se cortan unas tiras de 3 cm de ancho, pero de forma que la lámina del centro lleve su veta en la misma dirección de esos 3 cm. Véase la FIG. 289.

Se toma una de esas tiras y se corta algo así como 10 cm y, en uno de sus extremos, a 10 mm del final (si el peine que quiere hacerse es de 10 mm entre eje y eje de las púas), se le hace un taladro con una broca de 2 mm de grueso.

Nos procuramos alambre de 2 mm de grueso, y cortamos trozos de 3,5 cm de largo. Cuando tengamos suficientes trozos cortados ponemos uno en el taladro hecho en esa tira pequeña A. Se sitúa esta tira A sobre otra B que se ha elegido para peine, y se apoya por donde no sobresale nada. Por el otro extremo de A sobresale 5 mm de alambre, a esos 5 mm visibles se le da con cuidado de no doblar, con un martillo y se clava en la tira B elegida para peine.

Cuando se tenga clavado se levanta la tira A que ha servido de guía y se deja plantado el alambre que será la primera púa del peine.

Se coloca en el taladro de A otro de los alambres cortados. Se apoya la punta de la tira A en el alambre ya clavado en el peine B (lo cual nos dará la distancia de 10 mm que era nuestra separación entre púas) y se clava como se ha hecho antes.

Se repite esta operación hasta cubrir la distancia de peine deseada. Ahí se para y se corta con la sierra el tamaño que queremos que tenga.

El hacer nosotros el peine tiene la ventaja de que podemos disponer, sin perdida de tiempo, de tantos peines como queramos y con las púas a la distancia que deseamos.

Para hacer el rastrillo especial para el dibujo cola de pavo real, tenemos que decidir el ancho (25 mm, 30 mm o lo que queramos), señalar en la tabla los puntos de los alambres,

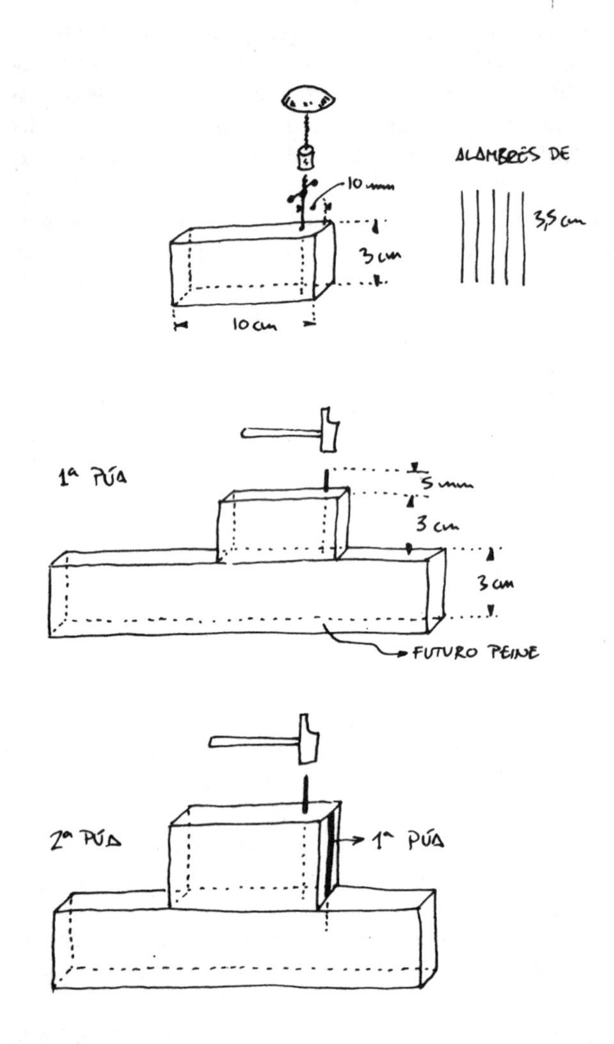

FIGURA 289. Cómo hacer los peines.

hacerle los boquetes con un berbiquí y luego implantar los alambres.

Ya sabemos que esos puntos de los alambres se insertan en la tabla peine al tresbolillo. Si la distancia entre dos púas es de 30 cm, a 15 cm pero más arriba estará el sitio donde irá la nueva púa, ese punto será el lugar donde formen un ángulo de 90° las líneas que salgan de las dos púas ya plantadas.

Los extremos del rastrillo serán en ángulo de 90° y deberán tener la medida del tamaño elegido como separación de las púas. Igual debe ocurrir con el tamaño de los dientes de sierra de los listones laterales, para que encajen las puntas del rastrillo (FIGS. 285 y 286),

Reflexión

Ya he explicado y repetido que el problema para entintar y dibujar sobre gelatina, y hacer unas bellas hojas está en la elección y en la concentración de los colores así como en el equilibrio de la densidad que esos distintos colores han de tener entre sí.

Este equilibrio se puede romper por una gota (de más o de menos) de aguarrás, por la calidad de cualquier otro disolvente empleado, porque la tinta sea de un color o de otro, o de una u otra marca; porque esté más o menos espesa la gelatina, porque ésta tenga más o menos temperatura, porque el agua está más o menos calcificada o clorada (por eso insistí en tratar el agua con «Calgón») por la calidad de la cola de empapelar (que sea metilcelulosa), por la temperatura de la habitación, porque se haya limpiado más o menos veces la superficie de la gelatina, por las corrientes de aire, etc.

El decir todo esto es para evitar el desánimo; hay que ensuciar muchos papeles y tirar muchos a la basura, porque salen mal. Pero cuando un día se haga UNO que salga bien, podrá decirse: valía la pena.

Porque ese papel bien jaspeado demostrará que se puede hacer; que todo es proponérselo y sacar ciencia de la experiencia.

Por ejemplo, puede servirnos pensar que si la gelatina está muy espesa, la gota de color tendrá facilidad para hundirse. Justamente lo contrario de lo que uno se imagina, y sin embargo es lógico ¿Por qué? Porque si la gelatina está muy espesa el color no será capaz de extenderse, ya que tiene que luchar con más fuerza contra la elasticidad y el espesor de la gelatina y entonces se queda en esa gota concentrada y pesada que termina por perforar la capa que la sostiene y que no le ha permitido extenderse. Si se hubiese extendido, el peso hubiese sido menor y hubiese flotado. Por contra, el resultado es que se va al fondo de la bandeja.

Por el contrario, si la solución está muy diluida, demasiado fluida, será difícil hacer los dibujos en ella, porque cada vez que pasamos el palito o la aguja y, lo movemos, nos llevamos detrás de la punta todos los colores, ya que no tienen agarre en la gelatina. Además las mismas gotas se expanden tanto que toda la superficie es una mezcla de colores sin líneas que separen las gotas que pusimos.

Hemos de tener cuidado con la superficie de la gelatina, pues puede darse el caso de que, con los restos de pintura que no se han quitado bien, o después de unas horas de reposo (cuando no hemos trabajado), adquiera una gruesa película elástica sobre la que los colores no se expanden, y muchas veces esa película es de restos de pintura muy bonita a la vista pero que, si se tocan con el palito para dibujar, se quedan pegados a él, arruinándolo todo. Esto hay que evitarlo pasando la banda de papel de periódico sobre la superficie y removiendo la gelatina.

33. Piel teñida. Piel tintada

Hoy día el encuadernador encuentra en las tiendas de su gremio todas las clases de pieles que pueda desear y de todos los colores imaginables.

Pero siempre ha sido una aspiración y deseo del encuadernador teñirse sus propias pieles. Si a este afán de realización le añadimos el hecho de que una piel preparada cuesta el doble que una piel sin teñir aún, comprenderemos que se siga manteniendo la venta de estas pieles, aunque, la verdad sea dicha, cada día son menos los encuadernadores que se proponen teñir sus propias pieles; el equilibrio de los productos químicos es difícil y aunque parezca que el teñido es impecable con el tiempo podemos tener problemas en el deterioro de las pieles del libro ya encuadernado. Éste es el motivo por el que se va perdiendo una artesanía tan nuestra que llegó a dar nombre a una clase de teñido de la piel que se conoce como «pasta española» y otra forma de teñido conocida con el nombre de «jaspeado a la valenciana».

Para aquellos encuadernadores que quieren mantener viva esta tradición o forma de teñir o tintar las pieles, indico aquí de una manera somera, pero confío que eficaz, cómo se pueden hacer estos teñidos.

La piel que se usa para esto es la badana y el zumaque o blanquillo (por su color).

El zumaque ya trae del curtidor una preparación especial para que sea más fácil actuar sobre ella con una serie de productos químicos que trabajan sobre el mordiente y permiten teñirla de distintos colores.

También una buena badana se puede teñir, aunque muchas veces cuesta más trabajo que tome el colorido que se desea, pues la preparación que le dan al curtirla no es tan intensa como la del zumaque. Las badanas suelen ser muy gruesas y poco compactas, y el colorido que se consigue con ellas varía según el tratamiento que le ha dado el curtidor.

Las dos pieles tienen en su curtido ese tratamiento que favorece el que determinados productos químicos hagan variar su color.

Estos productos químicos son:	**Tiñen:**
El sulfato de hierro	a verde - gris - negro.
El bicromato potásico	a beige - marrón.
El ácido pícrico	a amarillo.
La potasa	a violado.
más concentrada	a chocolate.
más todavía	**quema la piel y la raja.**
La sosa	igual que la potasa.
El pirolignito de hierro	igual que el sulfato de hierro.
El percloruro de hierro	igual que el sulfato de hierro.

Veamos también la intervención de los ácidos:

El ácido clorhídrico	**concentrado quema la piel.**
El ácido nítrico	**igual.**
El ácido oxálico	no quema.
El ácido cítrico	no quema.

Los dos primeros se emplean siempre muy diluidos, y después de haberse usado sobre la piel es necesario lavar bien ésta, pues de quedarle un poco de ácido, con sólo la humedad del ambiente que pueda ser absorbida por la piel hace que la veamos cada día más dañada hasta que termina por deshacerse y hacerse polvo. Su uso es poco recomendable.

Además de estos productos químicos citados, existen tintes que se pueden utilizar para cambiar el color de la piel y teñirla en el deseado.

Con los tres colores primarios bien dosificados y el color marrón vivo se consiguen todos los colores imaginables.

Veamos las posibilidades de cada producto químico.

Sulfato de hierro.–Es muy fácil de manejar, y puede teñir desde un verde gris suave a un negro intenso, con la facilidad de la decoloración que le produce el ácido oxálico. (Esta decoloración se produce bien la primera vez; pero si se hace sobre un trozo ya teñido de más tiempo, cuesta más trabajo decolorar.)

La decoloración puede ser controlada dejando unos celajes o difuminados que hacen la piel muy bonita y de buen gusto.

Si sobre esta piel así teñida se pasa una muñequilla mojada en una solución de potasa diluida, tendremos que esa piel, con sus celajes y rameados, toma un color achocolatado más o menos intenso, según cubra un tono más o menos fuerte del color que le había dado el sulfato de hierro.

Los antiguos encuadernadores se hacían cada uno su líquido especial para teñir «pasta española». (En realidad, con lo que se hacen es con una solución de sulfato de hierro.) Pero ellos preferían poner un montón de limaduras de hierro en varios litros de vinagre y medio litro de cerveza y dejarlo sin mover durante 10 ó 12 días, al cabo de los cuales tenían un líquido que, al pasar sobre la badana, la ponían negra, que es lo que ellos querían. Al fin y al cabo es lo mismo.

Bicromato potásico.–Da a la piel un color marrón que se puede intensificar con sucesivas manos del producto, pero que no puede decolorarse con el ácido oxálico.

Se emplea para dar un aspecto de viejo al cuero nuevo.

Ácido pícrico.–Da un color amarillo. Pero si se emplea en una piel ligeramente teñida de gris por el sulfato diluido, se obtendrá un verde amarillo suave.

La potasa.–Hay que manejarla con mucho cuidado, pues ensayada directamente sobre la piel se corre el riesgo de quemarla si la solución está muy concentrada, y cuando una piel está quemada, al secarse se hunde, toma un color marrón brillante y, con muy poco que se empuje o estire, se quiebra y resquebraja. Naturalmente, esa piel ya no sirve para encuadernar.

Sin embargo la potasa, en su concentración adecuada y probada antes en un trozo de piel igual, y dejándola secar para ver el resultado, nos da un color violado oscuro o achocolatado.

Si salpicamos la solución de potasa sobre una piel con manchas de gris o negro de sulfato de hierro, se obtienen unos rameados muy bonitos. Esta piel salpicada se llama «pasta española».

Estos cuatro productos nos pueden dar pieles coloreadas en verde claro, gris, negro, amarillo y marrón.

Estos cinco colores se pueden reforzar con los tintes que ya antes dije y que adquieren mayor viveza cuando se unen a los mordientes.

Voy a exponer cuatro procedimientos de teñido de piel, pero insistiré en que la imaginación y el arte de muchos encuadernadores puede conseguir una serie de combinaciones tan valiosas y tan bellas como las que expongo, y cada uno debe intentar inventar otras nuevas.

Si el encuadernador conoce algo de pintura se puede llegar a pintar con las soluciones químicas sobre una piel de zumaque que ya cubra el libro y que con anterioridad no haya sido tratada por ningún producto ni tinte.

Esto es una experiencia digna de ponerse en práctica, pues una misma solución puede dar varias tonalidades. Hagamos la prueba sobre un trozo.

Estos productos químicos que he indicado se pueden adquirir fácilmente y por ese mismo nombre en cualquier droguería.

Teñir jaspe salpicado

El procedimiento es como sigue:

Se le da a la badana una mano con la clara de un huevo batida con un dedal de vinagre. Se deja secar.

Se le da a la piel seca con una esponja mojada en una solución de sulfato de hierro muy diluido y se deja secar. Luego se le da una mano de potasa diluida en agua (lo que hace que la piel tome un color castaño muy vivo), y se deja secar.

Cuando esté seco, se repite la operación con clara de huevo y se deja secar.

Se toma una brocha o un haz de palmitos, se moja en una solución muy diluida de ácido nítrico, se quita el exceso de líquido de la brocha y se raspa sobre ella o se golpea el haz para conseguir que caigan diminutas gotas sobre la piel. Esas gotitas que caen toman un color amarillo.

Hay que tener mucho cuidado cuando se gotea esta solución de ácido, pues si ese salpicado se hace desde muy alto, corremos el riesgo de alcanzar a cualquier otra cosa que tengamos alrededor. Pensemos que es un ácido y que va a corroer donde caiga, si es que no lo podemos lavar enseguida.

Se deja caer, de forma que lo reciba toda la superficie de la piel y se cubra de gotitas. A continuación se enjuaga bien la piel, para eliminar lo que queda de ácido, y cuando esté seca ya tenemos la piel dispuesta para cubrir el libro.

Vuelvo a insistir en enjuagar bien pues, de no hacerlo, con el tiempo y el libro en una estantería, cualquier cambio en la humedad del ambiente hace que el ácido que pueda haber quedado en la piel (el que cayó con las gotitas) empiece a actuar y termine corroyendo la piel y haciéndole pequeños agujeros.

Personalmente he visto un libro encuadernado, en el que se empleó esta forma de teñir, pero el encuadernador no debió tener la precaución de lavar bien la piel, porque daba pena ver el libro: parecía un colador. Hasta en algunos puntos se veía el cartón.

Pasta española

Sobre el blanquillo o zumaque, que es la piel sobre la que se hace la pasta española, damos una mano de clara de huevo (ya sabemos cómo se prepara) y la dejamos secar.

Se disponen tres palanganas pequeñas, una con agua, otra con la solución de sulfato de hierro y la tercera con una solución de potasa diluida.

Se sujeta la piel a un tablero de madera con unas chinchetas o por cualquier otro procedimiento.

Se inclina ligeramente el tablero con la piel. Se moja la brocha en agua y se sacude o se golpea con un palo, para que caigan gruesas gotas sobre la piel, que se quedarán sin penetrar en ella gracias a la clara de huevo, pero que no se muevan todavía (para ello, que el tablero no esté muy inclinado).

Rápidamente se sacude el cepillo mojado en la solución de sulfato de hierro para que caiga fino y por igual en toda la piel. Si las gotas de agua no se han empezado a mover, hay que echar más gotas o inclinar un poco el tablero. Se debe gotear también la solución de potasa diluida.

Al correr las gotas sobre la piel se irá formando un rameado, que se puede dirigir con sólo inclinar de un lado a otro el tablero y la piel.

Así quedará con mayor o menor intensidad, según vaya encontrando más o menos agua, y por lo tanto manchará más o menos concentrado.

Estos rameados son lo característico de la pasta española.

Jaspeado a la valenciana

La badana y el zumaque se pueden tratar para conseguir el jaspeado en color, lo que hace tan vistoso en muchas encuadernaciones.

Voy a indicar cómo se hace con los mordientes químicos.

Un encuadernador que pretenda hacer 3 ó 4 libros a plena piel y que quiera teñir estas pieles a la valenciana, tiene que empezar por cortar de la piel un poco más de lo corriente: se recomienda unos 2,5 cm de más por todo el contorno. Al ser trozos más pequeños, y no la piel entera, son más fáciles de manejar durante la operación.

Luego, una vez seca la piel, hay que tener la precaución de revisar las medidas, pues ya sabemos que las pieles encogen. (Por eso se le dio un poco más de tamaño.)

Se debe escoger una piel fina, pues una gruesa haría muy difícil el proceso que se va a seguir.

Para empezar se debe mojar la piel entera, sumergiéndola en un cubo con agua. Se saca y se estira sobre un tablero de «formica», pasándole una plegadera de canto y exprimiendo el exceso de agua. No es necesario dejarla seca, pues una cierta humedad es conveniente.

Sobre este mismo tablero y con la piel extendida, con la punta de los dedos se la va arrugando y doblándola en repliegues. Se debe uno ayudar con la punta de una plegadera pero teniendo cuidado de no pinchar la piel.

Todas estas arrugas que se van haciendo, cuanto más pequeñas sean, mejor; pero cuidando de que tengan cierta profundidad. Cuando toda la piel esté arrugada, se apelotona y se sujeta esa bola alrededor con una cuerda para que esas arrugas no se pierdan, quedando así la piel con un gran parecido a una sesada o a una gran nuez desprovista de cáscara.

Se pasa sobre esa pelota un pincel mojado en agua, inundando sus repliegues. Entrará más agua en las arrugas y menos en donde está más apretado. Entonces, rápidamente, se pasa sobre la piel el pincel mojado en sulfato de hierro haciendo que la solución se mezcle con el agua depositada en las arrugas. Naturalmente en los sitios con más agua pierde concentración y por lo tanto no mancha la piel con tanta intensidad, haciendo un degradado muy agradable, desde el color fuerte donde no había agua y el tinte sólo ha tocado, hasta el fondo de la arruga donde no ha podido llegar el tinte porque la presión de la cuerda y el agua lo ha impedido.

Cuando se considere suficientemente oscuro, rápidamente se quita la cuerda de alrededor de la pelota y se sumerge toda la piel en un cubo con agua, donde se enjuaga. Se extiende de nuevo sobre el tablero y a partir de este momento se pueden seguir dos caminos:

Primero.–Se toma una esponja o brocha mojada en la solución de potasa y rápidamente y por igual se le da una mano a toda la piel extendida. Veremos que la piel toma un color que va desde el violeta oscuro, morado, granate, castaño, a más o menos oscuro, según esté de concentrada la solución de potasa. Se recomienda que esté diluida, pues poner la piel de un color más oscuro, siempre se podrá hacer, pero lo que no se puede es quitar la quemadura de la piel si está demasiado concentrada la solución por un exceso de potasa.

Segundo.–Se pasa la plegadera y se elimina de la piel todo lo que se pueda de agua. Entonces se vuelve a apelotonar con sus repliegues, es decir, se vuelve a hacer la «sesada» y se sujeta con la cuerda.

No nos preocupemos si en las partes altas de la «sesada» se ve mucha parte oscura o, por el contrario, se ve sólo claro o mezclado: olvidémonos de eso.

Como antes, con un pincel, se pone agua para que se llenen esos repliegues, y luego, con la brocha mojada en la solución de potasa, se pasa por toda la pelota hasta que se vea toda ella de color castaño o violeta, y antes de que se pueda quemar se quita la cuerda y se enjuaga rápidamente en el cubo de agua.

Después se pone bajo el grifo para que no quede ni rastro de potasa, se estruja ligeramente la piel y se vuelve a enjuagar.

Se pone a secar, si es que el dibujo que ha quedado sobre la piel nos agrada. Porque, si no es así, podemos volver a empezar dirigiendo las arrugas a los sitios donde no se había manchado la piel, o donde tenía menos color o donde no nos gustaba como había quedado.

Caso de que nos quede un dibujo muy manchado de negro, podemos, si queremos, decolorarlo con ácido oxálico, o bien goteándolo, o pasando una esponja por la piel apelotonada. También, si queremos, podemos hacer actuar una solución de jugo de limón, que con un pincel colocamos sobre una tela de alambre y, por medio de un cepillo que raspe esa tela, depositaremos un sinfín de gotas sobre la piel, que quedará decolorada en esos puntos.

La piel lavada y enjuagada se cuelga y se deja secar. Una vez seca, veremos sobre la piel unos salpicados y rameados a tres colores que, si están bien definidos, quedarán estupendos.

Imitación raíz de sabina

Es una forma especial de jaspear, que imita el veteado de la raíz de sabina tan usado en ebanistería.

Dentro de su sencillez, exige rapidez en la ejecución y un poco de destreza y cuidado. Es decir, que no podemos pararnos a leer lo que vayamos a hacer, sino que lo tenemos que aprender y recordar para que, cuando lo estemos haciendo, sepamos lo que viene a continuación. El motivo es que los productos que se emplean son terriblemente fuertes, y cualquier error nos cuesta el quemar la piel. Sin embargo, si lo conseguimos hacer, nos encontraremos con una piel teñida de un bonito color caramelo y amarillo, y reconoceremos lo fácil que es.

Se utilizan potasa, bicromato potásico, ácido oxálico y ácido clorhídrico.

Con los que hemos de tener cuidado son la potasa y ácido clorhídrico, que son los que nos pueden dar el disgusto.

Se prueba primero en un trozo o recorte de badana la fuerza de la solución de potasa y la del ácido clorhídrico que se van a emplear. Si cortan la piel hay que diluirlas, y seguir probando hasta que se vea que ya no hay peligro. Entonces, se toma ya la piel buena.

Mejor todavía es proceder inversamente; en un pedazo de badana se empieza a ensayar con una solución más floja de la que creemos que nos sirve. Se sigue todo el proceso y se deja secar. Con la piel ya seca veremos qué tal nos ha salido y la fuerza que tiene cada una de las soluciones probadas.

PROCESO.

1.° Se pasa por toda la piel un hisopo de algodón mojado en la solución de potasa. La piel tomará un color marrón rojizo.

2.° Se pasa por toda la piel una brocha mojada en agua destilada hasta que quede una gran capa de agua estancada sobre toda la badana.

3.° Con un pulverizador se arroja bicromato potásico concentrado sobre la piel que tiene el agua estancada. Puede servir cualquier pulverizador de los de la limpieza que queden vacíos en casa.

4.° Rápidamente se salpica con un pincel de pelo duro que deje caer gotas gruesas de una solución ya preparada, compuesta por una mitad de ácido clorhídrico y una mitad de ácido oxálico.

Atención.–La mezcla de estos dos ácidos se hará al aire libre. Se echa en un vaso limpio una cantidad del tarro de ácido clorhídrico y otra cantidad igual del tarro de ácido oxálico. **Nunca de tarro a tarro.**

En el momento en que caen las gotas de este preparado sobre la piel protegida por el agua se produce una mezcla de soluciones que actúa sobre la piel, formando un rameado como de vetas y raíces, sorprendente por lo bello y por lo inesperado. Se deja que actúe cierto tiempo, hasta que ese rameado quede fijo sobre la piel.

Todas estas sucesivas operaciones, hechas rápidamente y sin transición desde el principio hasta el final, y observando exactamente los puntos indicados, nos llevarán siempre a obtener esta «raíz de sabina» en tono marrón rojizo con veteado amarillo.

Es tan sencillo que con 3 ó 4 recortes de badana que tiñamos como prueba, basta para obtener resultados perfectos.

Exhortación

Hay otros muchos procedimientos para teñir pieles, pero sólo he indicado éstos, como los más usados por los encuadernadores.

Cualquier libro del siglo XIX sobre encuadernación, expone con detalle cómo debe procederse para tal o cual color. Pero creo que cada siglo trae su enseñanza y que somos los encuadernadores de ahora quienes tenemos que buscar nuevas formas de teñir o pintar pieles, para luego cubrir con ellas nuestros libros.

Como sugerencia, pienso sería interesante profundizar en el jaspeado sobre piel según la técnica de los papeles de guardas.

Recordemos también que si se toma un trozo de paño y se recorta en él una silueta más o menos grande, y se moja en cualquier tinte, se puede estampillar repetidamente su dibujo sobre la piel. Dicho dibujo se puede perfilar con la paleta caliente o con oro.

34. Mosaicos en piel

Introducción

Decorar las tapas de un libro con un dibujo hecho con trozos de piel, es decir con un «mosaico en piel», es un conocimiento si no muy corriente en encuadernación, sí necesario y conveniente por si en alguna ocasión se desea practicarlo y realizar un libro con esta técnica.

Por eso a continuación voy a exponer las distintas formas de hacerlo, pero bien entendido que la práctica será la mejor maestra y la que mejor nos irá enseñando.

Formas de trabajo

Pero: ¿Qué es el mosaico?

Es el resultado de recortar en profundidad con una cuchilla en punta uno o varios trozos de la piel pequeños o grandes, y sustituirlos por otros del mismo tamaño pero de pieles de otro color, para que compongan un determinado dibujo. Esta nueva piel se incrusta y se pega en el sitio de la que se ha quitado, quedando por lo tanto a su mismo nivel.

O bien superponer a esa piel, firmemente adheridos, unos trozos de pieles de otro color.

Como se comprenderá, jugando con las formas y coloridos de las pieles se pueden hacer los planos del libro con figuras y dibujos, hasta conseguir unas tapas muy atractivas. Y si a esto se le añade el recuadro y los bordes dorados, el conjunto será de gran belleza y un libro de lujo.

Pero antes de seguir es bueno saber que los mosaicos de una tapa se pueden hacer de varias formas:

1.° Con todo el mosaico al mismo nivel.

2.° Con el mosaico a distintos niveles (haciendo como un hundido en el cartón).

Tanto en el 1.° como en el 2.° casos se pueden utilizar:

A. Mosaico recortado en profundidad.

B. Mosaico que se recorta de trozos de tejuelo y se pega sobre el plano haciendo un «colage».

Caso A. El mosaico hecho en trozos de piel de distintos colores y clases, pero del mismo grueso que la piel utilizada para cubrir el libro, esto es una incrustación en piel.

Naturalmente lo bueno y perfecto es cubrir el libro con marroquí y hacer todo el mosaico también en piel marroquí de distintos colores pero que tengan el mismo grano y el mismo grueso.

Si por circunstancias las pieles tienen distintos gruesos, se hace lo siguiente.

Si la piel que se va a incrustar es más gruesa, habrá que chiflarla antes de cortar, para dejarla a la misma altura. Y si la piel es más fina, se le pegará una cartulina para suplementarla y que tenga el mismo grueso. Luego el recorte se pone embutido, quedando al mismo nivel.

Que se puede hacer de distintas pieles, ¡desde luego! Al fin y al cabo, el mosaico con piel es una especie de «colage» y, como en él, se pueden hacer las combinaciones y recortes buscando la figura deseada y que luego se va a pegar en la tapa.

Caso B. La otra forma de hacer mosaico es sin cortar la piel que cubre el plano, ¿cómo?

Utilizando las pieles finas que se usan para tejuelos, se pueden recortar los dibujos de las piezas y luego pegarlas sobre la piel del plano.

Como puede suponerse, tanto en el procedimiento 1.º como en el 2.º se puede utilizar la técnica A) o la B), o mezclarlas.

La libertad no tiene límites. El límite está en la belleza y en la solidez de la obra acabada.

La solidez del mosaico se basa en la cola empleada para que, una vez seca, quede todo hecho una pieza y no pueda en ningún momento despegarse y por lo tanto que se deshaga todo el taraceado.

Vamos a ver las colas que se emplean.

El engrudo. Es el hecho por nosotros mismos con la receta y en las proporciones ya dichas, o el engrudo sintético comprado en las tiendas del gremio. Es el mejor que se puede utilizar, en el sentido de que agarra bien y no hay problemas de que manche las pieles delicadas y de colores claros.

La cola blanca o acetato de polivinilo. Algunas veces el engrudo nos da la sorpresa de que no pega lo suficiente y las esquinas se sueltan. Entonces debemos emplear la cola blanca con la seguridad de que ese desprendimiento no nos sucederá.

Si se desea, se pueden mezclar. Esto nos dará una cola que tarda en encolar pero que es más fuerte que el engrudo.

La cola de caucho. Esta cola es muy buena, pero tiene el inconveniente de que, al no penetrar en la piel (pues forma una capa muy delgada en la superficie de la misma), si no ha cogido en algún sitio se despegará por ahí.

Por otra parte hay que encolar por los dos lados, así es que si no tenemos cuidado y se nos dobla, se pegará ese doblez y será difícil soltarlo, si es que se puede. Otro problema es el ajuste, pues especialmente las piezas pequeñas, si se apoyan en algún sitio con cola, se pegan tanto que no hay forma de despegarlas y si ése no es su sitio, vaya problema.

Para grandes piezas es la mejor cola, por ser la más flexible y la que con más solidez una dos pieles finas. Se utiliza en las charnelas y en los lomos.

En el mercado se encuentra en tubos bajo distintos nombres comerciales.

Por regla general es aconsejable probar con toda clase de colas y también con las mezclas de ellas. Debe probarse el encolado de piel y tejuelo, y de piel y cartón, para conocer el agarre de ellos.

Debe tenerse cuidado, pues muchas veces un tipo determinado de cola química nueva, o una mezcla nueva, o una cola no conocida, puede, al cabo de cierto número de meses, producir una mancha en la piel; y si esta piel es clara, se notará más.

Taracea o incrustación

Pero veamos cómo tiene que procederse para hacer un mosaico según el caso A), pues en los tipos 1.º y 2.º (con uno o varios niveles en el cartón), se puede proceder del mismo modo.

Si tenemos prensa de dorar o volante.

Lo ideal sería hacer una copia del dibujo que vamos a pasar a mosaico sobre el libro y encargar que nos hagan de él un cliché de fotograbado.

Esa chapa de fotograbado la colocamos sobre la pretina de la prensa de dorar o volante y marcamos ese dibujo en el plano del libro y en el lugar donde irá nuestro mosaico. Esto nos dará una impresión más o menos señalada del dibujo, con los perfiles de las distintas líneas de separación de las pieles.

Igualmente con la prensa y sobre cada una de las pieles

que van a ir insertadas en el mosaico, haremos una impresión. Esto nos dará una serie de futuras piezas una vez cortadas con la punta, que serán exactamente iguales a las de la impresión del plano.

Y para mayor seguridad en la inamovilidad de las piezas que cortemos en la piel de cada color, en la parte de la carnaza le pegaremos un papel fino y fuerte que nos inmovilice estas piezas una vez cortadas.

Si no tenemos prensa de dorar o volante.

Lo primero que ha de hacerse es un calco en papel fino del dibujo que se vaya a realizar en el plano del libro. Luego se fija ese calco con cinta adhesiva a la piel del libro en el plano y se señalan con la plegadera las líneas y los puntos claves del dibujo. Después se rehace el dibujo en el libro.

Con la punta del bisturí mantenido verticalmente sobre la piel del plano, suavemente pero con un trazo seguido se corta por la señal hecha. La punta llegará al cartón y, si no se puede cortar de una vez, no se intentará conseguir más. Más vale repetir varias veces sobre el mismo corte.

Cuando ya esté todo el trozo cortado, se arranca del cartón cuidando de no llevarse con la piel láminas del mismo. Si esto nos sucede, hay que procurar rellenar ese vacío de forma que, cuando se ponga el trozo de mosaico, ese trozo sea unos milímetros más grueso que la primitiva piel, porque luego al prensar entre láminas de metal estos milímetros desaparecen quedando todo al mismo nivel. Lo difícil de arreglar sería el caso contrario: que el trozo incrustado quedara más bajo que la primitiva piel del libro.

Se toma la piel que va a cubrir ese hueco, y se le pega por detrás un papel fino y fuerte que le impida deformarse.

Cuando se tenga ya hecho el hueco, hay que ver si el calco coincide exactamente sobre él. Si es así, se señala con la punta de la plegadera el contorno de la pieza, y se corta.

Se prueba si el trozo entra en el hueco hecho en la tapa, y si lo hace sin arrugas ni deformaciones.

Prensa.

Si es así:

1.° Ver si el trozo que se va a incrustar es ligeramente más grueso. Si no lo es, suplementarlo.

2.° Los cortes o bordes hechos en el cuero sobre el que se va a hacer la incrustación se teñirán del color más parecido al de la piel que se incrusta y no quedarán claros o huecos entre las dos pieles, por el riesgo de que la piel encoja y se vea el color del corte más claro, si es que no se ha teñido.

3.° La cola se pondrá sobre el cartón que ha quedado al descubierto en la tapa y también en los bordes que han sido teñidos.

Se espera a que la cola se ponga espesa y agarre. Entonces, y sólo entonces, se incrustará el pedazo recortado en el otro color. Se tantea con los dedos y seguidamente se apretará la piel contra el cartón con la palma de la mano. Después, con un trapo de algodón humedecido, se limpiarán bien las uniones y todo rastro de cola que pueda quedar.

4.° Se deja bajo peso durante 12 horas y luego se mete en prensa con una hoja de papel blanco sobre lo incrustado, y luego chapas de metal, y los tableros de madera. Se aprieta y se deja secar.

Mosaico «colage» en piel

Esta forma de proceder tiene sus ventajas y sus inconvenientes.

Sus ventajas, porque el plano del libro no pierde fuerza al no recortarse la piel que lo cubre.

Sus inconvenientes son los derivados de que, por hacerse el mosaico con trozos muy finos de piel, hay posibilidades de que ese trozo tan fino se despegue. Y que al ser un trozo que se sobrepone a la piel que ya cubre el libro, quedará un poco de realce, lo que hace bonito pero, si ese trozo no está bien pegado, puede saltar fácilmente, pues sufre mayor roce que si está todo a nivel.

Veamos cómo tiene que procederse:

1.° Se hace la elección del dibujo y se traza sobre un papel seda o semejante, se separan los trozos de piel del tejuelo que se van a usar y, poco más o menos, en otro papel se pintan en colores similares a como va a quedar el libro.

2.° Si nos gusta y queda bien, se pasa al plano del libro. Se señala con una plegadera o un trazador, sin que la piel se rasgue o se arañe.

3.° Búsquese un raspador, como los aconsejados para deshacer los cuadernillos de los libros cuando se preparan para coser, y sin salirse del límite del trozo que se va a pegar, se raspa y se levanta la flor de la piel. Cuidado con raspar trozos de piel fuera de los límites marcados.

No es necesario que la piel raspada quede más baja que la sin raspar.

4.° Si la piel es lisa no hay que tocar; pero si tiene grano profundo o cualquier tipo de impresión, hay que plancharla y dejarla lisa. Para ello se usan los mismos utensilios que para trabajar el cuero. Si es preciso se puede humedecer un poco, con cuidado si las herramientas son de hierro, pues con la humedad pueden manchar de óxido la piel.

5.° Se toma el papel con el dibujo y se coloca sobre el trozo de tejuelo para que la pieza cubra ese trozo, que será del color correspondiente.

Se sujeta por detrás con cinta adhesiva.

Se coloca sobre una chapa de cinc y, con la punta en vertical, se cortan el trozo de papel de seda y el tejuelo, sin apretar ni rasgar. Cuando esté separado el recorte del tejuelo, ver si encaja en el sitio correspondiente de la tapa del libro.

6.° Comprobar si los bordes del recorte del tejuelo hacen escalón, en cuyo caso hay que rebajar ese filo con la chifla o con la lengüeta y dejar esos bordes sin resalte alguno.

7.° Se prepara para pegar toda la piel que se va a cubrir: se da cola blanca a los dos trozos (el del libro y el del tejuelo), se deja secar un poco, luego se toma el tejuelo con unas pinzas y se coloca en su sitio justo. (Hay que acertar a la primera por que es difícil rectificar.) Cuando esté en su sitio, con un palito que termine en plano se va apretando todo el borde para que no quede al aire nada de él, y con los dedos se aprietan los trozos más grandes.

8.º Repasar si está todo bien pegado y continuar con otro trozo.

Cada vez que se pega uno, revisar su posición y su encaje con el anterior.

9.º Cuando todas las piezas del mosaico estén puestas, revisadas y con sus bordes pegados, se toma una paleta filete pequeña, de 2,50 cm de largo y lo más fina posible, se calienta, pero sólo hasta templarla, y se va apretando en las uniones de las piezas, pero con cuidado de no apretar mucho, pues hay peligro de cortar la piel. Si la paleta que se tiene en mano es muy grande, es conveniente hacerse con otra más pequeña.

La presión se va haciendo poco a poco hasta que todas las piezas del mosaico queden con un bonito bombeado por todos sus bordes.

10.º Se deja secar y, a las 12 horas, se mete en prensa, cuidando de cubrir el mosaico recién hecho con una hoja de papel blanco y sobre ella se colocan las chapas de metal, plástico o varias hojas de revistas y luego un tablero de madera.

Se aprieta y se deja dos días hasta que seque completamente.

11.º Se saca y, si ha perdido el perfilado que se le dio con la paleta filete, se le vuelve a dar.

Aquí cabe:

Hacerlo sólo en gofrado o hacerlo en oro.

Todo depende de la riqueza que se le quiera dar a la encuadernación.

12.º Se revisa todo y se le da una limpieza completa. Para ello véase el cap. 20.

35. Estuches

Las encuadernaciones «a todo lujo», a piel entera, cantos dorados, y sumamente cuidadas, exigen como broche final la protección de la obra hecha, por medio de un estuche.

Estuche que, para estar acorde con el libro que va a recibir, debe tener los cartones finos, los bordes protegidos de cuero y todo él forrado de papel terciopelo o de papel claro o de piel tejuelo color beige, que no pueda manchar la piel dorada de los planos del libro. El exterior irá de acuerdo con los colores y ornamentación que lleva el libro.

¿Cómo se monta este estuche?

1.° Hay que cortar dos planos de cartón del n.° 12 del tamaño del libro, más 2 cm todo alrededor. Los cartones del fondo, cabeza y pie serán del n.° 16 o del n.° 18, que también se cortarán 2 cm más.

2.° Cortar el papel con el que se va a forrar por dentro. Si es papel terciopelo, es mejor dar la cola al cartón y pegar el papel sobre el cartón, sin apretar mucho y siempre con un paño de por medio. Dejarlos secar bajo peso.

3.º Si sobra forro por los lados, cortar al ras cuando estén secos.

4.º Cortar en la cizalla uno de los lados altos, y marcar esa recta.

5.º Colocar ese lado recto en la línea de bisagra del plano del libro. Con lápiz, marcar en el plano dónde llega el borde del cartón del libro en el corte delantero (FIG. 290).

6.º Llevar ese plano a la cizalla y colocar las marcas donde está el corte. Mover el tope de atrás C aflojando el tornillo de sujeción C' para ver si están paralelas a esas marcas.

7.º Pisar el pedal de la prensa de cartón E, aflojar el tornillo C' y colocar entre el tope de atrás C y el borde del cartón sujeto A y de pie, el cartón cortado para el fondo del estuche B. En esta situación, apretar el tornillo de fondo C'. Una vez firme, se levanta el pedal de la prensa E que sujeta el cartón A y se empuja hasta el tope. Así con esta nueva medida se cortan los dos planos.

Si se miran los dibujos nos daremos perfecta cuenta de cómo se debe proceder (FIG. 291).

8.º Cortar a escuadra la cabeza de los dos planos.

9.º Con igual procedimiento que se ha dado el corte delantero, le daremos el corte al pie de los dos planos. Para ello colocaremos los dos cartones (el de cabeza y el de pie) como suplemento a la medida del plano.

10.º Para medir el grueso del libro, y así conocer el hueco del estuche, lo colocaremos sobre la cizalla. Véase la FIG. 292, donde:

A es el plano.

B el cartón de fondo que se coloca sobre A.

C es el libro que, por el lado del lomo, se señala en el cartón de fondo en E.

11.º Se coloca la señal en el corte de la guillotina, y se pone la línea de fondo paralela (dándole 2 mm de más, para facilitar la entrada del libro) y se fija esa medida. Se corta.

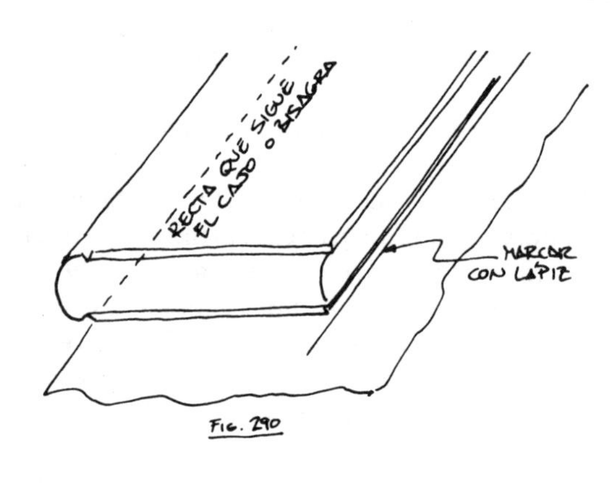

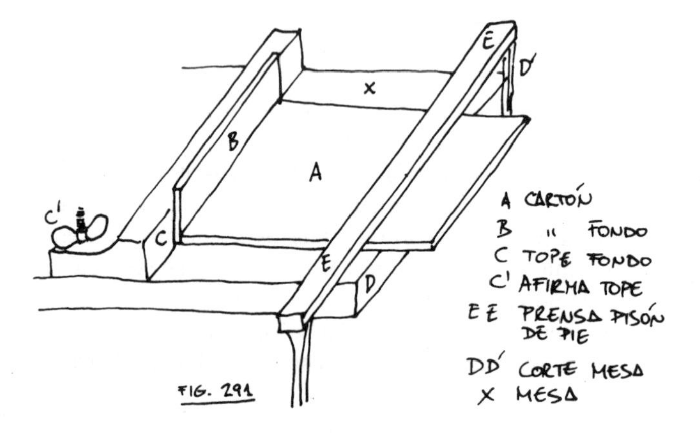

FIGURAS 290 y 291. Estuches. Cómo cortar los planos.

12.º A esa misma distancia se da el corte en el cartón de cabeza y en el de pie.

13.º Al cartón de fondo que ya tiene la línea paralela del grueso del volumen más 2 mm de juego hay que cortar a escuadra un lado, el A B, medir a partir de ahí el alto de los planos, marcar y cortar por C D (FIG. 293).

14.° Los lados, cabeza y pie se cortan a escuadra por un lado, A B, y el otro se cortará de acuerdo con el redondeo del libro.

15.° Este redondeo anterior se señala como se ve en la figura. Todo el montaje del estuche irá como ahí se indica para los lados, cabeza y pie, y el corte delantero se señala según el lomo del libro.

16.° Se toma el libro y se coloca sobre el cartón de pie y se señala la vuelta de redondeo. Se hace lo mismo con la cabeza, siempre con 2 mm de más (FIG. 294).

Cortar con la chifla y lijar para dar la forma, presentar y rectificar.

17.° Como se verá en la figura, a los planos del estuche hay que lijarles los bordes de fuera para darles un poco de suavidad a la salida del libro y que no se encuentre un canto a escuadra.

18.° Una vez lijado, se corta una escartivana de cuero de tejuelo y se coloca cuidando que, sobre el plano de dentro que ya está forrado, vaya el cuero sobre el forro y paralelo a la línea del borde a 1 cm. Cuidar que vaya bien pegado, frotarlo suficientemente.

19.° A uno de los planos se le pondrá una cinta, cuyo largo será el que se indica (FIG. 295). Se da la vuelta al estuche, se sujeta en un corte hecho en la tapa con un formón del ancho de la cinta, y se rebaja por fuera un trozo de 1 cm donde va a ir incrustada, para que no sobresalga. (Cuidar este detalle.) La cinta no se pone hasta que los dos lados no estén pegados y quede protegida por lo tanto de la posible suciedad.

20.° Para los bordes redondeados de los cartones de arriba y abajo, hay que cortar unos trozos de tejuelo que cubran de lado a lado (FIG. 296) en A y bastante del plano. El lado de dentro quedará como se ve en B, y por el lado de fuera que-

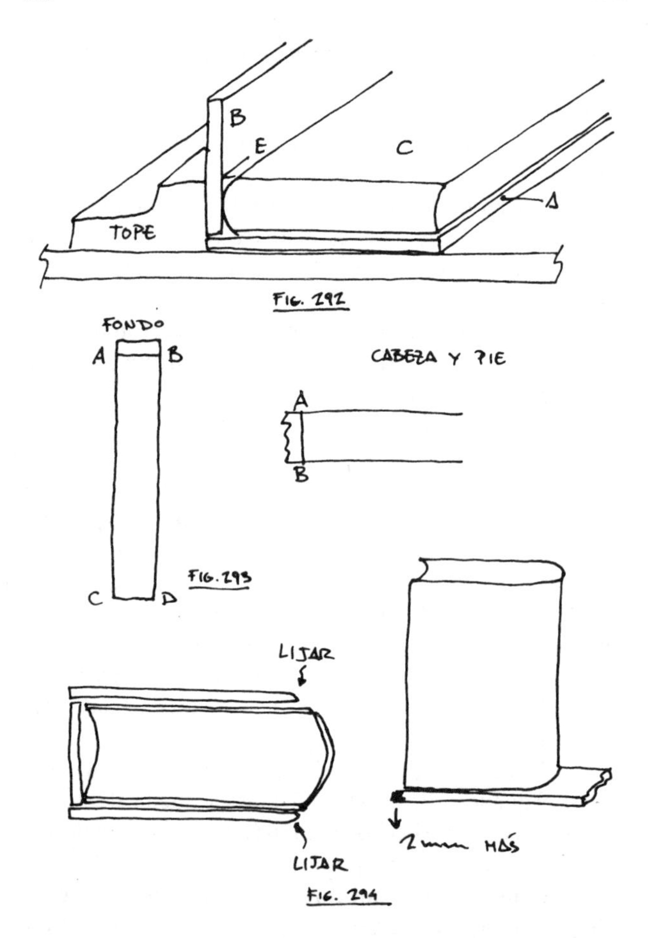

FIGURAS 292, 293 y 294. Estuches. Cómo cortar fondo, cabeza y pie.

dará fruncido. Cortar si es preciso el exceso de cuero y martillear.

21.° Hay que procurarse varios alambres de presión redondos para la operación de pegar el estuche (FIG. 297).

Encolar, con cola blanca espesa y en poca cantidad, los bordes de los cartones pequeños.

A. EL FONDO. Sujetar un plano bajo dos tableros en el borde de la mesa. Colocar sobre los dos tableros el otro plano. Y al borde de los dos colocar el fondo encolado. Sujetar con los alambres (FIGS. 297 y 298).

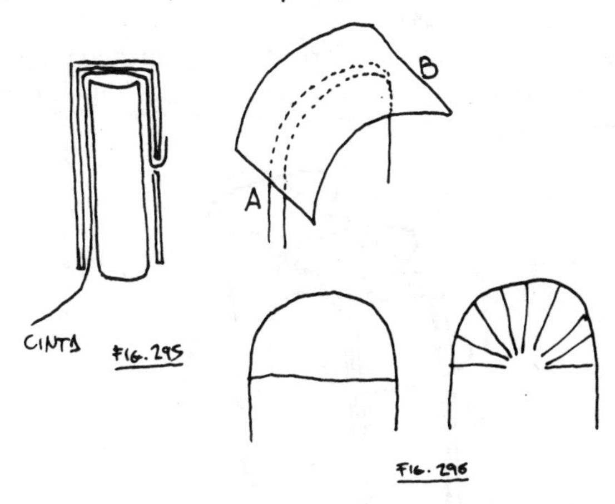

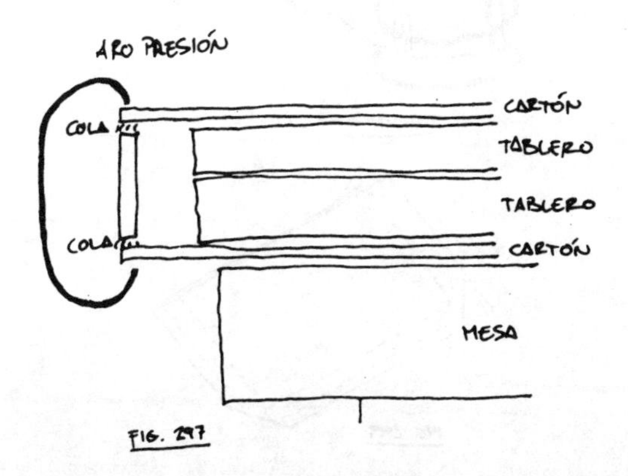

FIGURAS 295, 296 y 297. Estuches. Colocación de cinta y montaje.

B. Cuando esté medio seco y sin quitar los alambres, encolar la cabeza y sujetarla del mismo modo con alambres. Si el tablero o las tablas lo permiten, hacer lo mismo con el cartón de pie.

C. Una vez afirmado, revisar la junta de los cartones y (si es preciso, porque se vean algo separados) pasar cola por esas juntas y dejar secar.

22.° Pegar la cinta y dejarla dentro poniendo un papel arrugado en el interior del estuche para que impida que se salga.

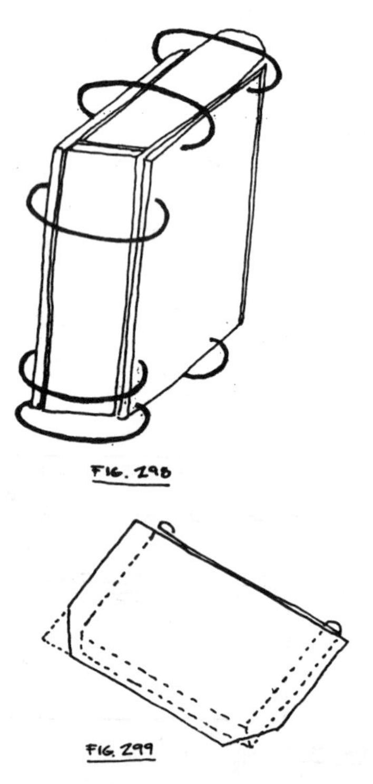

FIGURAS 298 y 299. Estuches. Pegar piezas y cortar cobertura.

23.º Cortar el papel tela o lo que se haya elegido para cubrir el estuche (FIG. 299), encolar y pegar. Luego cortar las tiras del fondo, las de arriba y las de abajo.

La del fondo será 2 cm más larga, para que pueda volver 1 cm hacia arriba y 1 cm hacia abajo. Las tiras de cabeza y la de pie se cortarán las dos juntas, con el redondeo de delante, dejando unos milímetros para que se vea la piel del redon-

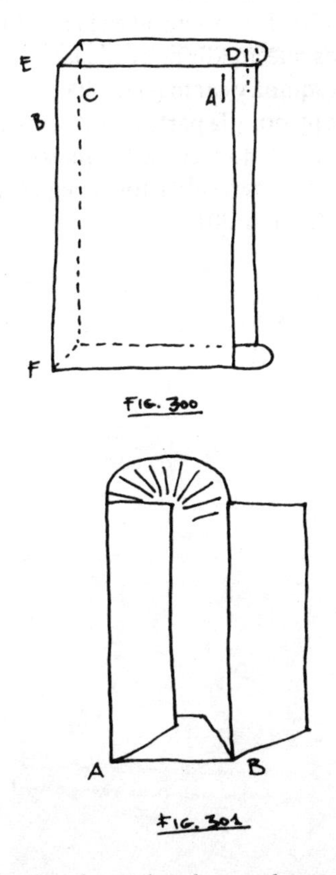

FIGURAS 300 y 301. Estuches. Cubrir de una sola vez.

deo y la otra parte que cubra la vuelta de la tira de atrás, antes pegada.

Se revisan estas tiras cortadas, colocándolas sobre el estuche. Si está bien, se encola y se pega. Si hay defectos se corrigen.

Se deja secar y tendremos el estuche listo.

Si se desea cubrir el estuche de una sola vez, tendremos mucho cuidado con la exactitud de las medidas. Exactitud en la medida A B C D y exactitud en la medida del alto E F, al cual tendremos que añadir por cada lado la mitad de B C y 3 cm más por esquina y cantos (FIG. 300).

Se pegan los planos y la parte de atrás. Cuídense las esquinas A y B, arriba y abajo al cortarlas, pues es muy fácil cortar menos y entonces se vería el cartón. Luego se pegan para que queden igualadas (FIG. 301).

36. Dónde conseguir materiales

Si se han seguido algunos de los métodos de trabajo que he expuesto, es lógica la pregunta: ¿dónde puedo adquirir los materiales, papeles, pieles y herramientas que necesito para desarrollar este trabajo?

De ahí, esta relación que, aunque corta, puede contestar a esa pregunta.

Materiales generales para la encuadernación

Firma	Dirección postal	Ciudad y país
Amillo, S. L.	Fuentes, 10	28013 MADRID
Cherardi y Tous	Martín de los Heros, 38	28008 MADRID
Laguna	Ave María, 18	28012 MADRID
RELMA	3, Rue des Poitevins	PARÍS 6.° (Francia)
Taller del libro	Jorge Juan, 14	28001 MADRID
J. Hewit and Sons	3, Prowse Place	LONDON NW1 9PH (U.K.)
Rob. Paul Kumetat	Longericher Strs., 225	5000 KOLN 60 (Alemania)

Firma	Dirección postal	Ciudad y país
Rougier & Plé	13-15, Bd. des Filles du Calvaire	75003 PARÍS (Francia)
Basic Crafts Co.	1201, Broadway	NEW YORK N.Y. 10001 (U.S.A.)
TALAS	104, Fifth Avenue	NEW YORK N.Y. 10001 (U.S.A.)

Grabadores

Ángel Luis Revenga	Parador del Sol, 40	28019 MADRID
Richard Gans, S. A.	Princesa, 65	28008 MADRID
J. B. ALIVON	42, Boulevard St Marcel	7005 PARÍS (Francia)

Papeles

DEPAPEL	Justiniano, 7	28004 MADRID
MEIRAT	Marroquina, 78	28030 MADRID
Legatoria Piazzesi	S. M. del Giglio, 2511 C	VENECIA (Italia)
Alfredo Valese	S. Manuele, 3135	VENECIA (Italia)
IL PAPIRO	Via Cavour, 55 R Piazza Duomo, 24 E	FIRENZE (Italia)
Papeles y Maspapeles	Zaragoza, 4 y 17	41001 SEVILLA
PAPEL	Horno de Abad, 5	18002 GRANADA

Colas y engrudos

Casa ARTIACH (engrudo sintético)	Florida, 1-5	50008 ZARAGOZA
QUILOSA (cola blanca Uniwex 50)	Avda. San Pablo, 22	28820 COSLADA (Madrid)

Índice